高等职业教育机电类专业系列教材

低压电工特种作业

主　编　杨立平　于磊磊

副主编　石叶琴　吴亚娟　杨金荣

主　审　傅　彬　吴　岱

西安电子科技大学出版社

内 容 简 介

低压电工特种作业课程是针对低压电工特种作业(含理论上机考试和实训操作)的需求开设的一门重要的技术基础课。本书作为该门课程的配套教材，涵盖电工基础理论知识和电工技术实训操作两大模块，共12章，具体包括电工安全法律法规、电工电子基础、电工安全基础知识、电工工具与电工仪表、电工安全用具与安全标识、照明电路、电动机基础、低压电器、电气线路、电动机基本控制电路、作业现场安全隐患排除、作业现场应急处置。

本书可作为高职、中职院校电气技术应用、电气运行与控制、供用电技术等相关专业的教材，也可作为低压电工特种作业操作的培训用书。

图书在版编目(CIP)数据

低压电工特种作业 / 杨立平，于磊磊主编. —西安：西安电子科技大学出版社，2021.6
ISBN 978-7-5606-6073-8

Ⅰ.①低…　Ⅱ.①杨…　②于…　Ⅲ.①低电压—电工技术　Ⅳ.①TM

中国版本图书馆CIP数据核字(2021)第100193号

策划编辑　李惠萍
责任编辑　王晓莉　阎　彬
出版发行　西安电子科技大学出版社(西安市太白南路2号)
电　　话　(029)88202421　88201467　　邮　　编　710071
网　　址　www.xduph.com　　电子邮箱　xdupfxb001@163.com
经　　销　新华书店
印刷单位　咸阳华盛印务有限责任公司
版　　次　2021年6月第1版　2021年6月第1次印刷
开　　本　787毫米×1092毫米　1/16　印　张　17.5
字　　数　414千字
印　　数　1～2000册
定　　价　42.00元
ISBN 978-7-5606-6073-8 / TM

XDUP 6375001-1

※※ 前　　言 ※※

本书在编写过程中，坚持“用什么、练什么、编什么”的原则，充分体现职业教育特色，突出针对性和实用性。全书图文并茂，可帮助学员全方位了解电工上岗培训所需要掌握的理论和操作技能知识，并有针对性地提高其理论联系实际的动手操作能力，做到操作时心中有数、有的放矢。

本书具有以下4个方面的鲜明特色和优势：

(1) 按纲整合，具有针对性、实用性。

本书根据电工上岗培训大纲以及电工岗位的工作特点和需要，整合电工专业基础知识，包含了电工法律法规、电工电子基础、电工安全、电工工具与电工仪表、安全标识、低压电器、照明电路、电机控制电路原理、电机安装与调试、作业现场安全隐患排查、作业现场应急处置等内容。

(2) 实现“教、学、练”相结合，全面与题库对接。

本书严格按照电工上岗考试考纲及考核标准编写，内容上不仅涵盖了课程标准和大纲要求的全部知识点，还对题库中涉及的考点和考题逐一进行了分析和归类，并对应到书中各个章节，同时实现与题库无缝对接，有助于学员顺利通过考核。实操部分根据电工上岗考试内容设置了明确的工作任务，图文并茂地详细介绍了实际操作流程，实现了教师讲授、学员学习、实操练习三个方面的有机结合。

(3) 注重实际操作训练。

课程大纲和考核标准要求在掌握基础理论知识之后，重点掌握安全操作技能相关知识。为此，本书将实际操作技能训练设为独立的教学模块，以实操为核心，结合作业现场的实际情况，介绍实操项目所需的设备、仪器，操作步骤、方法，安全操作要点及安全防护措施，以及事故应急处置及现场急救方法等。

(4) 配套性强，满足电工相关各类职业培训需求。

本书与“学习通”课程资源、实操模拟仿真软件配合(网址 http://i.mooc.chaoxing.com/)，一方面适应电子化、多媒体教学的新趋势，另一方面也满足学校教师、相关企业及学员深层次的学习需要，为电工各类职业培训提供理论与实践指导，为教师和学员提供“一站式”学习和考核后续服务。

本书由杨立平、于磊磊任主编，石叶琴、吴亚娟、杨金荣任副主编，其中杨立平编写了第一、六、七、九章，于磊磊编写了第二、八、十一章，石叶琴编写了第四、五章，吴亚娟编写了第三、十章，杨金荣编写了第十二章。全书由傅彬、吴岱主审。

本书的出版得到了南京交通技师学院的鼎力相助，在此深表谢意。

由于编者水平有限，书中疏漏之处在所难免，敬请广大读者批评指正。

编　者

2021 年 4 月

※※　目　　录　※※

模块一　电工基础理论知识

模块二 电工技术实训操作

模块一

电工基础理论知识

第一章　电工安全法律法规

第二章　电工电子基础

第三章　电工安全基础知识

第四章　电工工具与电工仪表

第五章　电工安全用具与安全标识

第一章 电工安全法律法规

1.1 安全生产方针

学习目标

1. 了解安全用电的重要性。
2. 了解我国安全生产方针。

课堂讨论

如图 1-1 所示的安全生产防护物品大家是否见过？它们会出现在哪些地方，有何用途和意义呢？

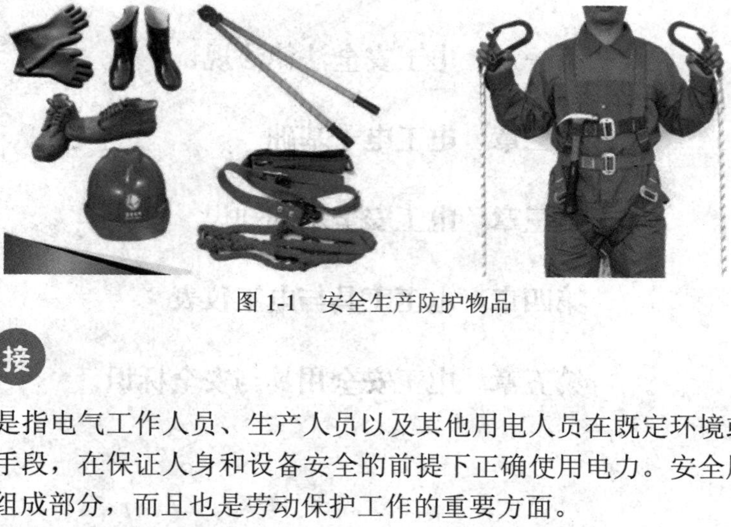

图 1-1 安全生产防护物品

知识链接

安全用电是指电气工作人员、生产人员以及其他用电人员在既定环境或条件下，采取必要的措施和手段，在保证人身和设备安全的前提下正确使用电力。安全用电不仅仅是电气工作的重要组成部分，而且也是劳动保护工作的重要方面。

一、劳动保护与安全生产

1987 年 1 月 26 日我国制定的第一部《劳动法(草案)》规定我国劳动保护的方针是“安全第一、预防为主”。2002 年颁布施行的《安全生产法》明确规定：安全生产管理，坚持“安全第一、预防为主”的方针。2014 年 12 月 1 日起施行的《中华人民共和国安全生产法》中提出坚持“安全第一、预防为主、综合治理”的十二字方针。

首先，“安全第一”是要求我们在工作中始终把安全放在第一位。当安全与生产、安全与效益、安全与进度相冲突时，必须首先保证安全，即生产必须安全，不安全不能生产。

其次，“预防为主”要求我们在工作中时刻注意预防安全事故的发生。在生产各环节，要严格遵守安全生产管理制度和安全技术操作规程，认真履行岗位安全职责，防微杜渐，防患于未然，发现事故隐患要立即处理，自己处理不了的安全隐患或事故要及时上报，要积极主动地预防事故发生。

再次，“综合治理”就是综合运用经济、法律、行政等手段，人管、法制、技防多管齐下，并充分发挥社会、职工、舆论的监督作用，实现安全生产的齐抓共管。“综合治理”是在总结了多年来安全监管实践经验的基础上作出的重大决策，体现了安全生产方针的新发展。

“安全第一”“预防为主”“综合治理”三者之间的关系是目标和原则、手段和措施的有机统一的辩证关系。在采取有力措施遏制重特大事故、实现治标的同时，积极探索和实施治本之策，综合运用科技手段、经济手段和必要的行政手段，从发展规划、行业管理、安全投入、科技进步、安全立法、监管体制和追究事故责任以及查处违纪违法等方面着手，科学地预防事故发生，达到安全生产的预期目的。只有坚持预防为主，才能减少事故发生、消灭隐患，才能做到安全生产。

二、在工作中正确理解安全生产方针的含义

安全生产方针可以归纳为以下几方面的内容：

(1) 安全生产方针突出了“以人为本”的思想。人的生命是最宝贵的，人的生命权是人的其他一切权利的基础。只有劳动者的安全得到充分的保障，生产才可能顺利进行。

(2) “安全第一”是相对于生产而言的，即当生产和安全发生矛盾时，必须先解决安全问题，使生产在确保安全的情况下进行。这就是人们常说的“生产必须安全，不安全不得生产”。安全是人命关天的大事，劳动者要提高自我保护意识，不要冒险作业。

(3) 在生产活动中，必须用辩证统一的观点去处理好安全与生产的关系。越是生产任务忙，越要重视安全，把安全工作搞好，否则就会引发事故，生产也无法正常进行，这是多年来生产实践证明了的一条重要经验。

(4) 安全生产必须强调预防为主。如果我们能事先做好预防工作，防微杜渐，防患于未然，把事故隐患及时消灭在发生事故之前，那就是最理想的。所以说，“预防为主”是落实“安全第一”的基础，离开了“预防为主”，“安全第一”就是一句空话。

(5) 在事故发生后，要在事故调查的基础上确定相关人员的责任。对不遵守安全生产法律、法规，或玩忽职守、违章操作的有关责任人员，要依法追究行政责任、民事责任和刑事责任。

1.2 安全生产法律法规

学习目标

1. 熟悉安全生产相关法律法规。
2. 了解与电工安全相关的法律规定。

课堂讨论

根据如图 1-2 所示内容，试述你知道的安全生产法规还有哪些，想想它们有何意义。

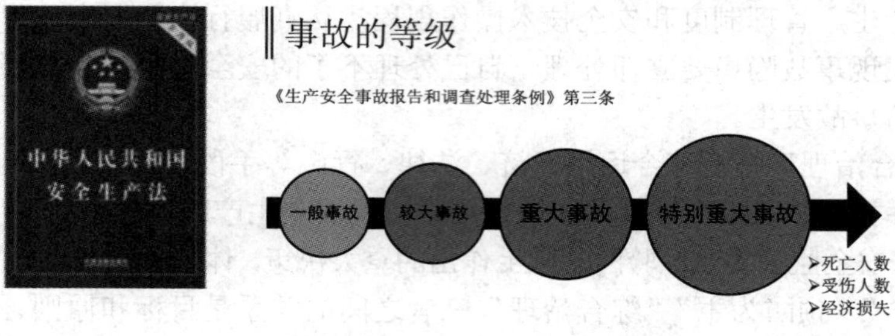

图 1-2　安全生产相关法律法规

知识链接

为了保障人民群众的生命财产安全，有效遏制生产安全事故的发生，我国颁布了《中华人民共和国安全生产法》《生产安全事故报告和调查处理条例》等法律法规。

一、《中华人民共和国安全生产法》

《中华人民共和国安全生产法》(以下简称《安全生产法》)于 2002 年 6 月 29 日第九届全国人民代表大会常务委员会第二十八次会议通过，根据 2009 年 8 月 27 日第十一届全国人民代表大会常务委员会第十次会议《关于修改部分法律的决定》第一次修正，根据 2014 年 8 月 31 日第十二届全国人民代表大会常务委员会第十次会议《关于修改〈中华人民共和国安全生产法〉的决定》第二次修正，自 2014 年 12 月 1 日起施行。2021 年 6 月 10 日第十三届全国人民代表大会常务委员会第二十九次会议通过《全国人民代表大会常务委员会关于修改〈安全生产法〉的决定》，自 2021 年 9 月 1 日施行。《安全生产法》是我国第一部规范安全生产的综合性法律。制定安全生产法的目的是为了加强安全生产工作，防止和减少生产安全事故，保障人民群众生命财产安全，促进社会经济持续稳定、健康发展。

修订后的《安全生产法》共七章一百一十四条，包括总则、生产经营单位的安全生产保障、从业人员的安全生产权利和义务、安全生产的监督管理、生产安全事故的应急救援与调查处理、法律责任和附则。

1. 从业人员的权利

(1) 知情、建议权。

《安全生产法》第五十条规定：“生产经营单位的从业人员有权了解其作业场所和工作岗位存在的危险因素、防范措施及事故应急措施，有权对本单位的安全生产工作提出建议。”

(2) 批评、检举、控告权。

《安全生产法》第五十一条规定：“从业人员有权对本单位安全生产工作中存在的问题提出批评、检举、控告，有权拒绝违章指挥和强令冒险作业。生产经营单位不得因从业人员对本单位安全生产工作提出批评、检举、控告，或者拒绝违章指挥、强令冒险作业而降低其工资、福利等待遇或者解除与其订立的劳动合同。”

(3) 遇险停止、撤离权。

《安全生产法》第五十二条规定："从业人员发现直接危及人身安全的紧急情况时，有权停止作业或者在采取可能的应急措施后撤离作业场所。生产经营单位不得因从业人员在前款紧急情况下停止作业或者采取紧急撤离措施而降低其工资、福利等待遇或者解除与其订立的劳动合同。"

(4) 保(险)外索赔权。

《安全生产法》第五十三条规定："因生产安全事故受到损害的从业人员，除依法享有工伤保险外，依照有关民事法律尚有获得赔偿的权利的，有权向本单位提出赔偿要求。"

(5) 合法拒绝权。

《安全生产法》第五十七条规定："工会对生产经营单位违反安全生产法律、法规，侵犯从业人员合法权益的行为，有权要求纠正；发现生产经营单位违章指挥、强令冒险作业或者发现事故隐患时，有权提出解决的建议，生产经营单位应当及时研究答复；发现危及从业人员生命安全的情况时，有权向生产经营单位建议组织从业人员撤离危险场所，生产经营单位必须立即作出处理。"

2. 从业人员的义务

(1) 遵章作业的义务。

《安全生产法》第五十四条规定："从业人员在作业过程中，应当遵守本单位的安全生产规章制度和操作规程，服从管理"。

(2) 佩戴和使用劳动防护用品的义务。

《安全生产法》第五十四条规定："从业人员……服从管理，正确佩戴和使用劳动防护用品。"

(3) 接受安全生产教育培训的义务。

《安全生产法》第五十五条规定："从业人员应当接受安全生产教育和培训，掌握本职工作所需的安全生产知识，提高安全生产技能，增强事故预防和应急处理能力。"

(4) 安全隐患报告的义务。

《安全生产法》第五十六条规定："从业人员发现事故隐患或者其他不安全因素，应当立即向现场安全生产管理人员或者本单位负责人报告；接到报告的人员应当及时予以处理。"

3. 对特种作业人员的规定

《安全生产法》第二十七条规定："生产经营单位的特种作业人员必须按照国家有关规定经专门的安全作业培训，取得相应资格，方可上岗作业。特种作业人员的范围由国务院安全生产监督管理部门会同国务院有关部门确定。"

结合《劳动法》的相关规定，特种作业人员必须取得两证才能上岗：一是特种作业资格证(技术等级证)，二是特种作业操作资格证(即安全生产培训合格证)。两证缺一即可视为违法上岗或违法用工。

二、《劳动法》相关知识

2018 年 12 月 29 日第十三届全国人民代表大会常务委员会第七次会议《关于修改〈中华人民共和国劳动法〉等七部法律的决定》第二次修正，此法律要求特种作业人员需要掌握的《劳动法》中的主要内容是：

(1) 第五十四条："用人单位必须为劳动者提供符合国家规定的劳动安全卫生条件和必要的劳动保护用品，对从事有职业危害的劳动者应当定期进行健康检查。"

(2) 第五十五条："从事特种作业的劳动者必须经过专门培训并取得特种作业资格。"

(3) 第五十六条："劳动者在劳动过程中必须严格遵守安全操作规程。劳动者对用人单位管理人员违章指挥、强令冒险作业的，有权拒绝执行；对危害生命安全和身体健康的行为，有权提出批评、检举和控告。"

三、《职业病防治法》相关知识

2018 年 12 月 29 日第十三届全国人民代表大会常务委员会第七次会议《关于修改〈中华人民共和国劳动法〉等七部法律的决定》第四次修正，此法律规定涉及特种作业人员需要掌握《职业病防治法》的主要内容有：

(1) 《职业病防止法》第四条规定："……用人单位必须为劳动者创造符合国家职业卫生标准和卫生要求的工作环境和条件，并采取措施保障劳动者获得职业卫生保护……"。

(2) 《职业病防治法》第七条规定："用人单位必须依法参加工伤保险……"。

(3) 《职业病防治法》第十五条规定："产生职业病危害的用人单位的设立除应当符合法律、行政法规规定的设立条件外，其工作场所还应当符合下列职业卫生要求：

① 职业病危害因素的强度或者浓度符合国家职业卫生标准。

② 有与职业病危害防护相适应的设施。

③ 生产布局合理，符合有害与无害分开的原则。

④ 有配套的更衣间、洗浴间、孕妇休息间等卫生设施。

⑤ 设备、工具、用具等设施符合劳动者生理、心理健康的要求。

⑥ 法律、行政法规和国务院卫生行政部门关于保护劳动者健康的其他要求。"

(4) 《职业病防治法》第三十一条规定："任何单位和个人不得将产生职业病危害的作业转移给不具备职业病防护条件的单位和个人。不具备职业病防护条件的单位和个人不得接受产生职业病危害的作业。"

(5) 《职业病防治法》第三十三条规定："用人单位与劳动者订立劳动合同(含聘用合同，下同)时，应当将工作过程中可能产生的职业病危害及其后果、职业病防护措施和待遇等如实告知劳动者，并在劳动合同中写明，不得隐瞒或者欺骗……"。

(6) 《职业病防治法》第三十五条规定："对从事接触职业病危害的作业的劳动者，用人单位应当按照国务院卫生行政部门的规定组织上岗前、在岗期间和离岗时的职业健康检查，并将检查结果书面告知劳动者。"

(7) 《职业病防治法》第三十九条规定："劳动者享有下列职业卫生保护权利：

① 获得职业卫生教育，培训。

② 获得职业健康检查、职业病诊疗、康复等职业病防治服务。

③ 了解工作场所产生或者可能产生的职业病危害因素、危害后果和应当采取的职业病防护措施。

④ 要求用人单位提供符合防治职业病要求的职业病防护设施和个人使用的职业病防护用品，改善工作条件。

⑤ 对违反职业病防治法律、法规以及危害生命健康的行为提出批评、检举和控告。

⑥ 拒绝违章指挥和强令进行没有职业病防护措施的作业。

⑦ 参与用人单位职业卫生工作的民主管理，对职业病防治工作提出意见和建议。用人单位应当保障劳动者行使前款所列权利。因劳动者依法行使正当权利而降低其工资、福利等待遇或者解除、终止与其订立的劳动合同的，其行为无效。”

四、《工伤保险条例》相关知识

主要应当了解以下两条：

第二条：“中华人民共和国境内的企业、事业单位、社会团体、民办非企业单位、基金会、律师事务所、会计师事务所等组织的职工和个体工商户的雇工，均有依照本条例的规定享受工伤保险待遇的权利。”

第四条：“……用人单位应当将参加工伤保险的有关情况在本单位内公示。……职工发生工伤时，用人单位应当采取措施使工伤职工得到及时救治。”

五、安全生产主要法律制度

1. 安全生产监督管理制度

《安全生产法》从不同的方面规定了安全生产的监督管理。具体有以下几方面：

(1) 县级以上地方各级人民政府的监督管理。

(2) 负有安全生产监督管理职责的部门的监督管理，包括严格依照法定条件和程序对生产经营单位涉及安全生产的事项进行审查批准和验收，并及时进行监督和督促落实等。

(3) 监督机关的监督。

(4) 安全生产社会中介机构的监督。

(5) 社会公众的监督。

(6) 新闻媒体的监督。

2. 生产安全事故报告制度

《安全生产法》以及国务院《关于特大安全事故行政责任追究的规定》(302 号令)等法律、法规都对生产安全事故的报告作了明确规定，从而构成我国安全生产法律的事故报告制度。

1) 事故隐患报告

生产经营单位一旦发现事故隐患，应立即报告当地安全生产综合监督管理部门和当地人民政府及其有关主管部门，并申请对单位存在的事故隐患进行初步评估和分级。

2) 生产安全事故报告

生产安全事故报告必须坚持及时准确、客观公正、实事求是、尊重科学的原则，以保证事故调查处理的顺利进行。首先，是生产经营单位内部的事故报告。这样规定的目的是便于生产经营单位向上级报告事故和立即组织事故抢救，以免贻误抢救时机，造成更大的人员伤亡和财产损失；其次，是生产经营单位的事故报告。《安全生产法》第 70 条第 2 款规定：“生产经营单位负责人接到事故报告后……按照有关规定立即如实报告负有安全生产监督管理职责的部门，不得隐瞒不报、谎报或者拖延不报……”。

3. 事故应急救援与调查处理制度

1) 事故应急救援制度的要求

(1) 县级以上地方各级人民政府应当组织有关部门制定本行政区域内特大安全事故的

应急救援预案。

(2) 县级以上地方各级人民政府应当负责建立特大安全事故的应急救援体系。

(3) 危险物品的生产、经营、储存单位以及矿山、建筑施工单位应当建立应急救援组织；以上单位生产经营规模较小时，也可以不建立应急救援组织，但应当指定兼职的应急救援人员。

(4) 危险物品的生产、经营、储存单位，以及矿山、建筑施工单位配备的所有应急救援器材和设备要进行经常性维修和保养，按要求及时废弃和更新，保证应急救援器材和设备的正常运转。

2) 生产安全事故的调查处理制度

安全生产法律法规对生产安全事故的调查处理规定了以下六方面的内容：

(1) 事故调查处理的原则：及时准确、客观公正、实事求是、尊重科学。

(2) 事故的具体调查处理必须坚持“四不放过”：事故原因和性质不查清不放过；防范措施不落实不放过；事故责任者和职工群众未受到教育不放过；事故责任者未受到处理不放过。

(3) 事故调查组的组成。事故调查组的组成因伤亡事故等级不同由不同的单位、部门的人员组成。

(4) 事故调查组的职责和权利。

(5) 生产安全事故的结案。

(6) 生产安全事故的统计和公布。

4. 事故责任追究制度

《安全生产法》明确规定：国家实行生产安全事故责任追究制度。任何生产安全事故的责任人都必须受到相应的责任追究。在实施责任追究制度时，必须贯彻“责任面前人人平等”的精神，坚决克服因人施罚的思想。无论什么人，只要违反了安全生产管理制度，造成了生产安全事故，就必须予以追究，决不应姑息迁就，不了了之。

生产安全事故责任人员，既包括生产经营单位中对造成事故负有直接责任的人员，也包括生产经营单位中对安全生产负有领导责任的单位负责人，还包括有关人民政府及其有关部门对生产安全事故的发生负有领导责任或者有失职、渎职情形的有关人员。

正确贯彻事故责任追究制度应当注意以下三个问题：

(1) 客观上必须有生产安全事故发生。要客观公正，实事求是，不得主观臆断。

(2) 承担责任的主体必须是事故责任人。这是“责任自负”的法制原则在责任追究制度中的体现。

(3) 必须依法追究责任。在追究有关责任人的责任时，必须严格按照法律和法规规定的程序、责任的种类和处罚幅度执行，该重则重，该轻则轻。

5. 特种作业人员持证上岗制度

针对特种作业的特殊性，安全生产法律法规对特种作业人员的上岗条件做了详细而明确的规定，特种作业人员必须持证上岗。特种作业人员必须积极主动参加培训与考核，这既是法律法规规定的，也是自身工作、生产及生命安全的需要。

六、《生产安全事故报告和调查处理条例》

《生产安全事故报告和调查处理条例》自 2007 年 6 月 1 日起施行，该条例共六章四十六条。此条例是为了规范生产安全事故的报告和调查处理，落实生产安全事故责任追究制度，防止和减少生产安全事故，根据《中华人民共和国安全生产法》和有关法律而制定。

七、《电力安全事故应急处置和调查处理条例》

《电力安全事故应急处置和调查处理条例》(以下简称《条例》)是 2011 年 6 月 15 日国务院第 159 次常务会议通过并经过 2011 年 7 月 7 日中华人民共和国国务院令第 599 号发布的文件。该《条例》共六章三十七条，自 2011 年 9 月 1 日起施行。

八、《安全生产培训管理办法》

《安全生产培训管理办法》(以下简称《办法》)是 2012 年 1 月 19 日国家安全监管总局令第 44 号公布，根据 2013 年 8 月 29 日国家安全监管总局令第 63 号第一次修正，根据 2015 年 5 月 29 日国家安全监管总局令第 80 号第二次修正，该《办法》共分为七章三十八条，包括总则、安全培训、安全培训的考核、安全培训的发证、监督管理、法律责任和附则。

九、《安全生产事故隐患排查治理暂行规定》

《安全生产事故隐患排查治理暂行规定》(以下简称《规定》)是 2007 年 12 月 28 日，以国家安全生产监督管理总局令第 16 号的形式发布，于 2008 年 2 月 1 日起施行。该《规定》立法的目的是建立安全生产事故隐患排查治理长效机制，强化安全生产的主体责任，加强事故隐患监督管理，防止和减少事故发生，保障人民群众生命财产安全。

1.3 电气作业安全工作与管理制度

学习目标

1. 了解电工作业安全制度。
2. 掌握工作票制度、工作许可制度、工作监护制度的重要意义。
3. 了解电工安全管理制度。

课堂讨论

根据如图 1-3 所示场景，试讨论电工作业中如何保证操作人员的安全，并举例说明。

图 1-3 电工安全作业

知识链接

一、电气工作安全技术措施

1. 停电

工作地点必须停电的设备如下：待检修的设备、与工作人员进行工作时正常活动范围的距离小于规定距离的设备，以及在 44 kV 以下的无安全遮拦的设备上进行工作时距离小于规定距离的设备、带电部分在工作人员后面或两侧无可靠安全措施的设备等。

2. 验电

必须用电压等级合适且合格的验电器，且高压验电时必须戴绝缘手套。

3. 装设接地线

装设接地线均应使用绝缘棒，并戴绝缘手套。装设接地线必须先接接地端，后接导体端，必须接触牢固。

4. 悬挂标示牌

如果线路上有人工作，应在线路开关和刀闸操作把手上悬挂“禁止合闸，线路有人工作！”的标示牌。

在室内高压设备上工作，应在工作地点两旁间隔和对面间隔的遮拦上及禁止通行的过道上悬挂“止步，高压危险！”的标示牌。

在室外高压设备上工作，应在工作地点四周用绳子做好围栏，围栏上悬挂适当数量的“止步，高压危险”的标示牌。

二、电气工作安全组织措施

保证安全的工作制度有工作票制度、工作许可制度、工作监护制度，以及工作间断、转移和终结制度。

1. 工作票制度

工作票制度是指准许在电气设备或线路上工作的书面命令，是确保检修工作安全的一种联系制度，其目的是使检修人员和运行人员都能明确自己的工作责任、工作范围、工作时间、工作地点；也是工作中必须采取的安全措施，并经相关人员认定合理后全面落实，确保电气设备或线路检修工作的安全进行。

在电气设备上工作，应填用工作票或按命令执行，其方式有三种：

(1) 第一种工作票。填用第一种工作票的工作包括：高压设备上工作需要全部停电或部分停电的；高压室内的二次接线和照明等回路上工作，需要将高压设备停电或采取安全措施的。

(2) 第二种工作票。填用第二种工作票的工作包括：带电作业和在带电设备外壳上的工作；在控制盘和低压配电盘、配电箱、电源干线上的工作；在二次接线回路上的工作；无需将高压设备停电的工作；在转动中的发电机、同期调相机的励磁回路或高压电动机转子电阻回路上的工作；非当班值班人员用绝缘棒和电压互感器定相或用钳形电流表测量高压回路电流的工作。

工作票一式填写两份，一份必须经常保存在工作地点，由工作负责人收执，另一份由值班员收执，按值移交，在无人值班的设备上工作时，第二份工作票由工作许可人收执。

一个工作负责人只能发一张工作票。工作票上所列的工作地点以一个电气连接部分为限。

(3) 口头或电话命令。用于第一种和第二种工作票以外的其他工作。口头或电话命令，必须清楚正确，值班员应将发令人、负责人及工作任务详细记入操作记录簿中，并向发令人复诵核对一遍。

2. 工作许可制度

工作许可制度是指工作许可人(当值值班电工)根据低压工作票或低压安全措施票的内容在做设备停电安全技术措施后，向工作负责人发出工作许可的命令。工作负责人收到工作许可命令后方可开始工作；在检修工作中，工作间断、转移，以及工作终结必须由工作许可人许可。所有这些组织程序规定都叫工作许可制度。

该制度是履行工作许可手续的目的，是为了在完成安全措施以后，进一步加强工作责任感，也是确保万无一失所采取的一种必不可少的“把关”措施。因此，必须在完成各项安全措施之后再履行工作许可手续。

发电厂、变电站工作许可人(值班员)在完成施工现场的安全措施后，还应会同工作负责人到现场再次检查所做的安全措施，手指背面触试已停电的设备，以证明设备确无电压(这一举动是工作许可人向检修人员交待安全措施的一种最好的、直观的表达方式，使工作负责人及其工作人员亲眼看到检修的设备确实已无电。工作许可人的这一举动是对检修人员生命安全高度负责的体现)，同时对工作负责人指明带电设备的位置和注意事项。工作负责人在工作票上分别签名，发放工作票。完成上述许可手续后，工作班方可开始工作。

3. 工作监护制度

工作监护制度是指检修工作负责人带领工作人员到施工现场布置好工作后，对全班人员不断进行安全监护，以防止工作人员误走(登)到带电设备上发生触电事故，或误登到危险的高空发生摔伤事故，以及错误施工造成的事故。工作负责人因事离开现场时必须指定临时监护人。在工作地点分散且有若干个工作小组同时进行工作时，工作负责人必须指定工作小组监护人。监护人在工作中必须认真履行其职责。

工作监护制度是保证人身安全及操作正确的主要措施。执行工作监护制度为的是使工作人员在工作过程中有人监护、指导，以便及时纠正一切不安全的动作和错误做法，特别是在靠近有电部位及工作转移时更为重要。监护人应熟悉现场的情况，应有电气工作的实际经验，且其安全技术等级应高于操作人。

4. 工作间断、转移和终结制度

当日内工作间断时，工作班人员应从工作现场撤出，所有安全措施保持不动，工作票仍由工作负责人执存；间断后继续工作，无需通过工作许可人。每日收工，应清扫工作地点，开放已封闭的通路，并将工作票交回值班员。次日复工时应得到值班员许可，取回工作票，必须在工作负责人重新认真检查安全措施是否符合工作票的要求后，工作人员方可工作。若无工作负责人或监护人带领，工作人员不得进入工作地点。

检修工作结束以前，若需对设备试加工作电压，可按下列条件进行：

(1) 全体工作人员撤离工作地点。

(2) 将该系统的所有工作票收回，拆除临时遮栏、接地线和标示牌，恢复常设遮栏。

(3) 应在工作负责人和值班员进行全面检查无误后，由值班员进行加压试验。

(4) 工作班需继续工作时，应重新履行工作许可手续。

在同一电气连接部分用同一工作票依次在几个工作地点转移工作时，全部安全措施由值班员在开工前一次做完，不需要再办理转移手续，但工作负责人在转移工作地点时，应向工作人员交代带电范围、安全措施和注意事项。

全部工作完毕后，工作班应清扫、整理现场。工作负责人应先周密检查，待全体工作人员撤离工作地点后，再向值班人员讲清所修项目、发现的问题、试验结果和存在问题等。然后在工作票上填明工作终结时间，经双方签名后，工作即告终结。此时，工作负责人所执一份工作票即告终结，盖上“工作已结束”章(用圆形)，交回工作票签发人存查。值班员保存的另一份工作票必须在拆除所有接地线、临时遮栏和标示牌，恢复常设遮栏后，工作即终结，盖上“工作票已终结”章(用长方形)。

工作票签发人在没有收回工作负责人的上一张工作票以前，不得签发新的工作票交原工作负责人。已结束的工作票至少保存三个月。

三、电气安全工作管理制度

从事电气作业人员，应遵守的安全工作管理制度如下：

(1) 上岗人员须持有电气操作资质证书及电工等级证书，并随身携带以备检查。严禁无资质人员上岗操作。

(2) 从事电气设备运行、维护作业，必须按规定穿戴劳保用品。

(3) 高压设备无论是否带电，维护人员不得单独移开或越过防护栏进行工作，若确有必要进入护栏内工作时，必须有监护人在场，并符合规定的安全净距(10 kV 以下为 0.7 m)。

(4) 对高压设备的巡视检查应由两人进行，巡视高压设备时不得进行其他工作，巡视完毕应锁好房门。遇有雷雨天气巡视高压室外设备时，必须穿绝缘靴，并不得靠近避雷器和避雷针。

(5) 高压设备发生接地故障时，为防止跨步电压，室内不得接近故障点 4 m 以内，室外不得接近故障点 8 m 以内，进入上述允许范围内的人员，必须穿绝缘靴，接触设备外壳和构架时，应戴绝缘手套。

(6) 配电设施送电合闸与停电拉闸的操作(即倒闸操作)必须严格按以下程序进行：

① 停电顺序：必须遵循先低压后高压，先馈电柜后开关总柜的顺序进行；送电顺序：必须遵循先合上电源总柜，然后检查电源电压正常后再合上相应的馈电柜。

② 同一馈电线路的送电合闸必须按照母线侧刀闸(合上应检查接触深度)、负荷侧刀闸、负荷开关(空气开关)的顺序进行；开关停电拉闸顺序必须按照负荷(空气开关)、负荷侧刀闸、母线侧刀闸的顺序进行。

③ 严禁带负荷拉刀闸；严禁带负荷拉、合高压熔断器(跌落式保险)。高压熔断器(跌落式保险)的操作顺序为：拉开时先拉中间相，后拉两边相；合上时先合两边相，后合中间相。

④ 倒闸操作必须由两人进行，由其中对设备较熟悉者进行监护。

⑤ 对开关进行停电操作后，应在开关手柄位置悬挂相应的安全警示牌，并由挂牌人在恢复送电时摘除。

(7) 电气设备停电后，即使是事故停电，在拉开有关刀闸和做好安全措施以前，不得触及设备或进入护栏，以防止突然来电危及人身安全。

(8) 在发生人身触电事故及重大事故(如电气火灾、设备事故正在蔓延等)后，为了解救触电人和杜绝事故进一步扩大蔓延，可以未经许可自行断开有关设备的电源，但事后必须立即报告。

(9) 对高压电气设备进行操作时，必须遵守以下规定：

① 落实并完成用于保障工作人员安全的组织措施和技术措施。其中组织措施包括工作票制度、工作许可制度、工作监护制度、工作间断转移和终结制度。技术措施是指在全部停电或部分停电的设备上工作时，必须完成停电、验电、装设接地线、悬挂标示牌和装设护栏等四项安全防护措施。

② 工作票必须按规定内容要求填写后由工作票签发人、工作许可人、工作负责人三方履行签字手续方可有效。高压线路、设备操作须填写第一种工作票；低压配电柜、配电箱(盘)、电源干线上的工作须填写第二种工作票。

③ 工作票签发后至少应由两人一起操作，在只有部分设备停电(非全部停电)时，监护人不得参与操作。

(10) 严禁高压带电作业，高压作业要求作业人员及所带电工工具远离高压电路 0.7 m 以上，否则会有触电危险。

(11) 严禁酒后当班，电工作业人员严禁饮酒后从事电工作业。

(12) 遇有电气设备着火时，应立即将有关设备电源切断，然后进行救火。对电气设备灭火应采用干式灭火器(二氧化碳灭火器、四氯化碳灭火器)灭火，严禁用泡沫灭火器和消防水管灭火。

1.4 对电工作业人员的基本要求

学习目标

1. 了解职业道德要求。
2. 了解特种作业人员安全生产岗位职责。
3. 掌握电工作业人员的基本要求与基本职责。

课堂讨论

结合图 1-4 所示，谈谈你是如何理解社会主义核心价值观中的敬业精神的。

图 1-4 社会主义核心价值观

知识链接

每个从业人员，不论从事哪种职业，在职业活动中都应该遵守基本的职业道德。对于特种作业人员，由于其本身工作的特殊性与危险性，严格按照岗位职责的要求做好本职工作是遵守职业道德的基本要求。

一、基本职业道德要求

1. 爱岗、尽责

爱岗就是热爱自己的岗位，热爱自己的职业。三百六十行，不管从事哪种职业，只要倾注自己的全部情感，全力以赴，持续努力，都有可能做出突出成绩，成为业界精英。爱岗不仅要表现在情感上、语言上，更应该表现在工作过程中。

尽责就是按照岗位的职业道德要求尽职尽责的完成自己的工作任务。对自己所承担的工作、加工的产品认真负责，一丝不苟，这就是尽责。尽责应当是一种自觉的行为，它不需要领导检查，也不需要同伴监督，干一件事就必须要求自己有始有终，尽善尽美。

2. 文明、守则

文明是一种内在的品质，它表现在各个方面，在工作、劳动中更能体现一个人的文明程度。工人也应该讲文明，没有文明的工人就不会有文明的工厂；没有高素质的工人就生产不出高质量的产品。这并不难理解，关键是如何做，如何养成。所以应将培养工人文明道德观念作为一项基本教育内容，常抓不懈。

守则是指遵守上下班制度，遵守操作规程等。现代社会要求人们不管以前熟不熟悉，都要互相协作，遵守必要的规则。唯有如此，生产才能顺利进行，生活才能和谐有序。作为一个特种作业人员应当自觉克服自由散漫的自我生活意识，严格按制度、规程办事，否则就不能成为一个合格的现代工人。

二、特种作业人员应当具备的职业道德

特种作业人员由于岗位的特殊性，理应在职业道德水准方面有更高要求，具体内容如下：

1. 安全为公的道德观念

因为特种作业人员作业时不仅对操作者本人有较大风险，对周围的人和物也有较大危险，所以每个特种作业人员不仅要保证自身的安全，还要有安全为大家的道德观念。始终牢记一人把好关，大家得安全。这就是安全为公的道德观念。

2. 精益求精的道德观念

产品性能是否安全可靠与加工质量、操作精度密切相关。一个特种作业人员对自己加工的产品在质量上、精度上应有更高的要求标准。

3. 好学上进的道德观念

由于特种作业多具有危险性、重要性和复杂性的特点，因此特种作业员人还必须善学习和善钻研。通过学习一方面尽快掌握现有的设备、技术，另一方面还可以自己改进设备，使其达到本质安全型设备的要求。

三、特种作业人员安全生产岗位职责

特种作业人员安全生产岗位职责主要内容如下：

(1) 认真执行有关安全生产规定，对所从事工作的安全生产负直接责任。

(2) 各岗位专业人员必须熟悉本岗位全部设备和系统，掌握其构造原理、运行方式和特性。

(3) 在值班、作业中严格遵守安全操作的有关规定，并认真落实安全生产防范措施，不准违章作业，发现违章作业应制止，对违章作业人员要提出批评，并向有关领导或部门反映。

(4) 严格遵守劳动纪律，不迟到，不早退，提前进岗做好班前准备工作，值班中未经批准，不得擅自离开工作岗位。

(5) 工作中不做与工作任务无关的事情，不准擅自乱动与自己工作无关的机具设备和车辆。

(6) 经常检查作业环境及各种设备、设施的安全状态，保证运行、备用、检修设备的安全，设备发生异常和缺陷时，应立即进行处理并及时联系汇报，不得让事态扩大。

(7) 定期参加班组或有关部门组织的安全学习和安全教育活动，接受安全部门或人员的安全监督、检查，并积极参与解决不安全问题工作。

(8) 发生因工伤亡及未遂事故要保护现场，立即上报，并主动积极参加抢险救援。

四、电工作业人员的基本要求

《特种作业人员安全技术培训考核管理规定》明确规定了电工作业是指对电气设备进行运行、维护、安装、检修、改造、施工、调试等作业(不含电力系统进网作业)。

电工作业人员是指直接从事电工作业的专业人员，包括直接从事电工作业的技术工人、技术人员及生产管理人员。

根据《特种作业人员安全技术培训考核管理规定》，电工作业人员应符合下列条件：

(1) 年满18岁，且不超过国家法定退休年龄。

(2) 经社区或者县级以上医疗机构体检健康，并无妨碍从事相应特种作业的器质性心脏病、美尼尔氏症、眩晕症、癔病、震颤麻痹症、精神病、痴呆症以及其他疾病和生理缺陷。

(3) 具有初中以上文化程度。

(4) 具备必要的安全技术知识与技能。

(5) 符合相应特种作业规定的其他条件。

此外，特种作业人员必须经专门的安全技术培训并考核合格，取得《中华人民共和国特种作业操作证》后方可上岗作业。

电工作业人员必须符合以上条件和具备以上基本要求，方可从事电工作业。新参加电气工作的人员、实习人员和临时人员必须经过安全知识教育后方可参加指定的工作，但不得单独工作。

五、电工作业人员的基本职责

电工是特殊工种，又是危险工种。首先，其作业过程中各工作质量不但关联着自身安全，而且关联着他人和周围设施的安全；其次，专业电工工作点分散、工作性质不专一，不便于跟班检查和追踪检查。因此，专业电工必须掌握必要的电气安全技能，同时必须具备良好的电气安全意识。

专业电工应当了解生产与安全的辩证统一关系，把生产和安全看作一个整体，充分理解“生产必须安全，安全促进生产”的基本原则，不断提高安全意识。

就岗位安全职责而言，专业电工应做到以下几点：

(1) 严格执行各项安全标准、法规、制度和规程，包括各种电气标准、电气安装规范和验收规范、电气运行管理规程、电气安全操作规程及其他有关规定。

(2) 遵守劳动纪律，忠于职责，做好本职工作，认真执行电工岗位安全责任制。

(3) 正确使用各种工具和劳动保护用品，安全完成各项生产任务。

(4) 努力学习安全规程、电气专业技术和电气安全技术；参加各项有关安全活动；宣传电气安全知识；参加安全检查并提出意见和建议等。

专业电工应树立良好的职业道德。除前面提到的忠于职责、遵守纪律、努力学习外，还应注意互相配合，共同完成生产任务。应特别注意杜绝以电谋私、制造电气故障等违法行为。

培训和考核是提高专业电工安全技术水平，使之获得独立操作能力的基本途径。通过培训和考核，可最大限度地提高专业电工的技术水平和安全意识。

本章知识点考题汇总

一、判断题

1. (　)《中华人民共和国安全生产法》第27条规定：生产经营单位的特种作业人员必须按照国家有关规定经专门的安全作业培训，取得相应资格，方可上岗作业。

2. (　)电工特种作业人员应当具备高中或相当于高中以上文化程度。

3. (　)电工应严格按照操作规程进行作业。

4. (　)电工应做好用电人员在特殊场所作业的监护作业。

5. (　)电工作业分为高压电工和低压电工。

6. (　)机关、学校、企业、住宅等建筑物内的插座回路不需要安装漏电保护装置。

7. (　)企业、事业单位的职工无特种作业操作证从事特种作业，属违章作业。

8. (　)取得高级电工证的人员就可以从事电工作业。

9. (　)特种作业操作证每1年由考核发证部门复审一次。

10. (　)特种作业人员必须年满20周岁，且不超过国家法定退休年龄。

11. (　)特种作业人员未经专门的安全作业培训，未取得相应资格，上岗作业导致事故的，应追究生产经营单位有关人员的责任。

12. (　)停电作业安全措施按保安作用依据安全措施分为预见性措施和防护措施。

13. (　)有美尼尔氏症的人不得从事电工作业。

二、选择题

1. (　　)是保证电气作业安全的技术措施之一。

A. 工作票制度　　B. 验电　　C. 工作许可制度

2. 用于电气作业书面依据的工作票应一式(　)份。

A. 3　　B. 2　　C. 4

3. 低压电工作业是指对(　)V 以下的电气设备进行安装，调试、运行操作等的作业。

A. 500　　B. 250　　C. 1000

4. 电业安全工作规程上规定，对地电压为(　　)V 及以下的设备为低压设备。

A. 380　　B. 400　　C. 250

5. 生产经营单位的主要负责人在本单位发生重大生产安全事故后逃匿的，由(　　)处 15 日以下拘留。

A. 检察机关　　B. 公安机关　　C. 安全生产监督管理部门

6. 特种作业操作证有效期为(　　)年。

A. 8　　B. 12　　C. 6

7. 特种作业人员必须年满(　　)周岁。

A. 19　　B. 18　　C. 20

8. 特种作业人员在操作证有效期内，连续从事本工种 10 年以上，无违法行为，经考核发证机关同意，操作证复审时间可延长至(　　)年。

A. 6　　B. 4　　C. 10

9. 下列(　)是保证电气作业安全的组织措施。

A. 停电　　B. 工作许可制度　　C. 悬挂接地线

第二章 电工电子基础

2.1 直流电路

学习目标

1. 了解直流电路的特点。
2. 掌握欧姆定律的性质。

课堂讨论

讨论在生活中除了如图 2-1 所示的直流电源以外，还有哪些直流电源，它们有哪些作用。

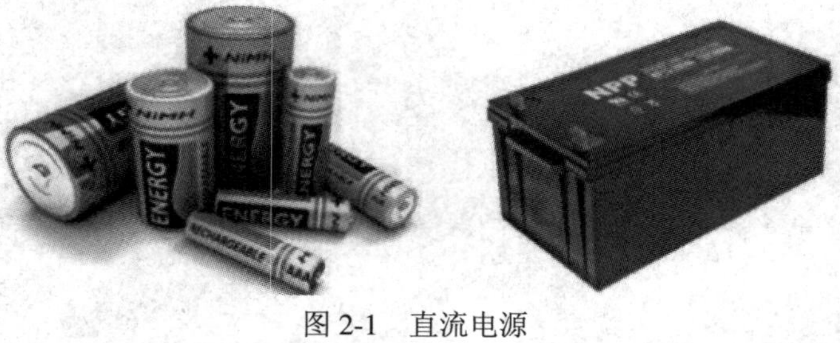

图 2-1 直流电源

知识链接

一、电流与电路

1. 电荷与电流

(1) 电荷。带正、负电的基本粒子称为电荷，带正电的粒子叫正电荷(表示符号为“+”)，带负电的粒子叫负电荷(表示符号为“−”)。

(2) 电流。电荷的定向移动形成电流。正电荷定向移动的方向为电流的方向。电流的方向与负电荷定向移动的方向相反。

电流分为直流电流和交流电流。直流电流是指大小和方向都不随时间而变化的电流；交流电流是指大小和方向都随时间而变化的电流。大小和方向按正弦规律做周期性变化的电流称为正弦交流电。

2. 电流强度

电流强度是表示电流强弱的物理量，简称电流。

定义：单位时间内通过导线某一截面的电荷量称为电流，通常用字母 I 表示。如果 t 秒通过导体横截面的电量是 Q(库仑)，则有 $I = Q/t$。

电流的单位有：安培(A)、千安(kA)、毫安(mA)、微安(μA)。

3. 电路

电路由电源、负载、导线、控制电路和保护电路组成，其作用是产生、分配、传输、使用电能。电路正常有如下三种状态：

(1) 通路。接通的电路叫通路。这时电路是闭合的，且处处有持续的电流。在这种状态下，电路根据负载的大小，又分为满载、轻载、过载三种情况。

① 满载：电路负载在额定功率下的工作状态叫额定工作状态或满载。

② 轻载：电路低于额定功率的工作状态叫轻载。

③ 过载：电路高于额定功率的工作状态叫过载，电路中不允许出现过载。

(2) 断路。断开的电路叫断路。这时电路某处断开了，电路中就没有了电流。

(3) 短路。直接用导线把电源的两极(或用电器的两端)连接起来的电路叫短路，短路状态是决不允许发生的。

二、电场、电场力和电场强度

(1) 电场。电场是与通常的实物不同的一种物质，它不是由分子原子所组成，但它是客观存在于带电体周围的。

(2) 电场力。电场对放入其中的电荷有作用力，这种力称为电场力。电场力与电场的强弱和带电体所带的电荷量有关。

(3) 电场强度。电场强度是用来表示电场的强弱和方向的物理量。放入电场中某点的电荷所受电场力 F 跟它的电荷量的比值叫做该点的电场强度，即 $E = F/Q$。电场强度的方向规定为放在该点的正电荷的受力方向；在国际单位制中，电场强度的单位为牛顿/库仑，符号为 N/C。

三、电位、电压、电动势

1. 电位、电压和电动势的定义

(1) 电位：电场中某点的电位是指电场力将单位正电荷从该点移动到参考点(零电位)所做的功。

(2) 电压：电场中某两点间的电压是指该两点间的电位差，实际上是电场力将单位正电荷从高电位移动到低电位所做的功，即 $U = A/Q$。

(3) 电动势：电源的电动势是指电源力将单位正电荷从电源的负极经电源内部移动到电源的正极所做的功。

2. 三者差别

电位、电压、电动势相同之处在于都说明了电场力对正电荷移动做功的事实，都用伏特(V)作为衡量单位。差别在于：

(1) 电位是相对的，它的大小和参考点选择有关；电压是绝对的，它的大小和参考点选择无关。

(2) 电动势的方向从负极指向正极，即从低电位指向高电位；电压的方向从正极指向负极，即从高电位指向低电位；电动势存在于内电路，电压存在于内、外电路；在外电路，电场力做功，正电荷从高电位移向低电位，即从电源的正极移向负极；在内电路，电源做功，正电荷从低电位移向高电位，即从电源的负极移向正极。

四、导体、绝缘体

(1) 导体。容易导电的物体和能够传导电流的物体叫导体。常用的导体是金属，如银、铜、铝等。导体里面有大量的自由电子，导电的原因是自由电子的定向运动。

(2) 绝缘体。不容易导电的物体叫绝缘体。如橡胶、塑料、陶瓷、空气等。

导体和绝缘体没有绝对的界限，当特定条件改变时，绝缘体也可以变为导体。如干燥的木头是绝缘体，浸水后的木头就是导体。

五、欧姆定律

欧姆定律是德国物理学家乔治·西蒙·欧姆1826年4月发表的论文《金属导电定律的测定》提出的概念，指在同一电路中，通过某段导体的电流跟这段导体两端的电压成正比，跟这段导体的电阻成反比。

(1) 部分电路的欧姆定律：

$$U = IR \tag{2.1}$$

式中：U 为电压，I 为电流，R 为电阻。当电压一定时，电流与电阻成反比，电阻越大电流越小，电阻越小电流越大。

(2) 全电路的欧姆定律：

$$I = \frac{E}{R + r} \tag{2.2}$$

式中：I 为电路中的电流，E 为电动势，R 为外总电阻，r 为电池内阻。在闭合电路中，电流与电源电动势成正比，与电池内阻和负载电阻成反比。

六、电功、电功率和电流的热效应

1. 电功

定义：电能转化成多种其他形式能的过程中电流所做的功叫电功。

根据 $U = \frac{A}{Q}$，$I = \frac{Q}{T}$，则

$$A = UQ = UIt = I^2Rt = \frac{U^2t}{R} \tag{2.3}$$

单位：焦耳(J)。

2. 电功率

定义：电流在单位时间内所做的功叫电功率，简称功率，即

$$P = \frac{A}{t} = UI$$

部分电路的功率：

$$P = UI = \frac{U^2}{R} = I^2 R \tag{2.4}$$

单位：瓦特(W)。

3. 电流的热效应

当电流通过电阻时，电流做功而消耗电能，便产生了热量，这种现象叫做电流的热效应。电流通过导体所产生的热量与电流的平方、导体本身的电阻值以及电流通过的时间成正比，称作焦耳楞次定律，即

$$Q = UIt = I^2 Rt = \frac{U^2 t}{R}$$

式中：I 为通过导体的电流，单位是安培(A)；R 为导体的电阻，单位是欧姆(Ω)；t 为电流通过导体的时间，单位是秒(s)；Q 为电流在电阻上产生的热量，单位是焦(J)。

七、串联与并联电路

1. 串联电路

在电路中，两个或两个以上的电阻按顺序连接起来，使电流只有一条通路，则该电路为串联电路。串联电路的特点如下：

电流特点：电流处处相等，$I_{总} = I_1 = I_2 = \cdots = I_n$。

电压特点：串联电路两端的总电压等于各串联导体两端电压之和，$U = U_1 + U_2 + U_3$。

电阻特点：串联电路的总电阻等于各串联导体的电阻之和，$R = R_1 + R_2 + R_3$。

2. 并联电路

在电路中，若各电阻“首首相接，尾尾相连”并列地连在电路两点之间，则电路就是并联电路。并联电路的特点如下：

电流特点：总电流等于流过各电阻的分电流之和，$I_{总} = I_1 + I_2 + \cdots + I_n$。

电压特点：电路的总电压等于各电阻两端的电压，$U_{总} = U_1 = U_2 = \cdots = U_n$。

电阻特点：电路总电阻的倒数等于各电阻倒数之和，$1/R_{总} = 1/R_1 + 1/R_2 + 1/R_3 + \cdots + 1/R_n$。

3. 混联电路

电路中有串联电阻也有并联电阻的电路就叫混联电路。几个连接起来的电阻所起的作用可以用一个电阻来代替，这个电阻就是这些电阻的等效电阻。

4. 电路的功率

在电压一定的情况下，电路中各电阻消耗的功率与阻值成反比，表明阻值大的电阻消耗的功率小，阻值小的电阻消耗的功率大，即

$$P = \frac{U^2}{R} \tag{2.6}$$

式中：P 为电功率，单位是瓦特(W)；U 为电压，单位是伏特(V)；R 为导体的电阻，单位

是欧姆(Ω)。

在电流一定的情况下，电路中各电阻消耗的功率与阻值成正比，表明阻值大的电阻消耗的功率大，阻值小的电阻消耗的功率小，即

$$P = I^2 R \tag{2.7}$$

式中：P 为电功率，单位是瓦特(W)；I 为电流，单位是安培(A)；R 为导体的电阻，单位是欧姆(Ω)。

电路中消耗的总功率等于各电阻消耗功率之和，即 $P = P_1 + P_2 + P_3 + \cdots + P_n$。

2.2　磁场和电磁感应

学习目标

1. 了解电流磁场的方向。
2. 了解磁感应强度的概念。

课堂讨论

磁和电有着非常密切的联系，如图 2-2 所示。试讨论电磁感应在生活中的应用有哪些。

图 2-2　电磁感应的应用

知识链接

电磁感应现象就是电生磁，磁生电的现象。电磁感应在电工、电子技术、电气化、自动化方面有着广泛的应用。

一、电磁感应

1. 磁场

磁场是一种看不见，又摸不着的特殊物质。磁场方向由北极指向南极，形成封闭曲线，磁场对放入其中的小磁针有磁力作用。

电流的磁场是由运动电荷或变化电场产生的。电动机就是利用电流的磁场来工作的。

2. 电流磁场的方向

安培定则：表示电流和电流产生磁场的磁感线方向间关系的定则叫右手螺旋定则，此定则也常常被叫做安培定则，如图 2-3 所示。

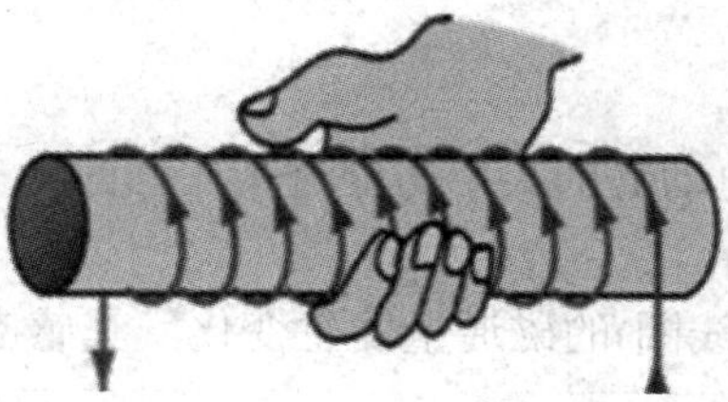

图 2-3 右手螺旋定则(安培定则)

安培定则一：通电直导线中的安培定则，用右手握住通电直导线，让大拇指指向电流的方向，那么四指的指向就是磁感线的环绕方向。

安培定则二：通电螺线管中的安培定则，用右手握住通电螺线管，使四指弯曲与电流方向一致，那么大拇指所指的那一端就是通电螺线管的N极。

3. 磁感应强度

磁感应强度是表示磁场强弱和方向的物理量，是与磁力线方向垂直的单位面积上所通过的磁力线数目，也叫磁通密度，用 B 表示。

$$\boldsymbol{B}=\boldsymbol{\Phi S} \tag{2.8}$$

式中：$\boldsymbol{B}$ 为磁感应强度，单位是特斯拉(T)；$\boldsymbol{\Phi}$ 为穿过 S 面积的磁通量，单位是韦伯(Wb)；S 为与磁力线方向垂直的面积，单位是平方米(m^2)。

二、感应电动势

在电磁感应现象中产生的电动势，叫做感应电动势。其方向是由低电势指向高电势。感应电动势产生的条件：穿过线圈内的磁通量 Φ 发生变化。当线圈闭合时，线圈内即产生感应电流，导体切割磁力线也可出产生感应电动势，即磁生电。

感应电流的磁场总是力图阻碍引起感应电流的磁通量的变化。

即当磁通量 Φ 增大时，线圈中感应电流和感应电动势的实际方向与所表示的电动势的方向相反；当磁通量 Φ 减少时，感应电流和感应电动势的实际方向与所表示的电动势的方向相同。方向规定：内电路中的感应电流方向，为感应电动势方向。外电路中的感应电流方向与感应电动势方向相反。

三、载流导体受到的磁场力

1. 磁场力的大小

载流导体在磁场中将受到磁场力的作用。磁场力的大小与磁感应强度、流经导线的电流、导体的长度成正比。

2. 磁场力的方向判别

磁场力的方向是利用左手定则来判别。左手定则判别方法：伸平左手，拇指与并拢的四指成90°，磁心穿过手心，并拢的四指指向导体内电流的方向，则拇指指向导体受力的方向，如图 2-4 所示。

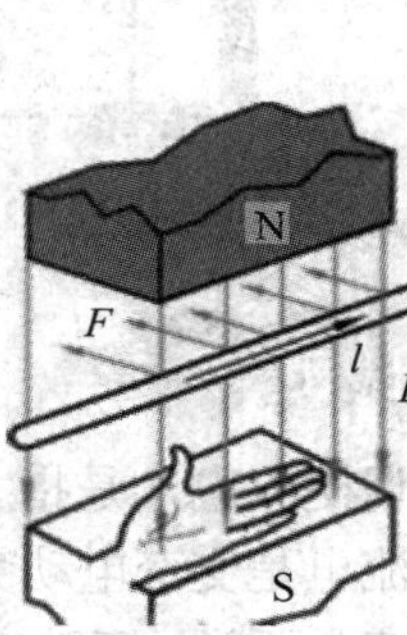

图 2-4 左手定则

四、电磁感应定律

电磁感应现象中的感应电动势的大小与穿过某一回路的磁通的变化率成正比，这个规律就叫法拉第电磁感应定律。

假设穿过 n 匝线圈(多个线圈)的磁通量发生变化，其感应电动势的大小 E 为单位时间内磁通的变化量，即

$$E=\frac{n\Delta\Phi}{\Delta t} \tag{2.9}$$

式中：E 为感应电动势，单位为伏特(V)；n 为线圈匝数；$\Delta\Phi$ 为磁通变化量，单位为韦伯(Wb)；Δt 为发生变化所用的时间，单位为秒(s)。

2.3　三相交流电源

学习目标

1. 理解交流电源的特点。
2. 了解三相交流电源基础知识。

课堂讨论

在电力发展早期普遍使用的是直流电，有了交流电后，电力发展突飞猛进，人们建设了若干电站，如图 2-5 所示，让人们生产、生活更加方便了。大家讨论一下交流电比直流电有哪些优点。

图 2-5　风力、水力发电站

知识链接

所谓交流电，是指大小和方向都随时间作周期性变化的电动势(电压或电流)。也就是说，交流电是交变电动势、交变电压和交变电流的总称。交流电又可分为正弦交流电和非正弦交流电两类。正弦交流电的电流(或电压、电动势)随时间按正弦函数规律变化。非正弦交流电的电流(或电压、电动势)随着时间不按正弦函数规律变化。本节只讨论正弦交流电。

一、正弦交流电

正弦交流电是随时间按照正弦函数规律变化的电压和电流，如图 2-6 所示。由于交流电的大小和方向都是随时间不断变化的，也就是说，每一瞬间电压(电动势)和电流的数值都不相同，所以在分析和计算交流电路时，必须标明它的正方向。

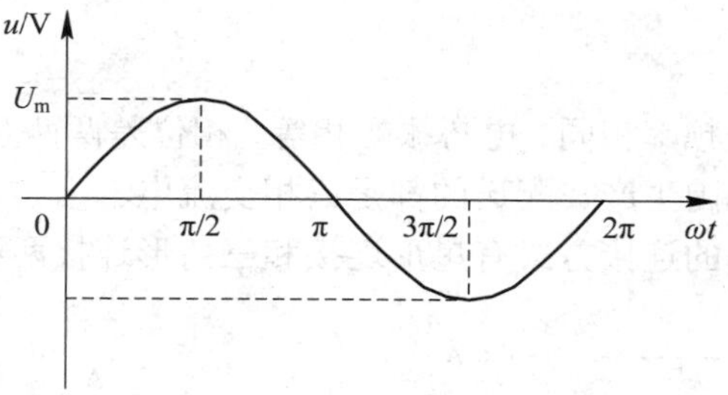

图 2-6　正弦交流电的变化规律

二、正弦交流电的几个基本物理量

1. 正弦交流电的三要素

1) 最大值

正弦交流电的最大值也称为峰值或幅值，最大值就是最大的瞬时值。在一个周期内交流电必然出现一个正值和一个负值各一次。

2) 角频率

通常把正弦交流电在任一瞬间所处的角度称为电角度，每变化一周的电角度为 360°，也称为 2π 弧度(rad)。角频率是正弦交流电在秒钟内变化的弧度，单位为弧度/秒，用符号 rad/s 表示。因为交流电一周的弧度是 2π，所以频率为 f 的交流电在 1 s 内变化的弧度为 $2\pi f$，角频率可表示为 $\omega = 2\pi f$。

3) 初相位与相位差

初相位就是正弦量在起始时间的相位。在波形图上，初相位规定为正半波的起点与坐标原点之间的夹角。当 $\phi = 0$ 时，正半波起点正好落在原点 0 上；当 $\phi > 0$ 时，则正半波起点在原点 0 的左边：当 $\phi < 0$ 时，正半波起点在原点 0 的右边。

2. 频率和周期

频率是指 1 s 内交流电变化的次数，用 f 表示，其单位是赫兹(Hz)；周期是指交流电变化一次所用的时间，用 T 表示，其单位是秒(s)。频率与周期的关系为 $f = 1/T$。我国交流电常采用的频率是 50 Hz，周期是 0.02 s。

3. 相位和相位差

相位 $\omega t + \phi$ 称相位或相位角，相位随时间变化，它反映正弦量的瞬时值的大小。

相位差：两个频率相同的交流电的相位或初相位之差叫做相位差。它反映了两个正弦量各自到达最大值的时间差。

若两个正弦量同时到达最大值或零值，则二者为同相位。

4. 有效值

在交流电变化的一个周期内，交流电流在电阻 R 上产生的热量相当于多大数值的直流电流在该电阻上所产生的热量，此直流电流的数值就是该交流电流的有效值。

正弦交流电的有效值等于峰值的 0.707 倍，即 $I=0.707I_m$；通常所说的交流电 220 V 就是指有效值。

三、三相交流电源

三相交流电是由三个频率相同、电势振幅相等、相位差两两互差 120° 角的交流电路组成的电力系统。目前，我国生产、配送的都是三相交流电。

三相电源及负载常用的连接方式有星形连接和三角形连接两种，如图 2-7 所示。

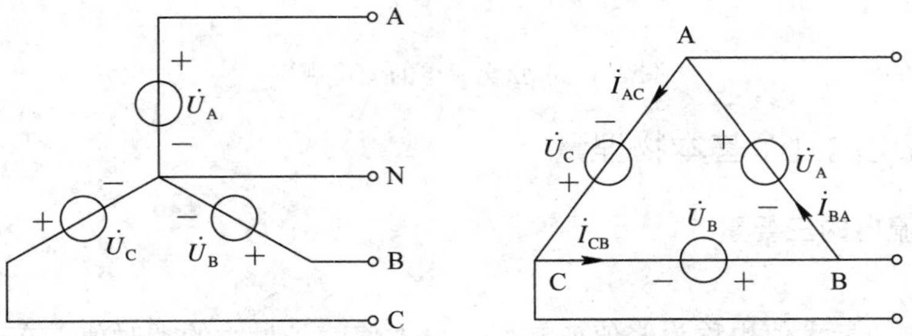

(a) 三相电源的星形连接　　(b) 三相电源的三角形连接

图 2-7　三相电源的连接方式

四、三相功率

1. 交流电的功率

有功功率 P：是用电设备保持正常运行所需的电功率，就是将电能转换为其他形式能量(机械能、光能、热能)的电功率，单位为瓦(W)、千瓦(kW)、兆瓦(MW)。

无功功率 Q：用于电路内电场与磁场的交换，不对外做功，而是转变为其他形式的能量，所以称为无用功率，单位为乏(Var)或千乏(kVar)。

视在功率 S：在具有电阻和电抗的电路内，电压与电流的乘积叫视在功率，单位为伏安(VA)。

功率因数：在交流电路中，电压与电流之间的相位差(ϕ)的余弦叫做功率因数，用符号 $\cos\phi$ 表示，在数值上，功率因数是有功功率和视在功率的比值，即

$$\cos\phi=\frac{P}{S} \tag{2.10}$$

功率因数是衡量电气设备效率高低的一个系数。在纯电阻的电路里，$\cos\phi=1$，$P=S$，有功功率与视在功率相等；在非纯电阻的电路里，$0<\cos\phi<1$，提高 $\cos\phi$ 可提高电气设备的效率。

2. 三相功率

有功功率 $P=P_A+P_B+P_C$，当负载相等时，每相有功功率是相等的。

2.4 电容与电感

学习目标

1. 了解电容元件的定义与电容器的充放电。
2. 了解电感元件的定义以及电感元件电压与电流的关系。

课堂讨论

在电子产品中离不开电容和电感，如图 2-8 所示。大家知道它们在电路里起到哪些作用吗？

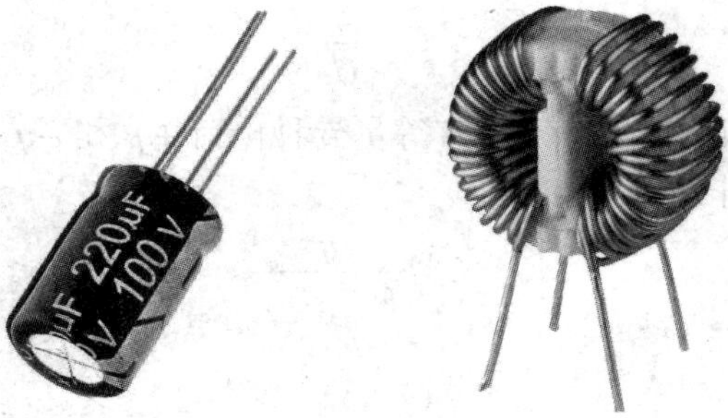

图 2-8 电容与电感

知识链接

几乎所有的电子电路中都含有电容、电感等储能元件。它们常与电阻一起使用，构成各种滤波电路、谐振电路等。

一、电容器和电容

两个任意形状、彼此绝缘而又互相靠近的导体，在周围没有其他导体或带电体时，它们就组成了一个电容器，每一个导体就是该电容器的一个极板，两个导体之间的绝缘物质叫做电介质。电容器的基本特征是储存电荷，所以它具有储存电场能量的功能。电容器在电力系统中是提高功率因数的重要器件；在电子电路中是获得振荡、滤波、相移、旁路、耦合等作用的主要元件。电容器的电路符号如图 2-9 所示。

(a) 电容器 (b) 可变电容器

图 2-9 电容器的电路符号

电容器贮存电场能量的大小用电容容量表征，简称电容。对于如图 2-10 所示的电路，当开关合上时，在电场力的作用下，直流电源负极上自由电子向电容器的负极板移动，使负极板带上负电荷。同样，电容器的正极板上也将带有等量的正电荷。电源电压越高，电容器极板上的电荷越多。当电容器两极板间的电压与电源电压相等时，电荷不再移动，此时

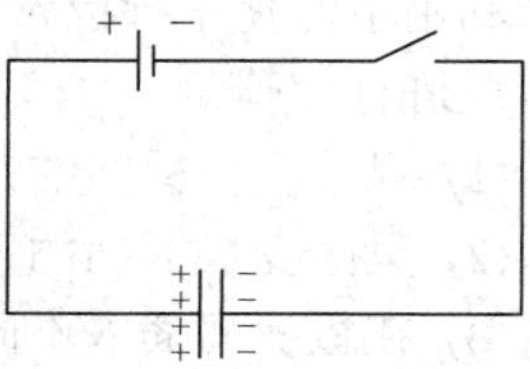

图 2-10 电容电路

电容器两极板上存储的电荷将形成一个电场。

实际上，一般电容的极板上的电荷与外加电压之比是常数 C，也就是说电容极板上的电荷与外加电压成正比，这样的电容叫做线性电容。

在国际单位制中，电量的单位是库仑(C)，电压的单位是伏特(V)，电容的单位是法拉(F)，简称法，1 法拉(F) = 1 库仑(C)/1 伏特(V)。这意味着当电容器两极板间加 1 V 的电压时，如果极板上存储的电荷为 1 C，则电容器的电容为 1 F。在实际使用中，电容通常较小，常用微法(μF)、皮法(pF)、纳法(nF)作单位，它们与法拉的换算关系是

$$1\ \mathrm{F} = 10^6\ \mu\mathrm{F} = 10^9\ \mathrm{nF} = 10^{12}\ \mathrm{pF}$$

在真空中，大地具有较大的电荷存储能力，其可以作为电容器的一个极板，而任何一个孤立的导体，其本身也可以看作是一个极板，这样便构成了一个电容器。如果以大地为零电位参考点，导体的电位为 U，那么这类极板的电容的计算公式为

$$C = \frac{q}{U}$$

另外，如果电容器两极板上分别带有等量异种电荷 $+q$ 和 $-q$，它们的电位分别为 U_1 和 U_2，电容器的电容的计算公式为

$$C = \frac{q}{U_1 - U_2} \tag{2.11}$$

1. 电容器的充放电

使电容器带电的过程被称为电容器的充电。充电使电容器极板带上等量异种电荷。在图 2-10 中，开关合上，电容器与电源相连，可以使电容器两个极板上带有异种电荷。因此，电容器实际上是用来存储电荷的容器，通过给电容器充电，可以让电容器存储一定的电荷。

电容器带电后，两极板间便存在电场。电场所具有的能量的计算公式为

$$W = \frac{1}{2}qU = \frac{1}{2}CU^2 \tag{2.12}$$

使电容器失去电量的过程被称为电容器的放电。在某些情况下，使用电容器之前应先为电容器放电。简单的放电方法是用一根导线直接连在电容器的两端。

2. 平行板电容器

平行板电容器是电容器中具有代表性的一种，它主要是由相互平行的相隔很近的金属板构成。这两块金属板就是电容器的两个极板。如果不考虑极板边缘上的电场畸变，那么极板间的电场可以认为是均匀的，这样就为我们解决问题提供了方便。

利用电源使平行板带有一定量的电荷，用静电计来测量两极板的电压，分别对下列 3 种情况进行实验：

(1) 只改变极板间的距离。

(2) 只改变极板间的正对面积。

(3) 在极板间插入不同的电介质，其他条件不变。

实验结果表明：

(1) 极板间距离越大时，静电计指示的电压越小，由于电容器的电容与电压成反比，因而此时电容减小。

(2) 极板间的正对面积越大时，静电计指示的电压越大，此时的电容也减小。

(3) 当插入极板间的电介质的性质不同时，静电计指示的电压也不同，说明电容也不同，介质的 ε 越大，电压越小，电容越大。

根据实验结果和理论推导可知，平行板电容器的电容与极板间的距离成反比，与极板间的正对面积和电介质的介电常数成正比，即

$$C=\frac{\varepsilon S}{d} \tag{2.13}$$

式中：S 为两极板间的正对面积，单位是 m^2；d 为两极板间的距离，单位是 m；ε 为电介质的介电常数，单位是 F/m。

二、电感器

电感器是一种储能元件，它能把电能转换为磁场能。电感器是无线电设备中的重要元件之一，它与电阻、电容、晶体二极管、晶体三极管等电子器件进行适当的配合，可构成各种功能的电子线路。

由于电感器一般由线圈构成，所以又称为电感线圈。电感线圈是把导线(漆包线、纱包或裸导线)一圈靠一圈(导线间彼此互相绝缘)地绕在绝缘管(绝缘体、铁芯或磁芯)上制成的。电感器的种类很多，按电感形式可分为固定电感和可变电感；按导磁体性质可分为空芯线圈、铁氧体线圈、铁芯线圈、铜芯线圈；按工作性质可分为天线线圈、振荡线圈、扼流线圈、陷波线圈、偏转线圈；按绕线结构可分单层线圈、多层线圈、蜂房式线圈；按工作频率可分为高频线圈、低频线圈；按结构特点分为磁芯线圈、可变电感线圈、色码电感线圈、无磁芯线圈等。

几种常见的电感线圈如图 2-11 所示。

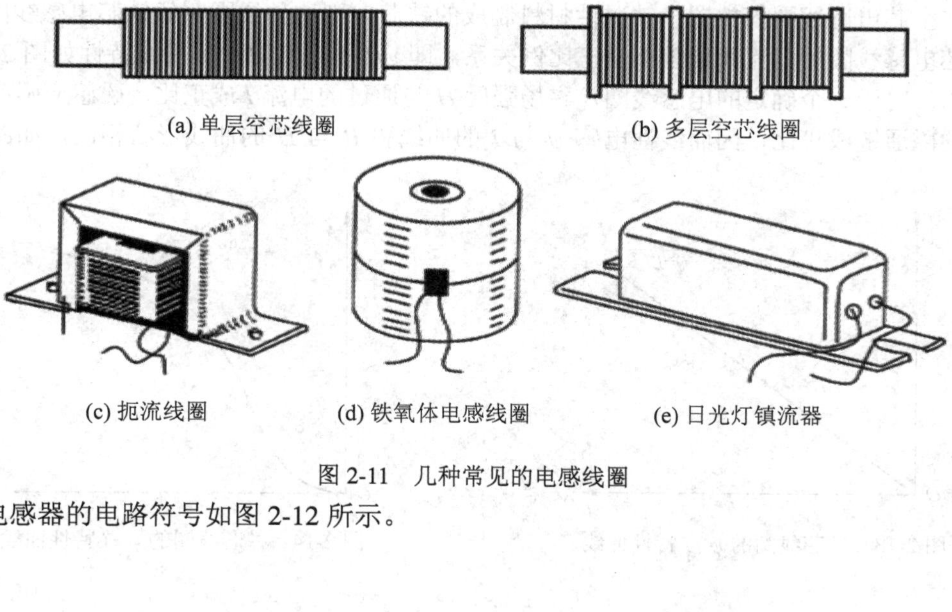

(a) 单层空芯线圈　(b) 多层空芯线圈

(c) 扼流线圈　(d) 铁氧体电感线圈　(e) 日光灯镇流器

图 2-11　几种常见的电感线圈

电感器的电路符号如图 2-12 所示。

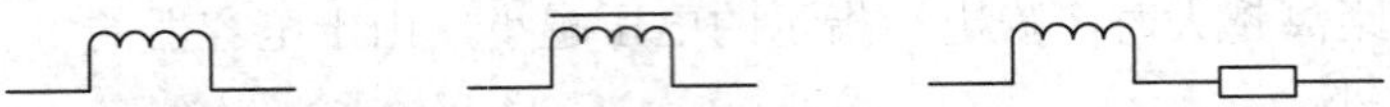

(a) 空芯电感线圈　　(b) 铁芯电感线圈　　(c) 实际电感线圈

图 2-12　电感器的电路符号

三、电感

当一个线圈通有电流时，这个电流产生的磁场使每匝线圈具有的磁通称为自感磁通，N 匝线圈具有的磁通称为自感磁链。我们把线圈中通过单位电流所产生的自感磁链称为自感系数，简称电感(L)，即

$$L=\frac{\psi}{I}=\frac{N\phi}{I} \tag{2.14}$$

式中：L 为线圈的电感量；I 为通过线圈的电流；ϕ 为由 I 产生的自感磁通；ψ 为自感磁链，其中 $\psi = N$。

在国际单位制中，电感的单位是亨利(H)，简称为亨。在电子技术中，电感的单位还常使用毫亨(mH)和微亨(μH)，它们之间的换算关系是

$$1\ \text{H} = 10^3\ \text{mH} = 10^6\ \mu\text{H}$$

电感反映了不同线圈产生自感磁链的能力。同一电流通过结构不同的线圈时，线圈内产生的自感磁链也不相同。

1. 空芯线圈的电感

绕在非铁磁性材料做成的骨架上的线圈叫做空芯电感线圈。空芯线圈附近只要不存在铁磁性材料，其电感便是一个常数。该常数与电流的大小无关，由线圈本身的性质决定，即决定于线圈截面积的大小、几何形状与匝数多少。我们称这种电感为线性电感，其特性如图 2-13 所示。

2. 铁芯线圈的电感

在空芯电感线圈内放置由铁磁性材料制成的铁芯，则这种线圈叫做铁芯电感线圈。通过铁芯电感线圈的电流和磁链不呈正比例关系，即 ψ/I 不是常数，其曲线特性如图 2-14 所示。由于对于一个确定的电感线圈，磁场强度 H 与通过的电流 I 成正比，磁感应强度 B 与线圈的磁通链成正比，因而线性电感 ψ 与 I 的曲线和 B 与 H 的曲线形状相同，如图 2-13 所示。

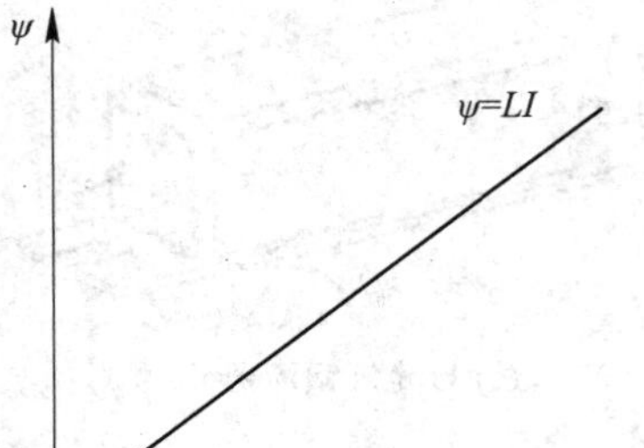

图 2-13　空芯线圈的 $\psi-I$ 特性曲线

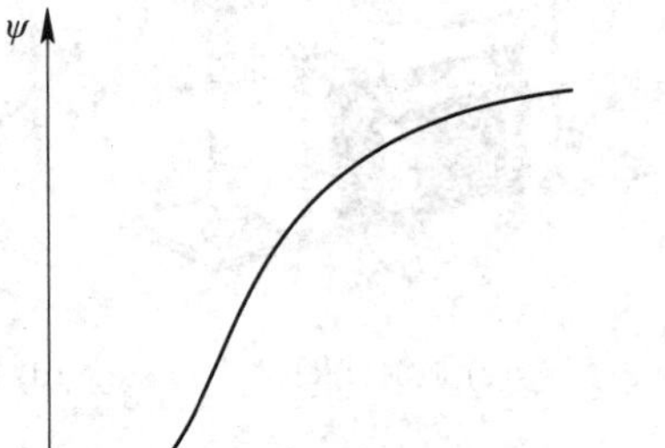

图 2-14　铁芯线圈的 $\psi-I$ 特性曲线

从图 2-14 中可以看出，电感的大小随电流的变化而变化，这种电感叫做非线性电感。有时为了增大电感，常常在线圈中放置铁芯或磁芯，使单位电流产生的磁链增大，从而达到增加电感的目的。例如收音机中的中周(即中频变压器)就是通过在线圈中放置磁芯来获得较大电感的。

电容器和电感器都是储能的器件。电容器用来存储电场能，电感器用来存储磁场能。电容器储存电场能的能力用电容表征；电感器储存磁场能的能力用电感表征。对于平行板电容器，其电容的大小仅由本身的结构决定；对于线圈电感，其电感的大小由线圈本身的因素决定。

2.5 电子技术基础

学习目标

1. 掌握二极管的特性。
2. 了解三极管的结构与作用。

课堂讨论

思考、讨论如图 2-15 所示二极管、三极管在电路中能够实现哪些功能。

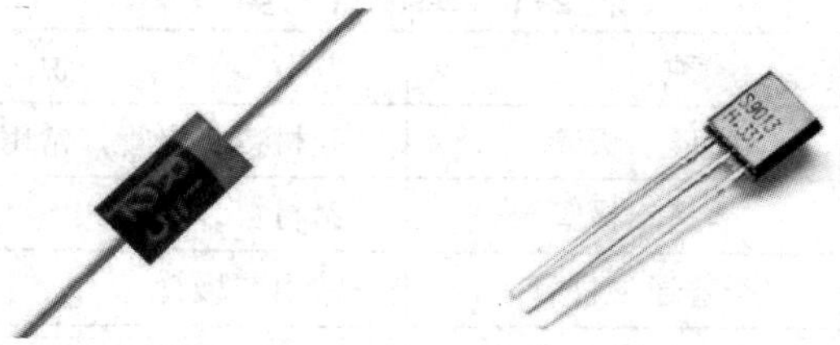

图 2-15 二极管与三极管

知识链接

一、晶体二极管

1. PN 结及其特性

半导体是一种导电能力介于导体和绝缘体之间的物质，常用的半导体有硅和锗。在半导体中掺入微量的杂质后，半导体可分为 P 型和 N 型两类。经过特殊工艺把 P 型半导体和 N 型半导体结合起来，在交界面上就可形成带电薄膜层，称为 PN 结，如图 2-16 所示。

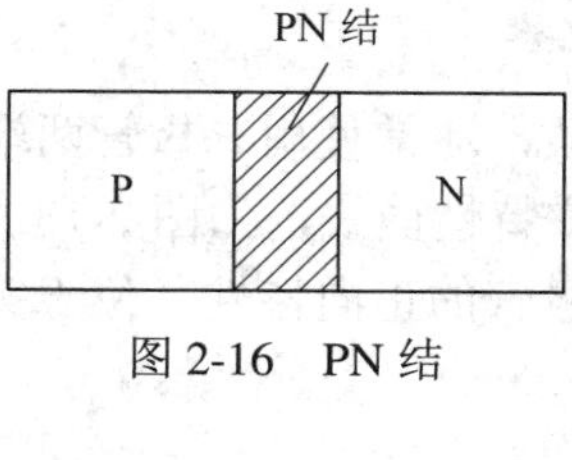

图 2-16 PN 结

PN 结最重要的特性是单向导电性。当 PN 结的 P 区接外电源正极，N 区接外电源负极时，PN 结的电阻很小呈导通状态；反之，PN 结的电阻很大呈截止状态。

2. 二极管的结构和符号

半导体二极管又叫晶体二极管，简称二极管。它的内部由一个 PN 结构成，外部引出两个电极，从 P 区引出的电极为二极管的正极，又叫阳极，从 N 区引出的电极为二极管的负极，又叫阴极。其结构与符号如图 2-17 所示。

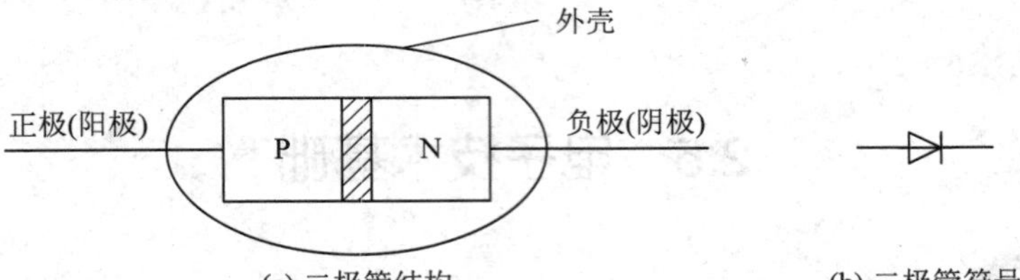

(a) 二极管结构　　(b) 二极管符号

图 2-17　二极管的结构与符号

二极管有一个 PN 结和两个电极，其主要特性是单向导电性。文字符号用 V 表示。图形符号中箭头的方向表示二极管正向导通时电流的方向，正常工作时电流由正极流向负极。

3. 二极管的类型

二极管的类型见表 2-1。

表 2-1　二极管的类型

分类方法	种　类	说　明
按材料不同分	硅二极管	硅材料二极管，常用二极管
	锗二极管	锗材料二极管
按用途不同分	普通二极管	常用二极管
	整流二极管	主要用于整流
	稳压二极管	常用于直流电源
	开关二极管	专门用于开关的二极管，常用于数字电路
	发光二极管	能发出可见光，常用于指示信号
	光电二极管	对光有敏感作用的二极管
	变容二极管	常用于高频电路
按外壳封装的材料不同分	玻璃封装二极管	检波二极管采用这种封装材料
	塑料封装二极管	大量使用的二极管采用这种封装材料
	金属封装二极管	大功率整流二极管采用这种封装材料

4. 二极管的伏安特性

为了直观地说明二极管的性质，通常使用二极管两端的电压与通过二极管的电流之间的关系曲线表示，即二极管的伏安特性曲线，如图 2-18 所示。

位于第一象限的曲线表示二极管的正向特性，位于第三象限的曲线表示二极管的反向特性。

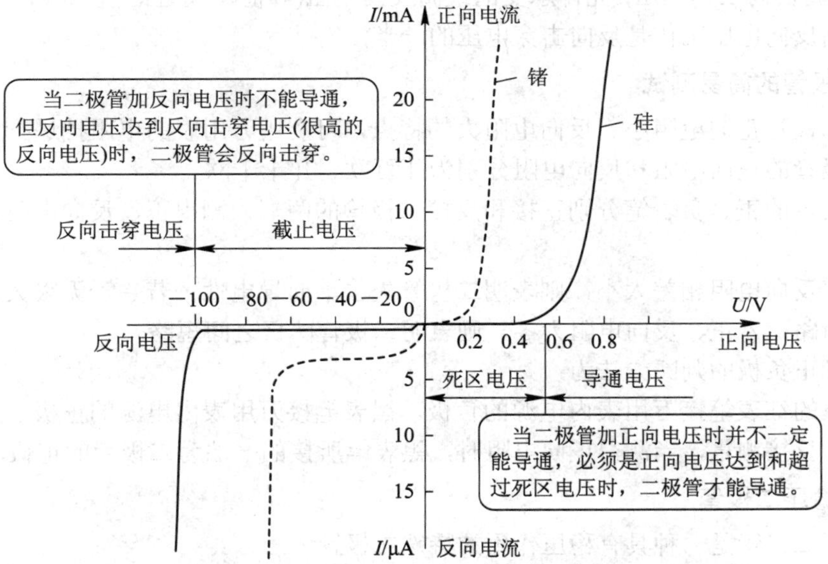

图 2-18　二极管的伏安特性曲线

1) 正向导通特性

二极管最基本的作用是单向导电。当采用正向接法时，外加电压很小时，二极管基本没有电流通过，这段电压称为死区电压。硅管和锗管死区电压分别为 0.7 V、0.3 V。

当外加电压超过死区电压时，电流随电压的增加有明显的上升，二极管呈现很小的正向电阻而导通。

2) 反向截止特性

当采用反向接法时，在一定反向电压范围内，二极管只有很小的反向电流通过，其大小几乎不变，此时二极管呈现很大的反向电阻，处于截止状态。小功率硅管和锗管的反向电流分别为 1 μA 以下、几微安至几十微安以上。

3) 反向击穿特性

当反向电压增大到某一数值时，反向电流就会突然剧增，二极管失去单向导电性而被反向击穿。这时的电压称为反向击穿电压。

当反向电压增加到反向击穿电压 U_{BR} 时，反向电流会急剧增大，这种现象称为反向击穿。反向击穿破坏了二极管的单向导电性，如果没有限流措施，二极管很可能因电流过大而损坏。

无论硅管还是锗管，即使工作在最大允许电流下，二极管两端的电压降一般也都在 0.7 V 以下，这是由二极管的特殊结构所决定的。所以，在使用二极管时，电路中应该串联限流电阻，以免因电流过大而损坏二极管。

不同材料和结构的二极管电压、电流特征曲线虽有区别，但形状基本相似，都不是直线，故二极管是非线性元件。

5. 二极管的主要参数

(1) 最大正向电流：允许通过的最大电流(峰值)，超过此值二极管将被烧坏。

(2) 最高反向工作电压：允许承受的最高反向电压(峰值)，超过此值二极管易被击穿(一般规定最高反向电压工作是反向击穿电压的一半)。

6. 二极管的简易测试

根据二极管正向电阻小、反向电阻大的特点，可利用万用表的电阻挡进行测试。常见的普通二极管的正向电阻和反向电阻分别为几百欧、几十千欧。

用万用表的正、负表笔分别正接和反接二极管的两端，测出正、反向电阻，两者差距越大越好。

若正、反向电阻相差太小，则表明二极管失去单向导电性；若趋于无限大，则表明二极管内部断路；若正、反向电阻为零，则表明二极管两极之间短路。

二极管正负极的判断方法为：

万用表的红表笔接万用表内电源的负极，黑表笔接万用表内电源的正极，用其对二极管进行正、反接测量，当测得正向电阻时，黑表笔所接的一端为二极管的正极。

7. 硅稳压二极管

硅稳压二极管是一种具有稳压作用的特殊二极管。

稳压原理是利用二极管的反向击穿特性，当反向电压加到反向截止电压时，二极管被反向击穿，反向电流剧增，且当电流增量很大时，稳压管两端的电压变化很小，基本稳定。在规定反向电流范围内工作时，稳压二极管反向击穿是可逆的，去掉反向电压后，稳压二极管又能恢复正常。

二、晶体三极管

1. 结构

晶体三极管由两个 PN 结构成，有 PNP、NPN 两种类型。三极管有三个极：基极 b、发射极 e、集电极 c。

2. 三极管的输入、输出特性

输入特性：三极管的输入特性中也存在一个“死区电压”，硅管为 0.5 V，锗管为 0.2 V。

输出特性：三极管的工作状态分为截止区、饱和区、放大区三个区域。

3. 三极管的简易测量

1) 管型和基极的判别

利用万用表的电阻挡测量三极管的各管脚间电阻，必有一只管脚与其他两只管脚之间的电阻值相近，那么这只脚就是基极。若红表笔接基极，测得与其他两只脚电阻都很小，则为 PNP 管；反之，则为 NPN 管。

2) 集电极和发射极的判断

对于 NPN 型三极管是利用穿透电流的测量电路原理。用万用表的黑、红表笔互换分别测量集电极和发射极两极间的正、反向电阻 R_{ce} 和 R_{ec}，虽然两次测量中万用表指针偏转角度都很小，但仔细观察，总会有一次偏转角度稍大。此时电流的流向一定是黑表笔→c 极→b 极→e 极→红表笔，电流流向正好与三极管符号中的箭头方向一致，所以此时黑表笔所接的一定是集电极 c，红表笔所接的一定是发射极 e。

对于 PNP 型的三极管，原理也类似于 NPN 型三极管，其电流流向一定是黑表笔→e 极→b 极→c 极→红表笔，其电流流向也与三极管符号中的箭头方向一致，所以此时黑表笔所接的一定是发射极 e，红表笔所接的一定是集电极 c。

3) 三极管好坏的判断

利用 PN 结的单向导电性，检查各极间 PN 结的正、反向电阻，若两者相差较大，说明三极管是好的；若正、反向电阻都小，说明三极管极间短路；若正、反向电阻都很大，表明三极管内部极间断路。

本章知识点考题汇总

一、判断题

1. ( ) 220 V 的交流电压的最大值为 380 V。
2. ( ) 并联补偿电容器主要用在直流电路中。
3. ( ) 并联电路的总电压等于各支路电压之和。
4. ( ) 并联电路中各支路上的电流不一定相等。
5. ( ) 并联电容器有减少电压损失的作用。
6. ( ) 补偿电容器的容量越大越好。
7. ( ) 磁力线是一种闭合曲线。
8. ( ) 当导体温度不变时，通过导体的电流与导体两端的电压成正比，与其电阻成反比。
9. ( ) 当电容器爆炸时，应立即检查。
10. ( ) 对电容器进行测量时万用表指针摆动后停止不动，说明电容器短路。
11. ( ) 导电性能介于导体和绝缘体之间的物体称为半导体。
12. ( ) 电解电容器的电工符号用表示。
13. ( ) 电容器的放电负载不能装设熔断器或开关。
14. ( ) 电容器的容量就是电容量。
15. ( ) 电容器放电的方法就是将其两端用导线连接。
16. ( ) 电容器室内要有良好的天然采光。
17. ( ) 电容器室内应有良好的通风。
18. ( ) 如果电容器工作时，检查发现温度过高，应加强通风。
19. ( ) 电流和磁场密不可分，磁场总是伴随着电流而存在，而电流永远被磁场所包围。
20. ( ) 规定小磁针的北极所指的方向是磁力线的方向。
21. ( ) 基尔霍夫第一定律是节点电流定律，是用来证明电路上各电流之间关系的定律。
22. ( ) 几个电阻并联后的总电阻等于各并联电阻的倒数之和。
23. ( ) 检查电容器时，只要检查电压是否符合要求即可。
24. ( ) 欧姆定律指出，在一个闭合电路中，当导体温度不变时，通过导体的电流与加在导体两端的电压成反比，与其电阻成正比。
25. ( ) 使用改变磁极对数方法来调速的电动机一般都是绕线型转子电动机。

26. (　) 右手定则是判定直导体做切割磁力线运动时所产生的感生电流方向。

27. (　) 在串联电路中，电流处处相等。

28. (　) 在串联电路中，电路总电压等于各电阻的分电压之和。

29. (　) PN 结正向导通时，其内外电场方向一致。

30. (　) 二极管只要工作在反向击穿区，一定会被击穿。

31. (　) 无论在任何情况下，三极管都具有电流放大功能。

32. (　) 锡焊晶体管等弱电元件应用 100 W 的电烙铁。

33. (　) 电感性负载并联电容后，电压和申流之间的电角度会减少。

34. (　) 在磁路中，当磁阻大小不变时，磁通与磁动势成反比。

35. (　) 电压的方向是由高电位指向低电位，是电位升高的方向。

36. (　) 室外电容器一般采用台架安装。

37. (　) 若磁场中各点的磁感应强度大小相同，则该磁场为均匀磁场。

二、选择题

1. PN 结两端加正向电压时，其正向电阻(　　)。

A. 小　　B. 大　　C. 不变

2. 二极管的导电特性是(　　)导电。

A. 三向　　B. 双向　　C. 单向

3. 安培定则也叫(　　)。

A. 右手定则　　B. 左手定则　　C. 右手螺旋法则

4. 并联电力电容器的作用是(　　)。

A. 降低功率因数　　B. 提高功率因数　　C. 维持电流

5. 串联电路中各电阻两端电压的关系是(　　)。

A. 阻值越小两端电压越高

B. 各电阻两端电压相等

C. 阻值越大两端电压越高

6. 纯电容元件在电路中(　　)电能。

A. 储存　　B. 分配　　C. 消耗

7. 单极型半导体器件是(　　)。

A. 二极管　　B. 双极性二极管　　C. 场效应管

8. 当电压为 5 V 时，导体的电阻值为 5 Ω，那么当电阻两端电压为 2 V 时，导体的电阻值为(　　)Ω。

A. 10　　B. 5　　C. 2

9. 低压电容器的放电负载通常为(　　)。

A. 灯泡　　B. 线圈　　C. 互感器

10. 电动势的方向是(　　)。

A. 从正极指向负极　　B. 从负极指向正极　　C. 与电压方向相同

11. 电容器可用万用表(　　)挡进行检查。

A. 电压　　B. 电流　　C. 电阻

12. 电容器属于(　　)设备。

A. 危险　　B. 运动　　C. 静止

13. 电容器在用万用表检查时指针摆动后应该(　　)。

A. 保持不动　　B. 逐渐回摆　　C. 来回摆动

14. 电容器组禁止(　　)。

A. 带电合闸　　B. 带电荷合闸　　C. 停电合闸

15. 感应电流的方向总是使感应电流的磁场阻碍引起感应电流的磁通的变化，这一定律称为(　　)。

A. 特斯拉定律　　B. 法拉第定律　　C. 楞次定律

16. 确定正弦量的三要素为(　　)。

A. 最大值、频率、初相角

B. 相位、初相位 相位差

C. 周期、频率、角频率

17. 三极管超过(　　)时，必定会损坏。

A. 集电极最大允许耗散功率 P_{cm}

B. 管子的电流放大倍数 β

C. 集电极最大允许电流 I_{cm}

18. 单极型半导体器件是(　　)。

A. 二极管　　B. 双极性二极管　　C. 场效应管

19. 三个阻值相等的电阻串联时的总电阻是并联时总电阻的(　　)倍。

A. 6　　B. 9　　C. 3

20. 通电线圈产生的磁场方向不但与电流方向有关，而且还与线圈(　　)有关。

A. 长度　　B. 绕向　　C. 体积

21. 为了检查可以短时停电，在触及电容器前必须(　　)。

A. 充分放电　　B. 长时间停电　　C. 冷却之后

22. 稳压二极管的正常工作状态是(　　)。

A. 导通状态　　B. 截止状态　　C. 反向击穿状态

23. 碳在自然界中有金刚石和石墨两种存在形式，其中石墨是(　　)。

A. 绝缘体　　B. 半导体　　C. 导体

24. 锡焊晶体管等弱电元件应用(　　)W 的电烙铁为宜。

A. 75　　B. 25　　C. 100

25. 下列材料中，导电性能最好的是(　　)。

A. 铝　　B. 铜　　C. 铁

26. 下面(　)属于顺磁性材料。

A. 水　　B. 铜　　C. 空气

27. 下面的电工元件符号中属于电容器电工符号的是(　　)。

A. 　　B. 　　C. 

28. 载流导体在磁场中将会受到(　　)的作用。

A. 电磁力　B. 磁通　C. 电动势

29. 并联电容器的连接应采用(　　)连接。

A. 矩形　B. 星形　C. 三角形

30. 在半导体电路中，主要选用快速熔断器做(　　)保护。

A. 短路　B. 过压　C. 过热

31. 在均匀磁场中，通过某一平面的磁通量为最大时，这个平面就和磁力线(　　)。

A. 平行　B. 垂直　C. 斜交

32. 某三相电压 220 V 的三相四线系统中，工作接地电阻 $R_N = 2.8\ \Omega$，系统中用电设备采取接地保护方式，接地电阻为 $R_A = 3.6\ \Omega$，如用电设备漏电，故障排除前漏电设备对地电压为(　　)V。

A. 123.75　B. 34.375　C. 96.25

33. 电容器测量之前必须(　　)。

A. 擦拭干净　B. 充分放电　C. 充满电

34. 当一个熔断器保护一只灯时，熔断器应串联在开关(　　)。

A. 后　B. 前　C. 中

35. 1 kV 以上的电容器组采用(　　)接成三角形作为放电装置。

A. 电炽灯　B. 电压互感器　C. 电流互感器

36. 标有“100 欧 4 瓦”和“100 欧 36 瓦”的两个电阻串联，允许加的最高电压是(　　)V。

A. 20　B. 60　C. 40

37. 在一个闭合回路中，电流强度与电源电动势成正比，与电路中内电阻和外电阻之和成反比，这一定律称(　　)。

A. 全电路电流定律　B. 全电路欧姆定律　C. 部分电路欧姆定律

38. 电容器的功率单位是(　　)。

A. 乏　B. 瓦　C. 伏安

39. 一般电容器所标或仪表所指示的交流电流的数值是(　　)。

A. 有效值　B. 最大值　C. 平均值

40. 电容量的单位是(　　)。

A. 安时　B. 乏　C. 法

第三章 电工安全基础知识

3.1 触电事故及现场救护

学习目标

1. 掌握触电事故的种类。
2. 了解影响触电的因素和触电发生的规律。

课堂讨论

根据如图 3-1 所给提示，思考讨论如果一个人触电后出现呼吸和心跳停止，我们应该如何进行急救。

图 3-1 触电急救

知识链接

当电流通过人体时会对人体的内部组织造成破坏，了解电工安全基础知识，有利于增强防范意识和防止触电事故。

一、电流对人体的危害

1. 作用机理

电流通过人体时会破坏人体内部细胞组织的正常工作，主要表现为生物学效应。电流对人体的破坏作用还包括热效应、化学效应、机械效应。

2. 作用征象

小电流通过人体，会引起麻感、针刺感、压迫感、打击感、痉挛、疼痛、呼吸困难、血压异常、昏迷、心律不齐、窒息、心室颤动等症状。数安培以上的电流通过人体，还可能导致严重的烧伤。

3. 电流大小对人体的伤害

对于工频交流电，按照人体对所通过大小不同的电流所呈现的反应，可将电流划分为三级。

(1) 感知电流：是指在一定的概率下，通过人体时引起人有任何感觉的最小电流，成年男性为 1.1 mA，女性为 0.7 mA。

(2) 摆脱电流：在一定概率下，人触电后能自行摆脱带电体的最大电流，成年男性为 16 mA；女性为 10.5 mA。

(3) 致命电流：30 mA 以上有生命危险，50 mA 以上可引起心室颤动，100 mA 足可致人死亡。

二、触电事故的分类

1. 电击和电伤

1) 电击

电击是电流对人体内部组织的伤害，是最危险的一种伤害，绝大多数(大约 85%以上)的触电死亡事故都是由电击造成的。

电击的主要特征有：

(1) 伤害人体内部。

(2) 在人体的外表没有显著的痕迹。

(3) 致命电流较小。

2) 电伤

电伤是由电流的热效应、化学效应、机械效应等对人体造成的伤害。

(1) 电烧伤是电流的热效应造成的伤害，分为电流灼伤和电弧烧伤。

电流灼伤是人体与带电体接触，电流通过人体时由电能转换成热能造成的伤害。电流灼伤一般发生在低压设备或低压线路上。

(2) 皮肤金属化是在电弧高温的作用下，金属熔化、汽化，金属微粒渗入皮肤，使皮肤粗糙并张紧的伤害。

(3) 电烙印是在人体与带电体接触时接触部位留下的永久性斑痕。斑痕处皮肤会失去原有弹性、色泽，表皮坏死，失去知觉。

(4) 机械性损伤是电流作用于人体时，由于中枢神经反射和肌肉强烈收缩等作用导致的机体组织断裂、骨折等伤害。

(5) 电光眼是发生弧光放电时，由红外线、可见光、紫外线对眼睛造成的伤害。电光眼表现为角膜炎或结膜炎。

2. 单相、两相及跨步电压触电

1) 单相触电

人体直接接触带电设备或线路中的一相时，电流通过人体流入大地，这种触电现象称为单相触电。

(1) 电源中性点接地系统的单相触电，如图 3-2 所示。

通过人体电流为

$$I_b = \frac{U_P}{R_0 + R_P} = 219\ \text{mA} >> 50\ \text{mA} \tag{3.1}$$

式中：U_P 为电源相电压 220 V；R_0 为接地电阻 4 Ω；R_p 为人体电阻约 1000 Ω。

(2) 电源中性点不接地系统的单相触电，如图 3-3 所示。

人体接触某一相时，通过人体的电流取决于人体电阻 R_b 与输电线对地绝缘电阻 R' 的大小。若输电线绝缘良好，绝缘电阻 R' 较大，对人体的危害性就小。

但导线与地面间的绝缘可能不良(R' 较小)，甚至有一相接地，这时人体中就有电流通过。

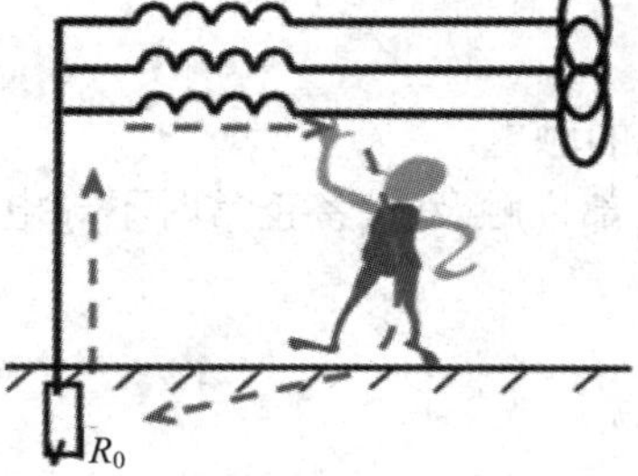

图 3-2 电源中性点接地系统单相触电

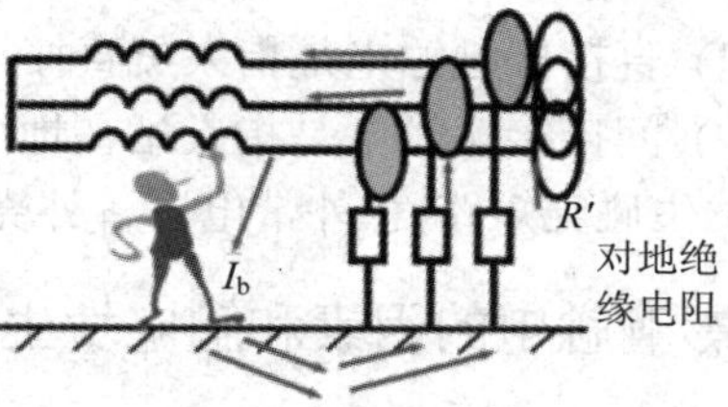

图 3-3 电源中性点不接地系统单相触电

2) 两相触电

人体同时接触带电设备或线路中的两相导体时，电流从一相通过人体流入另一相，这种触电现象称为两相触电。这时人体处于线电压下，如图 3-4 所示通过人体的电流为

$$I_b = \frac{U_L}{R_b} = \frac{380}{1000} = 0.38\ \text{A} = 380\ \text{mA} >> 50\ \text{mA} \tag{3.2}$$

式中 U_L 为电源线电压，即 380 V。

图 3-4 两相触电

由此得知两相触电的危害性大于单相触电，而在发生触电概率上单相触电大于两相触电。

3) 跨步电压触电

当电气设备发生接地故障，接地电流通过接地体向大地流散，若人在接地短路点周围行走，其两脚间的电位差引起的触电叫跨步电压触电，如图 3-5 所示。

当高压输电线断线落地时，有强大的电流流入大地，在接地点周围产生电压降。当人体接近接地点时，两脚之间承受跨步电压而触电。跨步电压的大小与人和接地点距离、两脚之间的跨距、接地电流大小等因素有关。一般在接地点 20 m 之外，跨步电压就降为零，如图 3-6 所示。

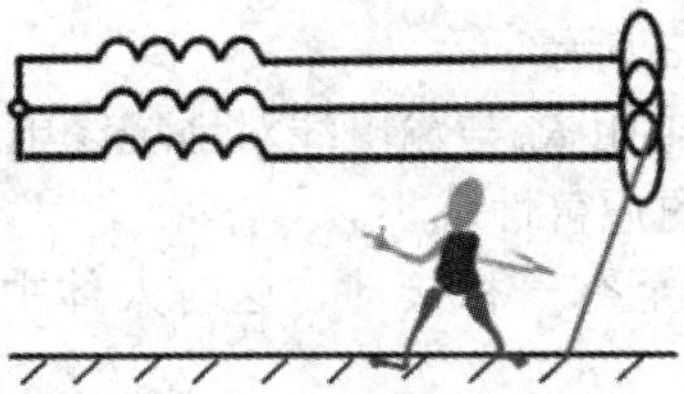

图 3-5　跨步电压触电

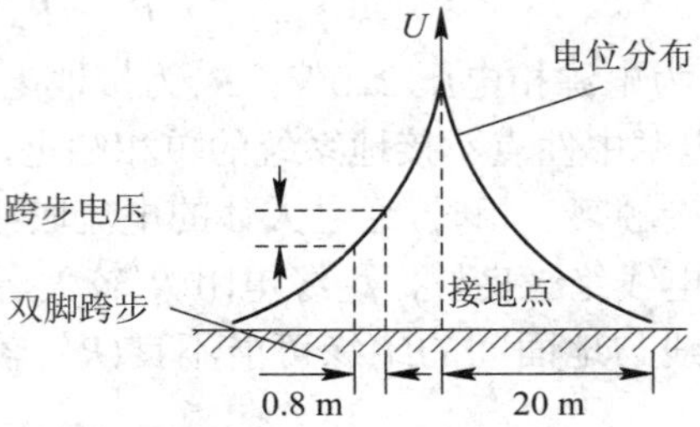

图 3-6　跨步电压电位分布

3. 直接接触与间接接触触电

(1) 直接接触触电是指人员直接接触了带电体而造成的触电。

(2) 间接接触触电是指人站在地面上，人体其他某一部位触及(设备正常时不导电，故障时发生碰壳短路)意外带电设备外壳时造成的触电。

三、影响触电的因素和触电发生的规律

1. 影响触电的因素

(1) 电流的大小。通过人体的电流越大，危险性也越大。

(2) 持续时间。电击持续时间越长，则电击危险性越大。

(3) 电流频率。50～60 Hz 的电流对人体伤害最严重。

(4) 电流途径。流过心脏的电流越多，电流路线越短的途径则是电击危险性越大的途径。

(5) 个体特征影响。人体健康状况。

(6) 人体电阻。人体电阻主要由表皮电阻和体内电阻构成，体内电阻一般较为稳定，约在 500 Ω 左右，表皮电阻则与表皮湿度、粗糙程度、触电面积等有关。一般人体电阻在 1～2 kΩ 之间。

2. 发生触电的规律

(1) 触电事故季节性明显。6～9 月事故最多。

(2) 低压触电事故多。低压设备触电多于高压设备触电，因为与之接触的人比与高压设备接触的人多得多，且缺乏电气安全意识。

(3) 携带式设备和移动式设备触电事故多。这些设备是在人的紧握下运行，一旦触电难以摆脱电源；设备经常移动，设备和电源线容易故障和损坏；设备保护零线与工作零线容易接错，也会造成触电事故。

(4) 电气连接部位触电事故多。连接部位不够牢固，松动，绝缘低。

(5) 错误操作和违章作业造成的触电事故多。85%以上触电事故是由于错误操作和违章作业造成的。

(6) 不同行业触电事故各不相同。经常伴有潮湿、高温、场所混乱的场所触电事故多。

(7) 不同年龄触电事故不同。中青年工人、非专业电工、合同工和临时工触电事故多。

(8) 不同地域触电事故不同。农村的触电事故约为城市的 3 倍。

四、触电事故现场急救的意义

随着社会的发展，电气设备和家用电器的应用越来越广，人们发生电击事故也相应增多。因此，触电的现场急救方法是大家必须熟练掌握的急救技术。大家掌握了急救技术，一旦事故发生，在向医疗部门紧急求援的同时，更多的人就能立即投入现场抢救，共同配合，进行急救。这对挽救生产现场触电人员的生命有着极为重要的意义。

人员遭到电击后，病情表现为三种状态：一种是神志清醒，但感觉乏力、头昏、胸闷、心悸、出冷汗，甚至恶心呕吐；第二种是神志昏迷，但呼吸、心跳尚存在；第三种是神志昏迷，呈全身性电休克所致的假死状态，肌肉痉挛，呼吸窒息，心室颤动或心跳停止。伤员面部苍白、口唇绀紫、瞳孔扩大、对光反应消失、脉搏消失、血压降低，这样的伤员必须立即现场进行心肺复苏抢救，并同时向医院紧急求救。

现场抢救的宗旨是借助综合措施通过人工的方法使伤员迅速得到气体交换和重新形成血液循环，恢复全身组织细胞的氧供给，保护脑组织，继而恢复伤员的自主心跳和自主呼吸，把伤员从死亡状态拯救出来。

五、触电事故现场急救的步骤

1. 迅速脱开电源

发生触电事故时，切不可惊慌失措，束手无策。要立即切断电源，使伤员脱离继续受电流损害状态，以减少损伤程度，同时向医疗部门求救。这是能否抢救触电事故成功的首要因素。进行切断电源前应注意伤员身上因有电流通过已成带电体，任何人不应触碰伤员，以免也成为带电体而遭电击。

切断电源应采取的方法有两种。一是立即拉开电源开关或拔掉电源插头。二是发生触电事故时不能立即切断电源时，可用干燥的木棒、竹竿等将电线拨开，使伤员脱离电源，切不可用手或金属以及潮湿的导电物体直接触碰伤员的身体或触碰伤员接触的电线，以免引起抢救人员自身触电。

在进行解脱电源的动作时，要事先采取防摔措施，防止触电者脱离电源后因肌肉放松而自行摔倒，造成新的外伤。解脱电源的动作要用力适当，防止因用力过猛将带电电线接触到在场的其他人员。

2. 现场的简单诊断

在解脱电源后，伤员往往处于昏迷状态，全身各组织严重缺氧，生命垂危。所以，这时不能用整套常规方法进行系统检查，而只能用简单有效的方法尽快对心跳、呼吸与瞳孔的情况进行判断，以确定伤员是否假死。

简单诊断的方法有三种。一是观察伤员是否还存在呼吸。可用手或纤维毛放在伤员鼻孔前，感受和观察是否有气体流动；同时，观察伤员的胸廓和腹部是否存在上下移动的呼吸运动。二是检查伤员是否还存在心跳。可直接在心脏前区听是否有心跳的心音，或摸颈动脉、肱动脉是否搏动。三是看一看瞳孔是否扩大。人的瞳孔受大脑控制，在正常情况下，瞳孔的大小可随外界光线的强弱变化而自动调节，使进入眼内的光线适中。在假死状态中，大脑细胞缺氧，机体处于死亡边缘，整个调节系统失去作用，瞳孔自行扩大，并且对光线强弱变化也不起反应。

六、触电事故急救方法

1. 人工呼吸法

人工呼吸法就是采取人工的方法来代替肺的呼吸活动，及时而有效地使气体有节律的进入和排出肺脏，供给体内足够氧气和充分排出二氧化碳，维持人体正常的通气功能，促使呼吸中枢尽早恢复功能，使处于假死的伤员尽快脱离缺氧状态，使机体受抑制的功能得到兴奋，恢复人体自主呼吸。人工呼吸是复苏伤员的一种重要的急救措施。

2. 体外心脏按压法

体外心脏按压法是指通过人工方法有节律地对心脏按压来代替心脏的自然收缩，从而达到维持血液循环的目的，进而恢复心脏的自然节律，挽救伤员的生命。体外心脏按压法简单易学，效果好，不要设备，也不会增加创伤，便于推广普及。

以上两种抢救方法适用范围比较广，除用于电击伤外，对遭雷击、急性中毒、烧伤、心跳骤停等因素所引起的呼吸抑制或呼吸停止的伤员都可采用，有时两种方法可交替进行。

3.2 防触电技术

学习目标

1. 掌握直接接触电的防护技术。
2. 了解间接接触电击的防护。

课堂讨论

如图 3-7 所示为家用电器示例。请思考讨论家用电器使用时如何防止触电。

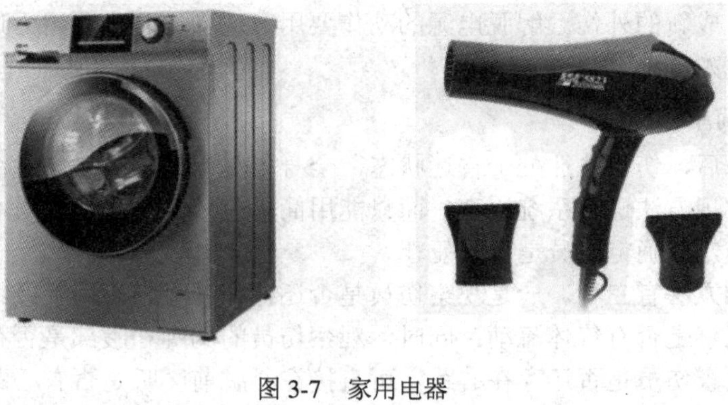

图 3-7 家用电器

知识链接

一、直接接触电的防护

1. 绝缘

1) 绝缘材料和性能

缘材料种类很多，可分气体、液体、固体三大类。常用的气体绝缘材料有空气、氮气、六氟化硫绝缘 PC、聚酰亚胺薄膜等。液体绝缘材料主要有矿物绝缘油、合成绝缘油(硅油、十二烷基苯、聚异丁烯、异丙基联苯、二芳基乙烷等)两类。固体绝缘材料可分有机和无机两类。有机固体绝缘材料包括绝缘漆、绝缘胶、绝缘纸、绝缘纤维制品、塑料、绝缘胶垫漆布漆管及绝缘浸渍纤维制品、电工用薄膜、复合制品和黏带、电工用层压制品等。无机固体绝缘材料主要有云母板，玻璃、陶瓷及其制品。相比之下，固体绝缘材料品种多样，也最为常用。

绝缘材料的宏观性能(如电性能、热性能、力学性能、耐化学药品和耐气候变化以及耐腐蚀等性能)与它的化学组成、分子结构等有密切关系。无机固体绝缘材料主要是由硅、硼及多种金属氧化物组成，以离子型结构为主，主要特点为耐热性高，工作温度一般大于 180℃，稳定性好，耐大气老化性、耐化学药品性及长期在电场作用下的老化性能好，但脆性高，耐冲击强度低，耐压高而抗张强度低，工艺性差。

2) 绝缘检测

绝缘检测包括绝缘试验和外观检查。绝缘试验包括绝缘电阻试验、耐压强度试验、泄漏电流试验和介质损耗试验。其中绝缘电阻试验包括绝缘电阻测量和吸收比测量。

3) 绝缘防护

绝缘防护不仅是电气设备能正常运行的基本条件，而且是防止直接接触触电的技术措施之一。

(1) 绝缘防护的作用：所谓绝缘防护，是指用绝缘材料将导体包裹起来，使带电体与带电体之间、或带电体与其他导体之间实现电气上的隔离，使电流沿着导体按规定的路径流动。确保电气设备和线路正常工作，防止人体触及带电体发生触电事故。

(2) 绝缘损坏的原因：导致设备绝缘损坏的原因是多方面的。如设备缺陷、机械损伤、热击穿和电击穿等。

2. 屏护

屏护也是防止直接接触触电的技术措施之一，它是采用屏护装置控制不安全因素，即采用遮拦、护罩、护盖、保护网、围墙等将带电体与外界隔离开来。身处安全距离以外的电气工作人员，虽然可以避免触电，但由于人们难于直观地看出设备是否带电及电压的高低，以及有时注意力分散，工作人员仍有可能偶然触及或过于接近带电体。采用屏护措施将带电体隔离开来，可以有效地防止直接接触触电。

1) 屏护的作用

(1) 防止工作人员意外地接触或过分接近带电体。

(2) 作为检修部位与带电体的距离小于安全距离时的隔离措施。

(3) 保护电气设备不受机械损伤。

2) 屏护的规格

(1) 遮拦。遮拦用于室内高压配电装置，用网孔尺寸为 40 mm × 40 mm 或 20 mm × 20 mm 的金属网制成。遮拦的高度应不低于 1.70 m，底部距地面的距离不小于 0.1 m。

10 kV 及以下落地式变压器台的四周必须装遮拦，遮拦与变压器外壳的最小距离不应小于 0.8 m。金属遮拦必须妥善接地并加锁。

(2) 保护网。保护网有铁丝网和铁板网。当明装裸导线或母线跨越通道时，若对地的距离不足 2.5 m 时，应在其下方装设保护网。

(3) 栅栏。栅栏用于室外配电装置，其高度不应低于 1.2 m。栅条间距和到地面的距离不应小于 0.2 m，金属制作的栅栏应妥善接地。

(4) 围墙。室外落地安装的变配电设施应有完好的围墙。围墙的实体部分的高度不应低于 2.5 m。

3. 安全距离

安全距离是为了防止人体触及或接近带电体，以及防止车辆或其他物体碰撞或接近带电体等造成的危险，所需保持的一定空间距离。安全间距的大小主要取决于电压的高低、设备运行状况和安装的方式，并在安全规程中要做出明确规定。

二、间接接触电击的防护

间接接触电击就是指设备在正常情况下是不带电的，但由于绝缘损坏，设备外壳就可能意外带电而造成触电。间接接触电击在触电死亡事故中约占 1/2。

配电系统接地主要分为保护接地和保护接零。

根据配电系统接地方式的不同，国际上把低压配电系统分为 IT、TT、TN 三种形式。TN 又分 TN-C、TN-S、TN-C-S 三种。

1. 接地的应用范围和作用

1) 接地的应用范围和作用

接地的应用范围很广泛，接地是一种防止间接接触所导致的触电的安全技术措施。不论是交流电或直流电、高压电或低压电，也不论在一般环境还是特殊环境中，采用接地措施能确保电气设备正常运行和人身安全。

接地的作用有两点：其一可以降低人可触及的导电部分的电压，基本上可降低到远小于安全电压限值，以减少电击危险；其二是可以使电力系统或电气设备能稳定工作。

2) 接地工作原理

(1) IT 系统原理。IT 系统就是电源系统的带电部分不接地或通过阻抗接地，而电气设备的外露导体部分接地的系统。“IT”的第一个大写字母“I”表示配电网不接地或经高阻抗接地；第二个大写“T”表示电气设备金属外壳接地。

IT 系统原理如图 3-8 所示，当一相绕组因绝缘损坏而碰触电气设备外壳，人体一旦触及没有接地的电气设备外壳，漏电电流就可以经过人体与电网对地绝缘阻抗形成回路，从而把漏电设备的对地电压控制在安全范围之内，同时接地电流被接地保护电阻分流，流过人体 R_P 的电流很小，保证了操作人员的人身安全。

保护接地的原理就是给人体并联一个很小电阻，以保证发生触电时，减小流过人体的电流和承受的电压。

(2) TT 系统原理。TT 系统是指设备外壳及配电网均直接接地。其原理是当电源一相漏电，则电流经 R_N 及 R_E 构成回路，使流经人体电流较小，如图 3-9 所示。

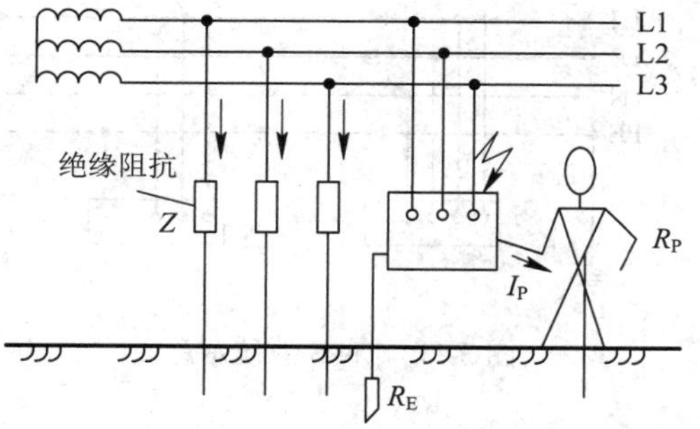

图 3-8 IT 系统原理

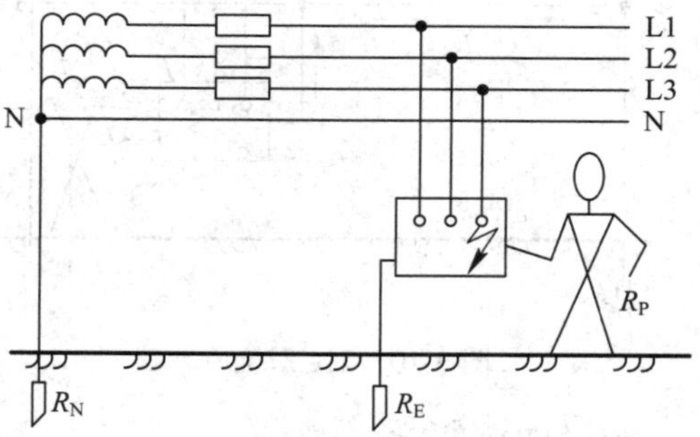

图 3-9 TT 系统原理

TT 系统主要用于低压共用用户，即用于未装备配电变压器，而从外面引进低压电源的小型用户。

由于 R_N 及 R_E 在 4 Ω 左右，因此故障电流只有 27.5 A(110 V)。如果按 220 V 计算，一般短路保护装置不起作用，因此，必须与其他快速切除接地故障系统同时使用，确保速断时间不超过 5 s。

3) 接地装置的特点和存在的问题

(1) IT 系统的保护接地在中性点不接地电网中接地电流的大小取决于电网电压的高低范围的大小以及敷设方式等诸多因素。一般情况下，由于线路对地绝缘等效阻抗 Z 很大，这样便使单相接地电流很小，不足以使电源开关跳闸，因此不接地电网才有条件采用保护接地使漏电设备对地电压变得很小，对人或设备不构成危害。

(2) TT 系统的保护接地在设备外壳及配电网均接地系统中，保护接地的接地电阻值与触及漏电设备外露可导电部分的人体电阻形成并联回路。若电气设备外壳带电，不能使熔断器或断路器动作，虽由于分流作用，使得通过人体的电流仅为故障电流的一部分，但这时用电设备的对地电压近似为 110 V，如人体电阻以 1000 Ω 计算，则流过人体的电流为 110 mA，无疑仍将危及人体安全。为了确保人体安全，应确保对地短路电流足够大，保证上述保护装置能迅速、可靠地动作。这就要求用电设备的接地电阻要很小，但在一些土壤导电情况较差的地区是很难做到的，并且实施费用也将大大增加。所以 TT 系统有一定的局限性和不完善性。

2. 保护接零(TN 系统)的应用范围和作用

目前，我国地面上低压配电网绝大多数都采用中性点直接接地的三相四线配电网。在这种配电网中，TN 系统是应用最多的配电及防护方式，如图 3-10 所示。

当出现漏电时，相线与保护零线形成回路，促使短路保护元件迅速动作，切断漏电故障设备。

1) TN-S 系统

在 TN-S 系统中，“S”表示系统中有专用保护线(PE 线)，保护零线与工作零线完全分开。保护原理是当设备的绝缘击穿(如 L1 相绝缘击穿)形成电源的单相短路，如图 3-11 所示。在爆炸危险性较大或安全要求较高的场所应采用该系统。

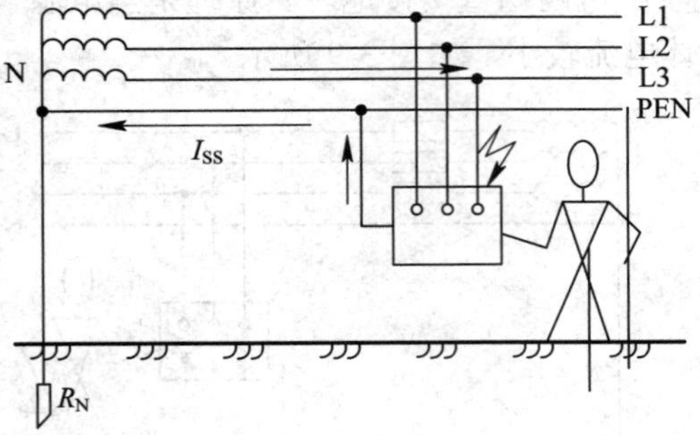

图 3-10 TN 系统原理图

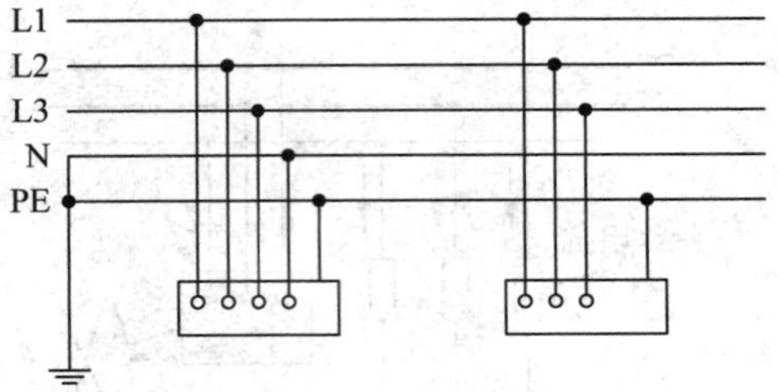

图 3-11 TN-S 系统示意图

2) TN-C 系统

TN-C 系统是干线部分保护零线与工作零线完全共用，如图 3-12 所示。在该系统中，“C”表示工作零线与保护零线完全共用。

保护原理：系统中的用电设备绝缘击穿后形成单相短路。所以，该系统的保护原理与 TN-S 相同，一般用于安全条件较好或无爆炸危险的场所。

3) TN-C-S 系统

在 TN-C-S 系统中“C-S”表示保护零线和工作零线部分共用。该系统适合于厂区没有变电站，而采用三相四线制电源进车间或进民用楼房的供电方式，如图 3-13 所示。

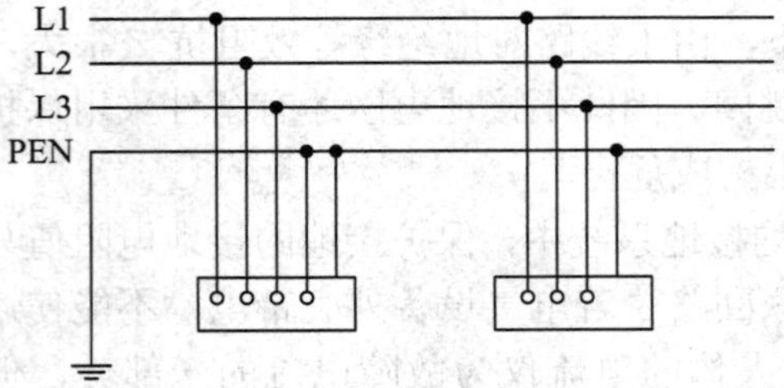

图 3-12 TN-C 系统示意图

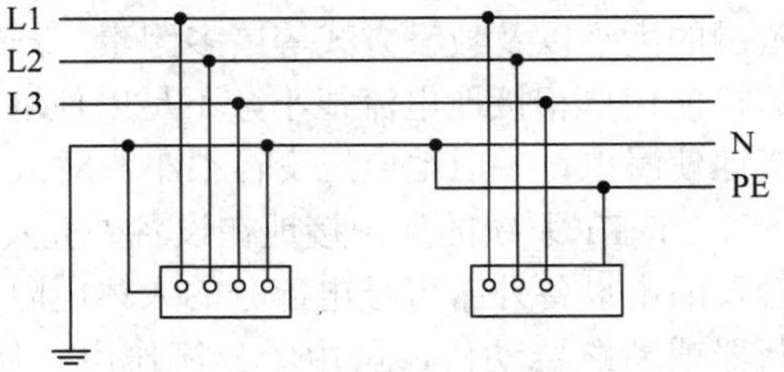

图 3-13 TN-C-S 系统示意图

4) 保护接零(TN 系统)的应用条件

在中性点直接接地的电网中，采用保护接零时，必须满足以下条件：

(1) 任何时候都应保证工作零线和保护零线的畅通。

(2) 中性点直接可靠接地，工作接地电阻应不大于 4 Ω。

(3) 工作零线、保护零线应重复接地，重复接地的接地电阻应不大于 10 Ω，重复接地的次数应不小于 3 次。

(4) 保护零线和工作零线(单相用电设备除外)不得装设熔断器、断路器。

(5) 在相线截面大于 25 mm^2 时，三相四线或五线供电线路的工作零线和保护零线的截面不得小于相应线路截面的 1/2，并必须具有足够的机械强度和热稳定性。

(6) 为了保证漏电时能产生足够大的单相短路电流，使保护装置动作，线路阻抗不宜太大。因此，要求单相短路电流不得小于线路熔断器熔体额定电流的 4 倍，或者不得小于线路中低压断路器瞬时或短延时动作电流的 1.5 倍。

(7) 保护接零系统中，不允许有些电气设备采用保护接地。

5) 保护接零和保护接地比较

保护接零和保护接地比较如表 3-1 所示。

表 3-1 保护接零和保护接地的比较

类别	保护接零(TN 系统)	保护接地	
		IT 系统	TT 系统
原理	借助零线使漏电形成单相短路电流，进而使保护装置动作	限制漏电设备对地电压，高压系统的保护接地也可促使保护装置动作	接地线使漏电形成对地短路电流，进而使保护装置动作
保护技术措施	限制漏电设备对地电压，重复接地电阻应不大于 10 Ω	无重复接地	有共同接地措施
适用范围	适用于中性点接地的低压配电系统	适用于中性点不接地的高、低压配电系统	适用于中性点接地的低压配电系统
线路结构	系统有相线、工作零线、保护零线、接地线和接地体	系统只有相线、接地线和接地体	系统只有相线、接地线和接地体
保护方式	防止间接触电	防止间接触电	防止间接触电
接线部位	相同	相同	相同
接地装置	相同，接地电阻应不大于 4 Ω	相同，接地电阻应不大于 4 Ω	相同，接地电阻和共同接地电阻应不大于 4 Ω

6) 重复接地的作用

(1) 减轻零线断开或接触不良时导致电击的危险性，因为 PE 线和 PEN 线断开或接触不良的可能性是不能排除的。

(2) 降低漏电设备对地电压，同一般接地一样有降低故障对地电压的作用。

(3) 缩短漏电故障持续时间，重复接地和工作接地构成回路。

(4) 改善架空线路的防雷性能，重复接地有分流作用，能限制雷电过电压。

三、双重绝缘、安全电压和漏电保护

1. 双重绝缘

双重绝缘是强化的绝缘结构，包括工作绝缘(基本绝缘)和保护绝缘(附加绝缘)两种类型。前者是带电体与不可触及的导体之间的绝缘，是保证设备正常工作和防止电击的基本绝缘；后者是不可触及的导体与可触及的导体之间的绝缘，是当工作绝缘损坏后用于防止电击的绝缘。

2. 安全电压

安全电压是指人体较长时间接触而不致发生触电危险的电压。安全电压额定值为 42 V、36 V、24 V、12 V、6 V。空载上限值为 50 V、43 V、29 V、15 V、8 V。

1) 安全电压对供电电源的要求

安全电压的特定电源是指单独自成回路的供电系统。该系统与其他电气回路(包括零线和地线)不应有任何联系。

使用变压器做电源时，其输入电路和输出电路要严格实行电气上的隔离，二次回路不允许接地。为防止高压窜入低压，变压器的铁芯(或隔离层)应牢固接地或接零。不允许用自耦变压器做安全电压电源。

2) 安全电压的选用

在安全电压的额定值中，42 V 和 36 V 可在一般和较干燥环境中使用，而 24 V 以下是在较恶劣环境中允许使用的电压等级，如金属容器内、过道内、铁平台上、隧道内、矿井内、潮湿环境等。安全电压的标准不适用于水下等特殊场所，也不适用于带电部分能伸入人体的医疗设备。

3. 漏电保护器

漏电保护器是一种当人体发生单相触电或线路漏电时能自动切断电源的装置。它既能够起到防止直接接触触电的作用，又能够起到防止间接接触触电的作用。目前广泛应用在一些临时用电场所、建筑工地和日常生活用电中，对防止触电事故发生和保障人身安全起到了积极的作用。

根据漏电保护器的工作原理，漏电保护器可分为电压型、电流型和脉冲型三种。目前应用最广泛的漏电保护器是电流型漏电保护器。

使用漏电保护器的规定如下：

(1) 触电、防火要求较高的场所，新建和扩建工程使用的低压电气设备、插座等均应安装漏电保护器。

(2) 对新制造的低压配电箱、动力箱、操作台、机床、起重机械和各种传动机械等机电设备的动力箱，在考虑设备的过载、短路、失压、断相等保护的同时必须考虑漏电保护。用户在使用上述设备时，应优先采用具有漏电保护的电气设备。

(3) 建筑施工场所、临时用电线路的用电设备必须安装漏电保护器。

(4) 手持式电动工具(除III类外)、移动式生活日用电器(除III类外)、其他移动式机电设备以及触电危险性大的用电设备必须安装漏电保护器。

(5) 在潮湿、高温、金属占有系数大场所，如锅炉房、食堂、浴室等场所，必须安装漏电保护器。

(6) 应采用安全电压的场所，不得用漏电保护器代替。如果使用安全电压确有困难，须经公司管理部门批准，方可用漏电保护器作为补充保护。

(7) 额定漏电动作电流不超过 30 mA 的漏电保护器在其他保护措施失效时可作为直接接触触电的补充保护，但不能作为唯一的直接接触触电保护。

3.3 电气防火与防爆

学习目标

1. 掌握电气火灾与爆炸的原因。
2. 了解电气防火与防爆的一般措施。

课堂讨论

如图 3-14 所示为火灾与爆炸图片。请思考讨论引发电气火灾与爆炸的因素有哪些。

图 3-14　火灾与爆炸

知识链接

一、火灾与爆炸的基本知识

电气火灾与爆炸事故在所有火灾与爆炸事故中占有很大的比例，根据资料统计大约占 14%～20%，引起火灾的电气原因是仅次于一般明火的第二位原因。各种电气设备的绝缘物大多属于易燃物质，又因燃烧中的带电体对消防人员有触电危险，且火灾后的设备难以修复，故不能用一般办法抢救。

火灾与爆炸是两种性质不同的灾害，实践中它们又常伴随在一起发生。引发火灾与爆炸的条件虽然不同，但其触发因素几乎一样，即它们大都由高温或电弧火花而引起。

1. 火灾、爆炸危险场所划分

火灾危险场所分为三级：H-1 级，指有可燃液体的火灾危险场所；H-2 级，指有悬浮状或堆积状的不可能形成爆炸性混合物，但有火灾危险可燃粉尘或可燃纤维的场所；H-3 级，指固体状可燃物质的火灾危险场所。

爆炸危险场所可划分为二类五级：

第一类：气体或蒸汽爆炸性混合物。

(1) Q-1 级：指正常情况下能形成爆炸性混合物的场所，即爆炸性混合物达到爆炸浓度的场所。

(2) Q-2 级：指仅在不正常情况下能形成爆炸性混合物的场所。

(3) Q-3 级：指不正常情况下，整个空间形成爆炸性混合物的可能性较小的场所。

第二类：粉尘或纤维爆炸混合物。

(1) G-1 级：指正常情况下能形成爆炸性混合物的场所。

(2) G-2 级：指仅在不正常情况下能形成爆炸性混合物的场所。

2. 爆炸危险场所的区域范围

(1) 易燃液体注送站的注送口外水平距离 15 m、垂直距离 7.5 m 以内的空间范围为爆炸危险场所的区域范围。

(2) 可燃气体、易燃液体和闪点低于或等于场所环境温度的可燃液体储罐，以及在离上述设备外壳 3 m 以内的空间范围。

(3) Q-1 级建筑物通向露天的门、窗外 3 m 以内的空间范围可降低为 Q-2 级；Q-2 级建筑物通向露天的门、窗外 1 m 以内的空间范围可降低为 Q-3 级。

3. 危险物品的种类

(1) 爆炸性物品。这类物品有强烈的爆炸性，常温下就有缓慢分解的趋向。

(2) 易燃和可燃液体。这类物品容易挥发，能引起火灾和爆炸。

(3) 易燃和助燃气体。这类物品受热、受冲击或遇到火花时能发生燃烧和爆炸，特别当处在压缩状态时，爆炸的危险性更大。

(4) 遇水燃烧物品。这类物品遇水时会发生化学反应，放出热量，并分解出可燃气体，从而引起燃烧和爆炸。

(5) 自燃物品。这类物品不需外来火源，易受空气氧化或外界温度与湿度的影响。

(6) 易燃固体和可燃固体。这类物品燃点很低，极易燃烧，甚至引起爆炸。

(7) 氧化剂。这类物品本身并不会燃烧，但有很强的氧化能力。

二、电气火灾和爆炸的原因

1. 电气设备或线路过热

电气设备正常工作时产生热量是正常的，这是因为：电流通过导体，由于电阻存在而发热；导磁材料由于磁滞和涡流作用通过变化的磁场时会发热；绝缘材料由于泄漏电流增加也可能导致温度升高。这些发热在电气设备正确设计、正确施工、正常运行时，其温度是被控制在一定范围内的，一般不会产生危害，但设备过热就要酿成事故。过热原因有以下几种情况：

1) 短路

发生短路的原因主要有：

(1) 导体的绝缘由于磨损、受潮、腐蚀、鼠咬以及老化等原因而失去绝缘能力。

(2) 设备长年失修，导体支持绝缘物损坏或包裹的绝缘材料脱落。

(3) 绝缘导线受外力作用损伤，如导线被重物压轧或被工具等损伤。

(4) 架空裸导线弛度过大，风吹造成混线；线路架设过低，搬运长、大物件时不慎碰到导线以及导线与树枝相碰等都会造成短路事故。

(5) 检修不慎或错误造成人为短路。

2) 过载

发生设备过载的原因主要有：

(1) 电气设备规格选择过小，容量小于负荷的实际容量。

(2) 导线截面选得过细，与负荷电流值不相适应。

(3) 负荷突然增大，如电机拖动的设备缺少润滑油、磨损严重、传动机构卡死等。

(4) 乱拉电线，过多地接入用电负载。

3) 接触不良

在电气回路中有许多连接点，这些电气连接点不可避免地产生一定的电阻，这个电阻叫做接触电阻。正常时接触电阻是很小的，可以忽略不计。

电气连接点接触不良造成电阻过大的原因主要有：铜、铝相接处处理不好；接点连接松弛。

4) 铁芯发热

电气设备中低压开关有短路现象也会引起铁芯过热，当然一般这种情形会伴随绕组温度升高出现异常。

5) 散热不良

电炉、电烘箱、电熨斗、电烙铁、电褥子等电热器具和照明器具的工作温度较高。电炉电阻丝的工作温度达 800℃，电熨斗和电烙铁的工作温度达 500℃～600℃，100 W 白炽灯泡表面温度达 170℃～220℃，1000W 卤钨灯表面温度达 500℃～800℃。

灯座内接触不良会造成过热，日光灯镇流器散热不良也会造成过热，这些都可能引起火灾。

2. 电火花和电弧

电火花是电极间的击穿放电，大量电火花汇集起来即构成电弧，电弧温度高达 8000℃。电火花和电弧不仅能引起可燃物燃烧，还能使金属熔化、飞溅，构成二次引燃源。

电火花分为工作火花和事故火花。有些电气设备正常工作时就产生火花，如触点闭合和断开过程、整流子和滑环电机的炭刷处、插销的插入和拔出、按钮和开关的断合过程等，这些属于工作火花。有些则是线路、电气故障引起的火花，如熔断器熔断时的火花、过电压火花、电机扫膛火花、静电火花、带电作业失误操作引起的火花等则属于事故火花。无论是工作火花还是事故火花，在防火防爆环境中都要限制和避免。

产生电火花和电弧的原因主要有：

(1) 导线绝缘损坏或导线断裂引起短路，从而在故障点会产生强烈的电弧。

(2) 导体接头松动，引起接触电阻过大，当有大电流通过时便会产生火花与电弧。

(3) 架空裸导线弧垂过大，遇大风时混线而产生强烈电弧。

(4) 误操作或违反安全规程，如带负荷拉开关、在短路故障未消除前合闸等。

(5) 检修不当，如带电作业时因检修不当而人为地造成了短路等。

(6) 正常操作开关或熔丝熔断时产生的火花。

三、电气防火与防爆的措施

在工程可行性研究及设计阶段对火灾防治途径进行火灾可能性评价以指导设计，对已有工程进行现状评价以提高人员和财产的火灾安全性能；对工程材料和建筑结构进行阻燃处理，降低火灾发生的概率和发展速度；一旦发生火灾，要准确及时发现，以便在初期灭火；发生火灾后，合理配置资源，迅速扑灭火灾。电气防火与防爆的一般措施如下：

1. 排除可燃易爆物质

保持良好通风和加速空气流通与交换，加强密封，减少可燃易爆物质的来源。

2. 排除各种电气火源

(1) 爆炸危险场所设备的选择及使用符合要求。

(2) 爆炸危险场所线路的敷设布置及电压符合要求。

(3) 正确选用保护(接零接地过载)装置及信号装置。

3. 改善环境条件

(1) 建筑物符合防火要求。

(2) 设备安装位置、距离符合要求。

(3) 安装事故照明。

4. 保证电气设备的防火间距及通风

(1) 对电气开关及正常运行时产生火花的电气设备保持防火间距，并离开可燃物存放地点的距离不应少于 3 m。变配电装置与危险场所、物品的距离。线路与危险场所、物品的距离。

(2) 对设备实施密封是局部防爆的一项重要措施。密封是指将产生电弧、电火花的电气设备与易燃易爆的物质隔离开来而达到防爆目的。此外，在发生局部燃烧爆炸时，密封还可以防止事故的进一步扩大。

5. 采用耐火设施

(1) 建筑物耐火。

(2) 密封材料耐火。

(3) 隔离设施耐火。

6. 保持通风良好

(1) 通风系统的进气、排气符合要求。

(2) 通风系统的电源可靠。

(3) 防爆通风充气型电气设备的通风与充气系统应符合要求。

7. 正确选用和安排电气设备

根据使用环境的危险程度来正确地选择电气设备：

(1) 火灾危险场所电气设备的选型。

(2) 爆炸危险场所电气设备的选型。

(3) 危险场所线路导线的选择。

设备安装时的注意事项：

(1) 防意外损伤。

(2) 有保护装置。

(3) 有防雨雪、防热、防腐蚀措施。

(4) 有接零、接地保护。

(5) 有防静电、防火花措施。

危险场所实施接地的要求：

(1) 一般场所不要求接地(接零)的部分也应都接地(接零)。

(2) 金属结构全部接地(接零)，并连接成连续整体。

(3) 线路及装置分开。

(4) 装设信号报警装置。

8. 防止设备故障及过负荷

(1) 防止电气设备发生短路的措施有：电气设备的安装应严格按要求施工；导线绝缘强度必须符合电源电压的要求；定期检测绝缘；安全距离符合要求；导线安装保护装置。

(2) 防止电气设备过负荷的措施有：不擅自增加设备导致发生过载；导线允许电流符合要求；安装过载保护装置和监视装置；加强对设备的日常维护与定期保养，防止设备过负荷运行。

(3) 防止电气设备绝缘老化的措施有：根据不同环境选择合乎要求的电气设备类型和安装方式；设备安装位置要尽可能避开热源、阳光直射处以及含腐蚀介质的场所。

(4) 防止接触电阻过大的措施有：导线与导线或导线与电气设备接线端子的连接必须接触良好，牢固可靠；加强对电气设备的日常巡视和定期保养，及时发现和处理接头松动故障；在容易发生接触电阻过大的部位可涂上变色漆或安放示温蜡片，以便于监视和及时发现过热情况；截面较大的导线相连接时，可采用焊接法或压接法，务必使连接牢靠，接触紧密；铜、铝线相接时，应采用铜铝过渡接头，或是在铜铝接线头处垫上锡箔，也可将铜线鼻子搪锡后再与铝线鼻子相连接。

四、常用电气设备防火、防爆措施

1. 电力变压器的防火、防爆措施

电力变压器起火的原因有铁芯的穿芯螺栓绝缘损坏、高压或低压绕组层间短路、引出线混线或碰壳等、严重过负荷、雷击、外部短路、外界火源等因素。电力变压器的防火、防爆措施有：

(1) 加强巡视检查。

(2) 完善保护系统，确保能正确可靠地动作。

(3) 严格执行规程，定期进行修理。

(4) 健全防雷保护措施。

(5) 设置足够的消防设备，并定期更换。

2. 电缆引起火灾的原因与防范措施

电力电缆引起火灾或爆炸的主要原因有绝缘失损、过负荷运行、敷设不当、接头不牢、环境不良等因素。防范措施有：

(1) 选型正确。

(2) 敷设符合要求。

(3) 加强运行、维护管理。

(4) 定期预防性试验。

3. 防止引起电动机火灾的措施

电动机过热或起火的原因主要有：线圈的匝间、相间短路或接地；线圈受潮，绝缘损伤；两相运行；电刷火花；接触电阻过大；轴承过热；周围有可燃物质；维修保养不力等。具体措施如下：

(1) 对于新装或长时间未使用的电动机进行绝缘检测。

(2) 定期检查电动机的运行情况。

(3) 保证电动机周围无易燃易爆物品。

3.4　防雷与防静电

学习目标

1. 了解雷电与静电的危害。
2. 掌握防雷装置与防雷措施。
3. 掌握静电危害与防治。

课堂讨论

雷电是一种自然现象，如图 3-15 所示。请思考讨论雷雨天气我们应该如何防雷。

图 3-15　雷电

知识链接

雷电是自然界中一种常见的放电现象，会破坏树木、电杆、建(构)筑物和各种工农业设施，同时还会引起火灾和爆炸事故。雷电放电时会产生极高的过电压和巨大的雷电流，不仅能击毙人畜，而且还会劈裂树木及各类设施。

一、雷电的产生

当雷云中温度不同的冰晶相互碰撞时，温度高的冰晶得到电子因而带有负电，温度低的冰晶失去电子带有正电。在运动过程中，某一区域的带电冰晶电荷量的代数和不为零时，就产生了畸变电场，这个畸变电场的强度大于空气击穿阈值时，就将空气击穿。根据高电压、大电压空气击穿的理论，大间隙的空气击穿后形成等离体和正电荷团，两者的结合称为向下先导。空气被击穿后，两个正电荷团由于没有了电离的空气，电离就不能自持了，正电荷团就和周围的电子复合，从而发出光和热，由于放电时温度高达 20 000℃，空气受热后剧烈膨胀，发出爆炸的轰鸣声，这样就产生了雷鸣和闪电。

雷电一般可分为直击雷、电磁脉冲、球形雷、云闪四种。

在线状雷中直接对建筑物或其他物体放电产生破坏性的热效应和机械效应的雷电叫做直击雷；若是落雷处邻近物体因受静电感应或电磁感应产生高电位引起放电叫作感应雷；落雷时沿架空线和金属管道引起的高电位称为雷电波。

二、雷电的危害

雷电放电过程中，呈现出热效应、机械效应以及电磁效应，对于建筑物和电气等设备有很大的危害性。雷电的危害一般分为两类：一是雷直接击在建筑物上发生热效应作用和机械效应作用；二是雷电的二次作用，即雷发生时电流产生的静电感应和电磁感应。

具体危害表现如下：

(1) 雷电的热效应危害。雷电流高热效应会放出几十至上千安的强大电流和产生很大的热量。实践证明，在雷电流的作用下，会使导体熔化。在实际工作中观察到的送电线路接闪线的断股现象就与雷电流的热效应有关。

(2) 雷电的机械效应危害。雷云对地放电时，强大的雷电流的机械效应表现为击毁杆塔和建筑物，以及劈裂电力线路的电杆和横梁等。

(3) 雷电的电磁效应危害。雷云对地放电时，在雷击点主放电的过程中，位于雷击点附近的导线上将产生感应过电压。过电压的伏值一般可达几十万伏，它会使电气设备绝缘发生闪络或击穿，甚至引起火灾和爆炸，造成人身伤亡。

此外，由于雷电流产生的电压伏值很大，所以雷电流流过接地装置时，所造成的电压降可能达到数十万伏至数百万伏。此外，与接地装置相连接的电气设备外壳、杆塔及架构件等处于很高的电位，从而使电气设备的绝缘发生闪络，这通常称为反击。

三、防雷装置及措施

1. 防雷装置

防雷装置包括三部分：接闪器、引下线和接地体。

接闪器是指接闪杆、接闪线、接闪带、接闪网的直接接受雷电的部分，以及用作接闪的金属屋顶、金属构件等。接闪杆是指使用最广的一种接闪器，它是用圆钢或焊接钢管制成，传统的接闪器可用直径为 10～12 mm 的圆钢作为接闪杆，根据滚球法确定避雷针的保护范围；接闪网和接闪带宜用圆钢或扁钢制作；接闪线一般采用镀锌绞线。接闪网或接闪带应沿屋角、屋脊、檐角和屋檐等易受雷击的部位敷设。接闪杆是靠它对雷云电场引起的畸变来吸引雷电的，因此也称为引雷针。

引下线一般用直径为 8 mm 的圆钢沿建筑物的四角引下到接地网上。第一类建筑物防雷引下线不少于两根，并应沿建筑物四周均匀或对称布置，当仅利用建筑物四周的钢柱或柱子钢筋作为引下线时，可按规范要求跨度敷设引下线。

接地装置传统的方法是采用长 2.5 m 的规格为 40 mm × 40 mm × 4 mm 三根镀锌角钢

(间隔距离 5 m)打入地中并联，并与引下线连接。

当防雷装置基础采用硅酸盐水泥和周围土壤的含水量不低于 4%及防雷装置基础的外表面无防腐层或有沥青质的防腐层时，宜利用防雷装置基础内的钢筋作为接地装置。

防雷装置的作用就是当接闪器接受电流后，经过引下线将电流导入接地装置进而安全地进入大地，保证建筑物内设备和人身的安全。至于选择何种防雷措施，则应根据所保护对象的重要性、当地雷电活动情况进行确定。一般来说，接闪杆主要作为露天变电设备、建筑物和构筑物等的保护，其安装示意图如图 3-16 所示；接闪线主要作为电力线路的保护；接闪网或接闪带主要作为建筑物的保护。

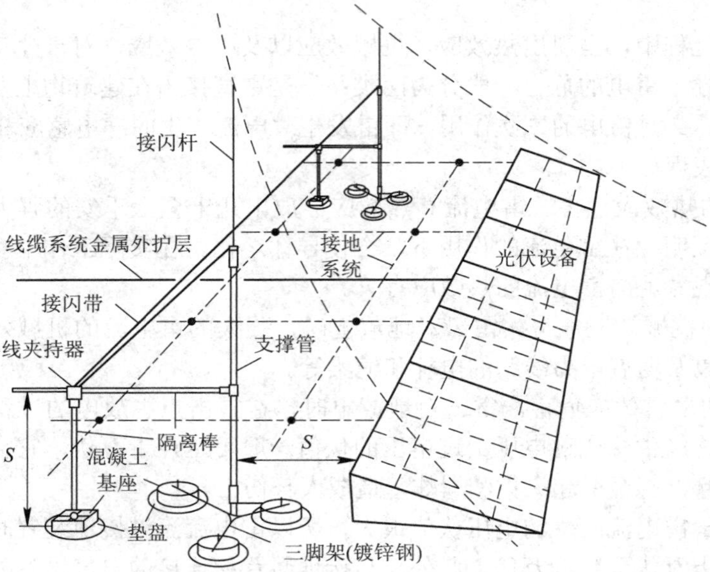

图 3-16 接闪杆安装示意图

防雷装置的分类：

(1) 接闪杆。防止雷电直击电气设备和建筑物，主要用于露天变配电设备、建筑物的保护。

(2) 接闪线。防止雷电直击电气设备和建筑物，主要用于输电线路的保护。

(3) 接闪网和接闪带。主要用于保护建筑物。

(4) 避雷器。主要用于保护电力设备，其结构(ZnO 避雷器)如图 3-17 所示。

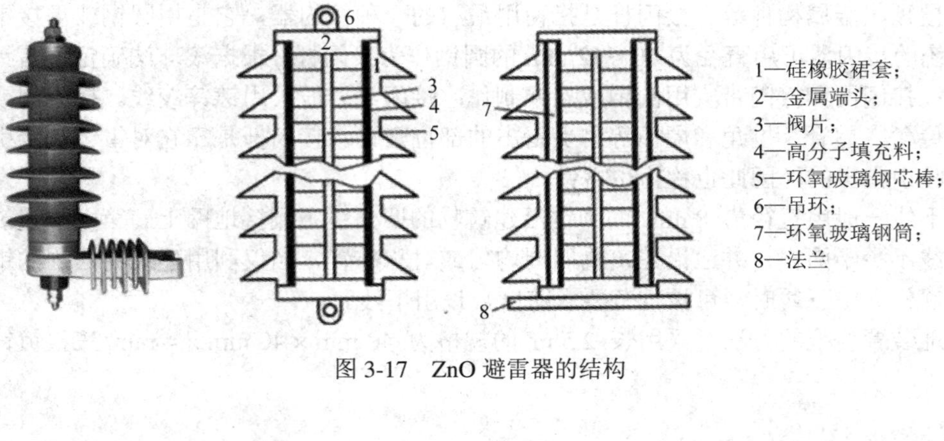

图 3-17 ZnO 避雷器的结构

2. 变配电站的防雷措施

变配电站要设有接闪杆，用来防止直击雷的破坏；高压侧要装设阀型避雷器或保护间隙，当低压侧中性点不接地时，也应装设阀型避雷器或保护间隙，防止感应雷使线路内部产生高电压破坏用电设备。

四、防静电技术

人们对电的认识最早是从静电开始的。人们发现两种性质不同的物质相互摩擦后就具有了某种吸引力。例如，用毛皮摩擦琥珀后能吸引纸屑，这便是静电作用。人们穿着化纤服装，夜晚在黑暗处脱下时，会发出闪闪的小火花，并伴有轻微啪啪声，这是经常可见的静电放电现象。

1. 静电的危害

首先静电容易产生静电火花从而引发爆炸和火灾是最大的危害，其次带静电的人体电压可达上万伏(但不会对人体有致命危害)，还有就是静电会妨碍生产，影响产品质量如纺织业、印刷业，也会使胶片感光和引起电子元件误动作。

生产中易产生静电的过程有：纸张印刷时或纸张与辊轴的摩擦、橡胶或塑料的碾磨、传动皮带与皮带轮或辊轴的摩擦；塑料的压制、上光、挤压；高电阻率液体在管道中流动或液体高速喷出管口、液体注入容器发生的撞击、冲刷或飞溅等；液化气体或压缩气体在管道中流动或由管口喷出、气瓶放出压缩气体或用喷油枪喷漆；固体物质的粉碎、研磨以及悬浮粉尘的高速运动；混合器中搅拌高阻物质、纺织品的涂胶等。

2. 静电的特点

(1) 静电的电量小，静电电压高。一般电量只有微库或毫库级，但由于带电体的电容量很小，则电压很高。如橡胶行业的静电电压高达几万伏，甚至十几万伏。

(2) 静电的能量不大或者说放电后的电流不大，一般不大于毫焦级。

(3) 绝缘体上的静电消失或泄漏的很慢，因此，必须设置消除静电的装置。

(4) 静电会放电。人体或金属体尖端放电都有极大的危险性，特别是在爆炸和火灾危险场所。

(5) 静电会产生静电感应。在工艺现场易发生的地方，由于静电感应，可能会在导体或人体上产生电荷而且电压很高，从而导致危险的火花放电。

(6) 静电是可以屏蔽的。通常桶形或空腔的导体，其内部有电荷时，必定在外壳感应出电荷，但当外表面接地时，则外部的电荷为零，且不影响内部的电荷。

3. 防止静电危害的措施

石油化工企业进行生产时，当液相与固相之间，液相与气相之间，液相与另一不相容的液相之间以及固相和气相之间，由于流动、搅拌、沉降、过滤、冲刷、喷射、灌注、飞溅、剧烈晃动以及发泡等接触或分离的相对运动都会在介质中产生静电。许多石油化工产品都属于高绝缘物质，这类非导电性液体在生产和储运过程中，会产生和积聚大量的静电荷，静电聚积到一定程度就可发生火花放电。如果在放电空间还同时存在爆炸性气体，便可能引起着火和爆炸。因此必须采取防静电措施。

(1) 加速静电泄漏，防止或减少静电聚积。

静电的产生本身并不危险，实际的危险在于电荷的积聚，因为这样能储存足够的能量，从而产生火花将可燃性气体引燃。为了加速油品电荷的泄漏，可以采取接地、跨接以及增加油品的电导率等措施。

(2) 接地和跨接。

静电接地和跨接是为了导走或消除导体上的静电，是消除静电危害的最有效措施之一。静电接地的具体方法是把设备容器及管线通过金属导线和接地体与大地连通形成等电位，并有最小电阻值。跨接是指将金属设备以及各管线之间用金属导线相连造成等电位。显然，接地与跨接的目的在于人为地造成一个与大地等电位的电位体，不致因静电电位差引起危害。管线跨接的另一个目的是当有杂散电流时，给它以一个良好的通路，以免在断路处发生火花而造成事故。油罐区和油品作业区的管与管、管与罐、罐上的部件及其附近有可能感应带电的金属物体都应接地。根据《石油库设计规范》(GBJ74—84)和《石油化工企业设计防火规范》(GB50160—92)的规定，防静电接地装置的接地电阻不宜大于 100 Ω。

(3) 防止人体带电。

在有火灾、爆炸危险的场合，操作人员不得穿化纤衣服，宜穿布底鞋或导电的胶底鞋；工作地面应采用导电性能好的水泥地面或采用导电橡胶的地板。

(4) 增加空气湿度。

在条件允许时，采取喷水方法提高设备内部和设备周围空气的相对湿度来增加空气的导电性能，以消除静电积聚。在工艺条件允许的情况下，空气增湿以相对湿度 70%为适宜。增湿的具体方法可采用通风系统进行调湿、地面洒水、挂湿布条以及喷放水蒸气等方法。增湿空气不仅有利于静电的导出，还能提高爆炸性混合物的最小点火能量，有利于防爆。

本章知识点考题汇总

一、判断题

1. ( ) 30～40 Hz 的电流危险性最大。

2. ( ) 直流电弧的烧伤较交流电弧的烧伤严重。

3. ( ) TN-C-S 系统是干线部分保护零线与工作零线完全共用的系统。

4. ( ) 移动电气设备的电源一般采用架设或穿钢管保护的方式。

5. ( ) SELV 只作为接地系统的电击保护。

6. ( ) TT 系统是配电网中性点直接接地和用电设备外壳也采用接地措施的系统。

7. ( ) 安全可靠是对任何开关电气的基本要求。

8. ( ) 取得高级电工证的人员就可以从事电工作业。

9. ( ) 按照通过人体电流的大小、人体反应状态的不同，可将电流划分为感知电流、摆脱电流和室颤电流。

10. ( ) 变配电设备应有完善的屏护装置。

11. ( ) 触电分为电击和电伤。

12. ( ) 触电事故是由电能以电流形式作用于人体造成的事故。

13. ( ) 触电者神志不清，有心跳，但呼吸停止，应立即进行口对口人工呼吸。

14. ( ) 当采用安全特低电压做直接电击防护时，应选用 25 V 及以下的安全电压。

15. ( ) 当拉下总开关后，线路即视为无电。

16. ( ) 低压绝缘材料的耐压等级一般为 500 V。

17. ( ) 概率为 50%时，成年男性的平均感知电流值约为 1.1 mA，最小为 0.5 mA，成年女性约为 0.6 mA。

18. ( ) 工频电流比高频电流更容易引起皮肤灼伤。

19. ( ) 黄绿双色的导线只能用于保护线。

20. ( ) 接地线是为了在已停电的设备和线路上意外地出现电压时保证工作人员的重要工具。按规定，接地线必须是截面积为 25 mm^2 以上裸铜软线制成。

21. ( ) 据部分省市统计，农村触电事故要少于城市的触电事故。

22. ( ) 绝缘材料就是指绝对不导电的材料。

23. ( ) 绝缘老化只是一种化学变化。

24. ( ) 绝缘体被击穿时的电压称为击穿电压。

25. ( ) 可以用相线碰地线的方法检查地线是否接地良好。

26. ( ) 两相触电危险性比单相触电小。

27. ( ) 漏电断路器在被保护电路中有漏电或有人触电时，零序电流互感器就产生感应电流，经放大使脱扣器动作，从而切断电路。

28. ( ) 漏电开关跳闸后，允许采用分路停电再送电的方式检查线路。

29. ( ) 漏电开关只有在有人触电时才会动作。

30. ( ) 水和金属比较，水的导电性能更好。

31. ( ) 通电时间增加，人体电阻因出汗而增加，导致通过人体的电流减小。

32. ( ) 脱离电源后，触电者神志清醒，应让触电者来回走动，加强血液循环。

33. ( ) 相同条件下，交流电比直流电对人体危害较大。

34. ( ) 一般情况下，接地电网的单相触电比不接地的电网的危险性小。

35. ( ) 电业安全工作规程中，安全技术措施包括工作票制度、工作许可制度、工作监护制度、工作间断转移和终结制度。

36. ( ) IT 系统就是保护接零系统。

37. ( ) 发现有人触电后，应立即通知医院派救护车来抢救，在医生来到前，现场人员不能对触电者进行抢救，以免造成二次伤害。

38. ( ) 电业安全工作规程中，安全组织措施包括停电、验电、装设接地、悬挂标示牌和装设遮拦等。

39. ( ) 在带电维修线路时，应站在绝缘垫上。

40. ( ) 在高压操作中，无遮拦作业人体或其所携带工具与带电体之间的距离应不少于 0.7 m。

41. ( ) 遮栏是为防止工作人员无意碰到带电设备部分而装设的屏护，分临时遮栏和常设遮栏两种。

42. ( ) 为了安全，高压线路通常采用绝缘导线。

43. ( ) 在我国，超高压送电线路基本上是架空敷设。

44. ( ) 除独立避雷针之外，在接地电阻满足要求的前提下，防雷接地装置可以和其他接地装置共用。

45. (　) 当静电的放电火花能量足够大时，能引起火灾和爆炸事故，在生产过程中静电还妨碍生产和降低产品质量等。

46. (　) 电气设备缺陷、设计不合理、安装不当等都是引发火灾的重要原因。

47. (　) 对于容易产生静电的场所，应保持地面潮湿，或者铺设导电性能较好的地板。

48. (　) 对于在易燃、易爆、易灼烧及有静电发生的场所作业的工作人员，不可以发放和使用化纤防护用品。

49. (　) 防雷装置应沿建筑物的外墙敷设，并经最短途径接地，如有特殊要求可以暗设。

50. (　) 静电现象是很普遍的电现象，其危害不小，固体静电可达 200 kV 以上，人体静电也可达 10 kV 以上。

51. (　) 雷电按其传播方式可分为直击雷和感应雷两种。

52. (　) 雷电后造成架空线路产生高电压冲击波，这种雷电称为直击雷。

53. (　) 雷电可通过其他带电体或直接对人体放电，使人的身体遭到巨大的破坏直至死亡。

54. (　) 雷电时，应禁止在屋外高空检修、试验和屋内验电等作业。

55. (　) 雷击产生的高电压可对电气装置和建筑物及其他设施造成毁坏，对电力设施或电力线路造成破坏可能导致大规模停电。

56. (　) 雷雨天气，即使在室内也不要修理家中的电气线路、开关插座等。如果一定要修则要把家中电源总开关断开。

57. (　) 使用电气设备时，由于导线截面过小，当电流较大时也会因发热过大而引发火灾。

58. (　) 为了避免静电火花造成爆炸事故，凡在加工、运输、储存等各种易燃液体和气体时，设备都要分别隔离。

59. (　) 为了防止电气火花、电弧等引燃爆炸物，应选用防爆电气级别和温度组别与环境相适应的防爆电气设备。

60. (　) 在有爆炸和火灾危险的场所，应尽量少用或不用携带式和移动式的电气设备。

61. (　) 使用避雷针、避雷带是防止雷电破坏电力设备的主要措施。

62. (　) 在设备运行中发生起火，电流热量是间接原因，而火花或电弧则是直接原因。

二、选择题

1. 《特低电压(ELV)限值》(GB/T3805—2008)中规定，在正常环境下，正常工作时工频电压有效值的限值为(　　)V。

A. 33　　B. 70　　C. 55

2. 6～10 kV 架空线路的导线经过居民区时线路与地面的最小距离为(　　)米。

A. 6　　B. 5　　C. 6.5

3. 对触电成年伤员进行人工呼吸，每次吹入伤员的气量要达到(　　)ml 才能保证足够的氧气。

A. 500～700　　B. 1200～1400　　C. 800～1200

4. 装设接地线时，当检验明确无电压后应立即将检修设备接地并(　　)短路。

A. 两相　　B. 单相　　C. 三相

5. PE 线或 PEN 线上除工作接地外其他接地点的再次接地称为(　　)接地。

A. 直接　　B. 间接　　C. 重复

6. 按国际和我国标准，(　　)线只能用做保护接地或保护接零线。

A. 黑色　　B. 蓝色　　C. 黄绿双色

7. 在易燃、易爆场所使用的照明灯具应采用(　　)灯具。

A. 防潮型　　B. 防爆型　　C. 普通型

8. TN-S 俗称(　　)。

A. 三相五线　　B. 三相四线　　C. 三相三线

9. 带电体的工作电压越高，要求其间的空气距离(　　)。

A. 越大　　B. 一样　　C. 越小

10. 在不接地系统中，如发生单相接地故障时，其他相线对地电压会(　　)。

A. 升高　　B. 降低　　C. 不变

11. 当电气设备发生接地故障，接地电流通过接地体向大地流散，若人在接地短路点周围行走，其两脚间的电位差引起的触电叫(　　)触电。

A. 单相　　B. 跨步电压　　C. 感应电

12. 变压器和高压开关柜防止雷电侵入产生破坏的主要措施是(　　)。

A. 安装避雷线　　B. 安装避雷器　　C. 安装避雷网

13. 当低压电气发生火灾时，首先应做的是(　　)。

A. 迅速离开现场去报告领导

B. 迅速设法切断电源

C. 迅速用干粉或者二氧化碳灭火器灭火

14. 防静电的接地电阻要求不大于(　　)Ω。

A. 40　　B. 10　　C. 100

15. 对于低压配电网，配电容量在 100 kV 以下时，设备保护接地的接地电阻不应超过(　　)Ω。

A. 6　　B. 10　　C. 4

16. 静电防护的措施比较多，下面常用又行之有效的可消除设备外壳静电的方法是(　　)。

A. 接零　　B. 接地　　C. 串接

17. 静电现象是十分普遍的电现象，(　　)是它的最大危害。

A. 高电压击穿绝缘

B. 对人体放电，直接置人于死地

C. 易引发火灾

18. 雷电流产生的(　　)电压和跨步电压可直接使人触电死亡。

A. 接触　　B. 感应　　C. 直击

19. 接地线应用多股软裸铜线，其截面积不得小于(　　)mm^2。

A. 10　　B. 6　　C. 25

20. 为避免高压变配电站遭受直击雷，引发大面积停电事故，一般可用(　　)来防雷。

A. 阀型避雷器　　B. 接闪杆　　C. 接闪网

21. 新装和大修后的低压线路和设备要求绝缘电阻不低于(　　)MΩ。

A. 1　　B. 0.5　　C. 1.5

22. 运输液化气、石油等的槽车在行驶时，在槽车底部应采用金属链条或导电橡胶使之与大地接触，其目的是(　　)。

A. 泄漏槽车行驶中产生的静电荷

B. 中和槽车行驶中产生的静电荷

C. 使槽车与大地等电位

23. 电流对人体的热效应造成的伤害是(　　)。

A. 电烧伤　　B. 电烙印　　C. 皮肤金属化

24. 电伤是由电流的(　　)效应对人体所造成的伤害。

A. 化学　　B. 热　　C. 热、化学与机械

25. 对于低压配电网，配电容量在 100 kV 以下时，设备保护接地的接地电阻不应超过(　　)Ω。

A. 6　　B. 10　　C. 4

26. 更换和检修用电设备时，最好的安全措施是(　　)。

A. 切断电源　　B. 站在凳子上操作　　C. 戴橡皮手套操作

27. 几种线路同杆架设时，必须保证高压线路在低压线路(　　)。

A. 右方　　B. 左方　　C. 上方

28. 交流 10 kV 母线电压是指交流三相三线制的(　　)。

A. 相电压　　B. 线电压　　C. 线路电压

29. 据一些资料表明，心跳呼吸停止，在(　　)min 内进行抢救，约 80%可以救活。

A. 1　　B. 2　　C. 3

30. 脑细胞对缺氧最敏感，一般缺氧超过(　　)min 就会造成不可逆转的损害，导致脑死亡。

A. 8　　B. 5　　C. 12

31. 人的室颤电流约为(　　)mA。

A. 30　　B. 16　　C. 50

32. 人体体内电阻约为(　　)Ω。

A. 300　　B. 200　　C. 500

33. 人体同时接触带电设备或线路中的两相导体时，电流从一相通过人体流入另一相，这种触电现象称为(　　)触电。

A. 单相　　B. 两相　　C. 感应电

34. 人体直接接触带电设备或线路中的一相时，电流通过人体流入大地，这种触电现象称为(　　)触电。

A. 单相　　B. 两相　　C. 三相

35. 如果触电者心跳停止，有呼吸，应立即对触电者施行(　　)急救。

A. 仰卧压胸法　　B. 胸外心脏按压法　　C. 俯卧压背法

36. 特别潮湿的场所应采用(　　)V 的安全特低电压。

A. 24　　B. 42　　C. 12

37. 特低电压限值是指在任何条件下，任意两导体之间出现的(　　)电压值。

A. 最小　　B. 最大　　C. 中间

38. 一般情况下 220 V 工频电压作用下人体的电阻为(　　)Ω。

A. 500～1000　　B. 800～1600　　C. 1000～2000

39. 引起电光性眼炎的主要原因是(　　)。

A. 可见光　　B. 红外线　　C. 紫外线

40. 在对可能存在较高跨步电压的接地故障点进行检查时，室内不得接近故障点(　　)m 以内。

A. 3　　B. 2　　C. 4

41. 正确选用电器应遵循的两个基本原则是安全原则和(　　)原则。

A. 经济　　B. 性能　　C. 功能

42. 在电气线路安装时，导线与导线或导线与电气螺栓之间的连接最易引发火灾的连接工艺是(　　)。

A. 铜线与铝线绞接　　B. 铝线与铝线绞接　　C. 铜铝过渡接头压接

43. 在雷暴雨天气，应将门和窗户等关闭，其目的是为了防止(　　)侵入屋内，造成火灾、爆炸或人员伤亡。

A. 感应雷　　B. 球形雷　　C. 直接雷

44. 在易燃、易爆危险场所，电气设备应安装(　　)的电气设备。

A. 安全电压　　B. 密封性好　　C. 防爆型

45. 在易燃，易爆危险场所/供电线路应采用(　　)方式供电。

A. 单相三线制，三相四线制

B. 单相三线制，三相五线制

C. 单相两线制，三相五线制

第四章　电工工具与电工仪表

4.1　常用电工工具

学习目标

1. 了解电工工具的分类、结构、性能。
2. 了解常用电工工具的工作原理。
3. 掌握常用电工工具的正确使用方法。

课堂讨论

在生活中你见到过图 4-1 所示的电工工具吗？它们有什么用途呢？你还见过其他哪些电工工具？

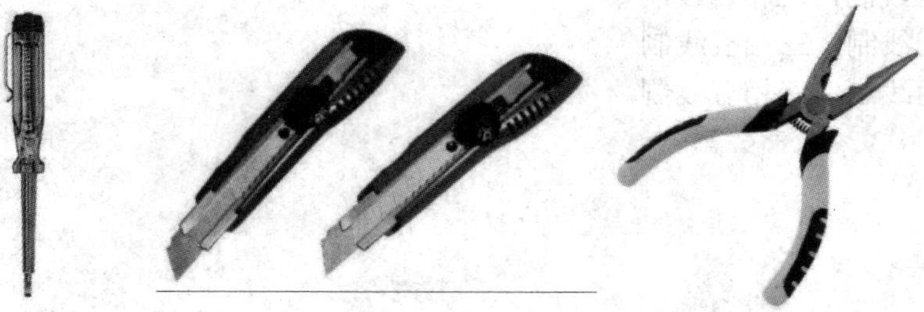

图 4-1　常见的电工工具

知识链接

电工工具是电气操作的基本工具，电气操作人员必须掌握电工常用工具的结构、性能和正确的使用方法。

常用电工工具基本分为三类：

(1) 通用电工工具。这类工具指电工随时都可以使用的常备工具，主要有验电笔、螺丝刀、钢丝钳、活络扳手、电工刀、剥线钳等。

(2) 线路装修工具。这类工具指电力内外线装修必备的工具，包括用于打孔、紧线、钳夹、切割、剥线、弯管、登高的工具及设备，主要有各类电工用凿、冲击电钻、管子钳、剥线钳、紧线器、弯管器、切割工具、套丝器具等。

(3) 设备装修工具。这类工具指设备安装、拆卸、紧固及管线焊接加热的工具，主要有各类用于拆卸轴承、连轴器、皮带轮等紧固件的拉具，安装用的各类套筒扳手及加热用的喷灯等。

一、通用电工工具

验电笔又称试电笔，是用来检查线路和电器是否带电的工具。验电笔分为高压验电笔和低压验电笔两种。

1. 低压验电笔

低压验电笔常做成钢笔式或螺丝刀式。

1) 验电笔的结构

(1) 钢笔式，如图 4-2 所示。

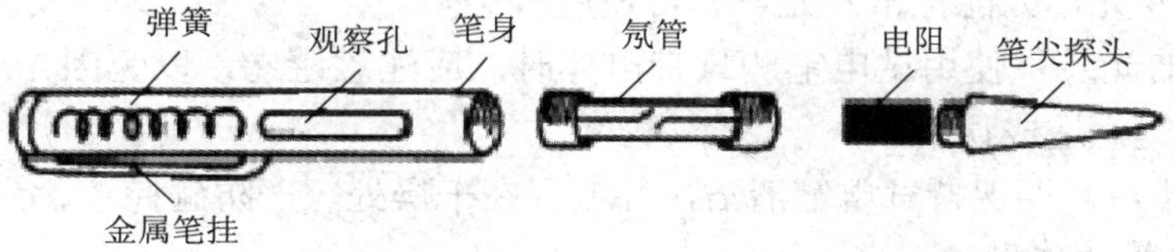

图 4-2　钢笔式验电笔的结构

(2) 螺丝刀式，如图 4-3 所示。

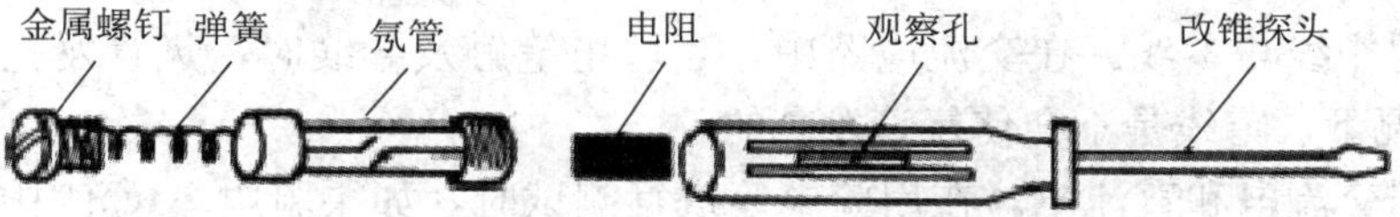

图 4-3　螺丝刀式验电笔的结构

2) 低压验电笔原理

当试电笔去检测某一导体是火线还是零线时，通过试电笔的电流(也就是通过人体的电流)I = 加在试电笔和人体两端的总电压 U ÷ 试电笔和人体两端的总电阻 R。

测火线时，照明电路火线与地之间电压 $U = 220$ V 左右，人体电阻一般很小，通常只有几百到几千欧姆，而试电笔内部的电阻通常有几兆欧左右，因此通过试电笔的电流(也就是通过人体的电流)很小，通常不到 1 mA。这样小的电流通过人体时，对人不会有伤害，而这样小的电流通过试电笔的氖管时，氖管会发光。

测零线时，$U = 0$，$I = 0$，也就是没有电流通过试电笔的氖管，氖管则不发光。这样我们可以根据氖管是否发光判断是火线还是零线。

普通试电笔测量电压范围在 60～500 V 之间，低于 60 V 时试电笔的氖管可能不会发光，高于 500 V 不能用普通试电笔来测量，否则容易造成人体触电。

使用低压试电笔时注意手指必须接触金属笔挂(钢笔式)或试电笔顶部的金属螺钉(螺丝刀式)，使电流由被测带电体经试电笔和人体与大地构成回路。

3) 低压验电笔的使用方法

观察时应将试电笔氖管窗口背光面面向操作者。如图 4-4 所示，使用试电笔时，以中指和拇指持测电笔笔身，食指接触笔尾金属体或笔挂。当带电体与接地之间电位差大于 60 V 时，氖管发光，证明有电。注意人手一定要接触试电笔的金属笔盖或者笔挂，绝对不能接触试电笔的笔尖金属体，以免发生触电。

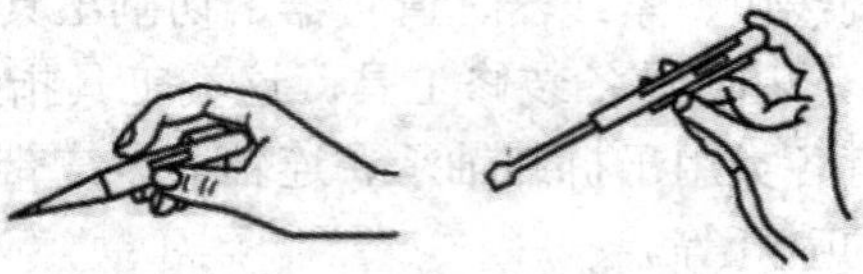

图 4-4 低压验电笔的使用方法

4) 验电笔使用时的注意事项

(1) 使用试电笔之前，应先检查试电笔内是否有安全电阻，然后检查试电笔是否损坏，是否有受潮或进水现象，检查合格后方可使用。

(2) 使用时，一定要用手触及试电笔尾端的金属部分，否则，因带电体、试电笔、人体与大地之间没有构成回路，试电笔中的氖管不会发光造成误判。不能用手触及试电笔前端的金属探头，以防造成人身触电事故。

(3) 在使用试电笔测量电气设备是否带电之前，先要将试电笔在有电源的部位检查一下氖管能否正常发光，如能正常发光，方可使用。

(4) 在明亮的光线下使用试电笔测量带电体时，应注意避光，以免因光线太强而不易观察氖管是否发光，造成误判。

(5) 使用完毕后，要保持试电笔清洁，并放置在干燥处，严防碰摔。

5) 低压验电笔的作用

(1) 区别电压的高低。可根据验电笔氖管发光的强弱来估测电压的高低，氖管越亮，说明电压越高。

(2) 区别相线与零线。在交流电路中，当验电笔触及导线时，氖管发亮的即是相(火)线。正常情况下，零线是不会使氖管发亮的。

(3) 区别交流电和直流电。在用验电笔进行测试时，如果验电笔氖泡中的两个极都发光，就是交流电；如果两个极中只有一个极发光，则是直流电。判定交流电和直流电的口诀为：电笔判定交直流，交流明亮直流暗，交流氖管通身亮，直流氖管亮一端。

(4) 区别直流电的正负极。测直流电时，若验电笔笔尖侧发亮，则笔尖所测为负极，否则，为正极。判定直流电正负极口诀为：电笔判定正负极，观察氖管要心细，前端明亮是负极，后端明亮为正极。

(5) 检查相线是否碰壳。用验电笔接触电动机、变压器等电气设备的外壳，若氖管发光，则有因相线碰壳而漏电的现象。如果壳体上有良好的接地装置，氖管就不会发亮。

2. 高压验电笔

高压验电笔属于防护性用具，其检测电压的范围为 1000 V 以上，如图 4-5 所示。使用时应注意：必须戴上符合要求的绝缘手套，手握部位不得超过护环，测试时必须有人在旁监护；小心操作，以防发生相间或对地短路事故，与带电体保持足够的安全间距(10 kV 时应大于 0.7 m)；室外在雨、雪、雾及湿度较大时，不宜进行操作，以免发生危险；高压验电笔的发光电压不应高于额定电压的 25%。

图 4-5 高压验电笔

二、旋具

螺丝刀用来紧固或拆卸螺钉，主要有一字形和十字形两种。

1. 一字形螺丝刀

一字形螺丝刀规格用金属杆长度表示，有 50 mm、100 mm、150 mm、200 mm。电工必备长度为 50 mm、150 mm 的螺丝刀。

2. 十字形螺丝刀

十字形螺丝刀规格按适用螺钉直径表示，有Ⅰ号(2～2.5 mm)、Ⅱ号(3～5 mm)、Ⅲ号(6～8 mm)和Ⅳ号(10～12 mm)。

电工必备直径为 5 mm 的螺丝刀。

3. 多用螺丝刀

多用螺丝刀是一种组合式工具，它的柄部和旋具是可以拆卸的，并附有规格不同的旋具等附件，如图 4-6 所示。

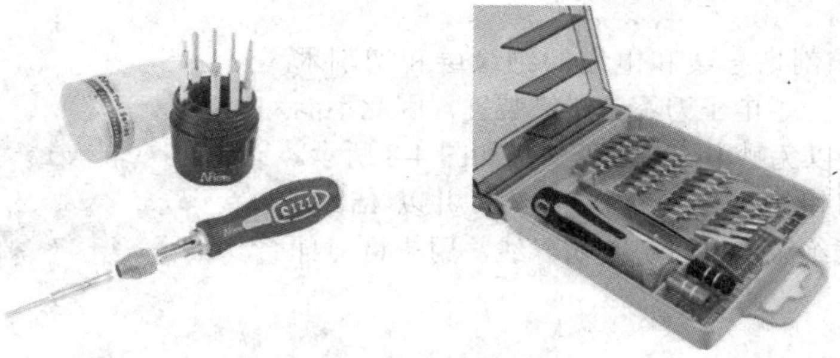

图 4-6　多用螺丝刀

4. 旋具作用与握持方法

大旋具一般用来紧固较大的螺钉，使用时，除大拇指、食指和中指要夹住握柄外，手掌还要顶住柄的末端，这样就可以防止旋具转动时滑脱。小旋具一般用来紧固电气装置接线柱头上的小螺丝钉，使用时，可用手顶住柄的末端。具体使用注意事项如下：

(1) 使用时，应按螺钉的规格选择适当的刀口。

(2) 带电作业时，手不可触及螺丝刀的金属杆，以防触电。

(3) 电工不可使用金属直通柄顶的螺丝刀，以防触电。金属杆应套绝缘管，防止金属杆触到人体或邻近带电体。

三、扳手

扳手主要用于紧固和松动螺母。扳手主要由活扳唇、呆扳唇、扳口、蜗轮、轴销等构成，如图 4-7 所示。

规格用长度(mm) × 最大开口宽度(mm)表示，常用规格有 150 mm×19 mm(6 英寸)、200 mm×24 mm(8 英寸)、250 mm×30 mm(10 英寸)、300 mm× 36 mm(12 英寸)，使用时应根据螺母的大小选配。

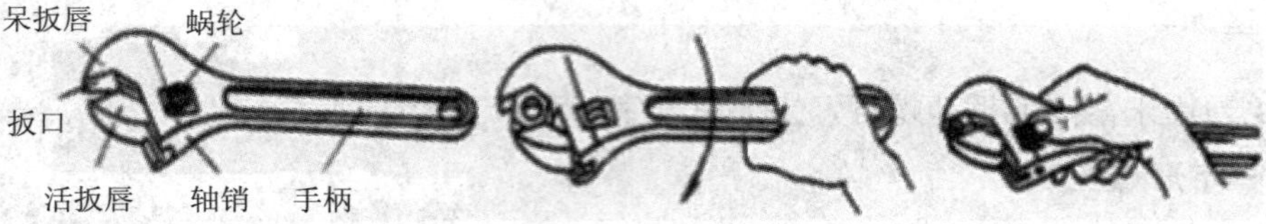

图 4-7 扳手的结构

扳手使用注意事项如下：

(1) 使用时，旋动蜗轮使扳口卡在螺母上，一般顺时针旋紧螺母，逆时针旋松螺母。

(2) 扳动大螺母时，手应握在手柄尾端处；扳动小螺母时，手应握在靠近扳手头部的部位，拇指可随时调节蜗杆，收紧扳口以防止打滑。

(3) 旋动螺杆、螺母时，必须把工件的两侧平面夹牢，以免损坏螺杆或螺母的棱角，不能反方向用力，否则容易扳裂活扳唇。

(4) 不准用钢管套在手柄上做加力杆使用；不准用扳手做撬棍撬重物或当锤子敲打。

四、电工刀

电工刀用来剖切导线和电缆的绝缘层和切割木台、电缆槽等，由于电工刀不带绝缘装置，因此不能进行带电作业，以免触电。电工刀外形如图 4-8 所示。使用时应将刀口朝外剖削，以 45° 切入，并以 15° 倾斜向外剖削导线绝缘层，以免割伤导线，用毕将刀身折入手柄。

图 4-8 电工刀

五、钳子

1. 钢丝钳

1) 规格及结构

电工用钢丝钳常用的规格有 150 mm、175 mm 和 200 mm 三种，其结构由钳头和钳柄两部分组成，其中钳头又由钳口、齿口、刀口和测口四部分组成，如图 4-9 所示。

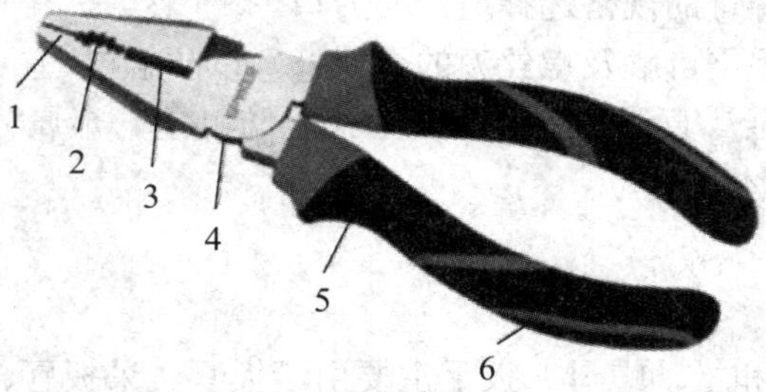

1—钳口；2—齿口；3—刀口；4—测口；5—绝缘套；6—钳头

图 4-9 钢丝钳

2) 作用及使用方法

钳口用来弯绞和钳夹导线线头；齿口用来紧固和旋松螺母；刀口用来剪切或剖削软导

线绝缘层；测口用来测切导线线芯、钢丝或铅丝等较硬金属丝。

3) 使用注意事项

(1) 使用前应检查手柄绝缘套是否完好。

(2) 在切断导线时不得将相线和中性线同时在一个钳口处切断。

(3) 使用时应把刀口的一侧面向操作者。

2. 尖嘴钳

尖嘴钳的头部尖细，适用于在狭小的空间操作。钳柄有铁柄和绝缘柄两种，绝缘柄的耐压为 500 V，主要用于切断和弯曲细小的导线、金属丝，以及夹持小螺钉、垫圈及导线等元件，还能将导线端头弯曲成所需的各种形状。其外形结构如图 4-10 所示。

3. 断线钳

断线钳又称斜口钳、扁嘴钳，钳柄有铁柄、管柄和绝缘柄三种，其中电工用的带绝缘柄断线钳其绝缘柄的耐压一般为 1000 V。断线钳主要用于剪断较粗的电线、金属丝及导线电缆等。其外形结构如图 4-11 所示。

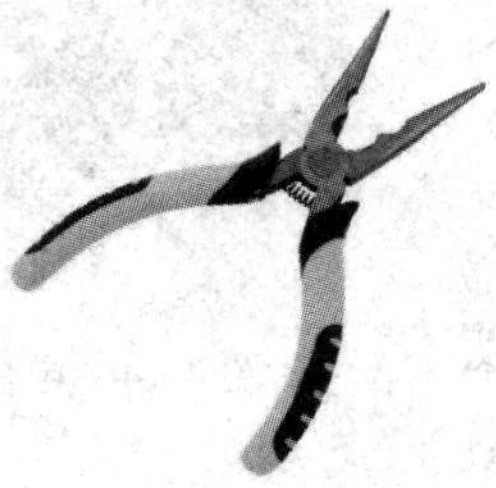

图 4-10　尖嘴钳

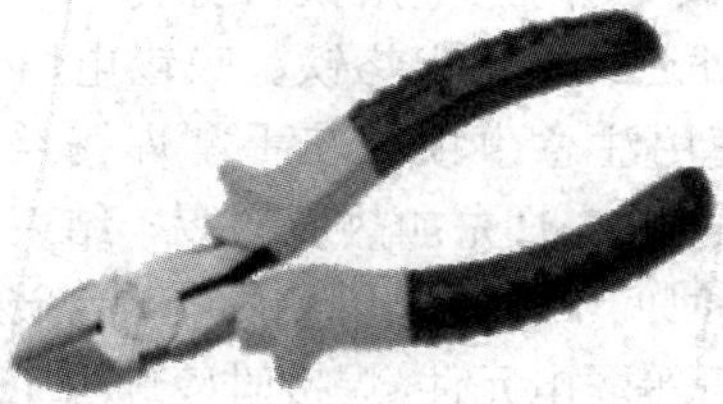

图 4-11　断线钳

4. 剥线钳

剥线钳是用来剥削小直径(6 mm^2 以下)塑料、橡胶绝缘导线和电缆芯线绝缘层的专用工具，一般绝缘手柄套有绝缘套管，耐压为 500 V。其外形结构如图 4-12 所示。

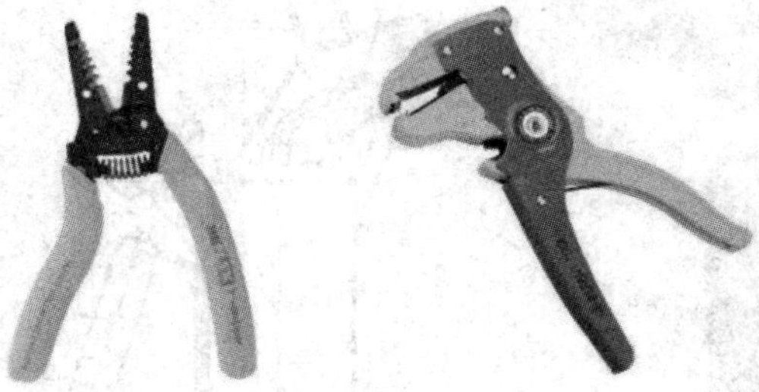

图 4-12　剥线钳

剥线钳的使用方法如下：

(1) 根据电线的粗细型号选择相应的剥线刀口，使用剥线钳时应选用比导线直径稍大的刃口。

(2) 使用剥线钳时，将要剥削的绝缘层长度用标尺定好后，即可把导线放入相应的刃口中(比导线直径稍大)，用手柄握紧，导线的绝缘层即被割破，且自动弹出。

5. 导线压接钳

导线压接钳是连接导线时将导线与连接管压接在一起的专用工具，分为手动压接钳和手提式油压钳两类，如图 4-13 所示。

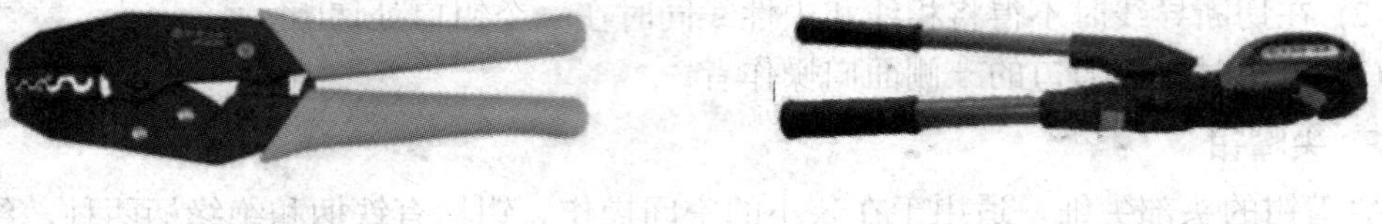

(a) 手动压接钳　　(b) 手提式油压钳

图 4-13　导线压接钳

六、焊接用具

1. 电烙铁

电烙铁是使用最多、最频繁的钎焊(也称锡焊)工具，如图 4-14 所示。按加热方式不同，电烙铁可分为内热式和外热式；按照热功率大小不同，电烙铁可分为 15 W、20 W、25 W、30 W 等。此外还有恒温电烙铁、吸锡电烙铁等。

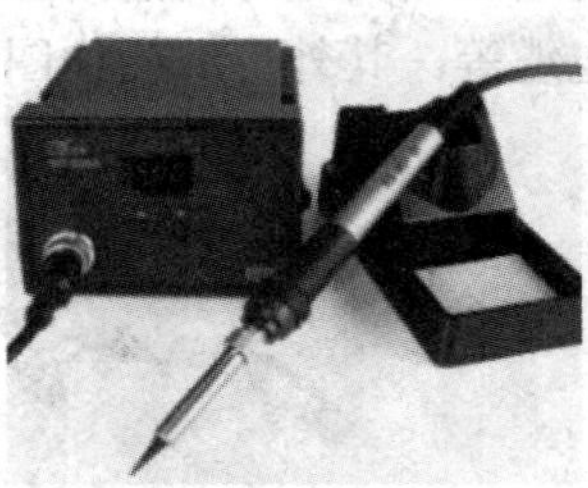

图 4-14　电烙铁

电烙铁使用注意事项：左手拿焊锡丝，右手持电烙铁，45° 角位送锡；焊接时先加热后送锡，结束时先撤焊锡丝再撤电烙铁；加热时间不能过长以免影响焊点光洁度，不能敲摔去锡；对于晶体管等弱电元件，焊接时应选用 10～25 W 的电烙铁。

2. 喷灯

1) 喷灯的作用

喷灯是利用喷射火焰对工件进行加热的一种工具，在电气维修中，通常用作钎焊热源，有时也用作拆装的辅助设备。其外形结构和构造示意图如图 4-15 所示。

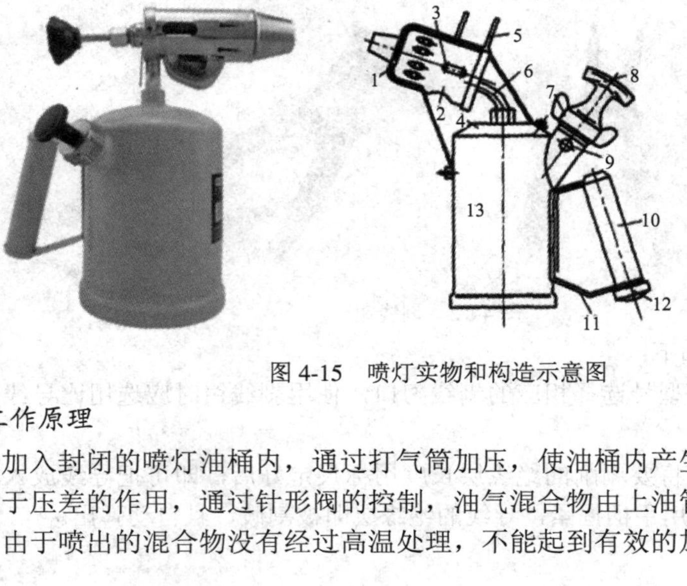

1—拉攀；
2—喷火管；
3—喷嘴；
4—预热储油杯；
5—挂钩；
6—油管化油器；
7—泵盖；
8—打气柄；
9—放气螺钉；
10—手柄；
11—手柄环；
12—手柄盖；
13—灯体

图 4-15　喷灯实物和构造示意图

2) 工作原理

汽油加入封闭的喷灯油桶内，通过打气筒加压，使油桶内产生具有一定压力的油气混合物，由于压差的作用，通过针形阀的控制，油气混合物由上油管→针形阀→循环管→喷嘴喷出。由于喷出的混合物没有经过高温处理，不能起到有效的加热作用，所以，喷灯在正常使用之前，要将循环管进行加热。当循环管加热到一定的温度后，经过循环管的油气混合物成为雾化状气体，极易点燃。在正常的燃烧状态下喷灯火焰呈蓝色，可以起到对加热对象快速加热的目的。

3) 喷灯的使用方法

(1) 加油：旋下加油阀的螺栓，将洁净汽油通过装有过滤网的漏斗灌入筒体内(加入量不超过筒体容积的 3/4)，并保留一部分空间储存压缩空气以维持必要的空气压力；加完油后应旋紧加油口的螺栓，关闭放油阀杆，擦净撒在外部的汽油，并检查喷灯各处是否有渗漏的现象。

(2) 预热：在预热燃烧盘中倒入汽油，用火柴点燃，预热火焰喷头。

(3) 喷火：待火焰喷头烧热后，燃烧盘中汽油烧完之前，打气 3～5 次，将放油阀杆开启，喷出油雾，喷灯即点燃喷火，而后继续打气，直到火焰正常时为止。

(4) 熄火：如需熄灭喷灯，应先关闭放油调节阀，直到火焰熄灭，待喷灯冷却后再慢慢旋松加油口螺栓放出桶内的压缩空气。

4.2 常用电工仪表

学习目标

1. 了解电工仪表的分类、结构、性能。
2. 了解常用电工仪表的工作原理。
3. 掌握常用电工仪表的正确使用方法。

课堂讨论

识别如图 4-16 所示常用电工仪表的名称，讨论其在现实生产、生活中的应用。

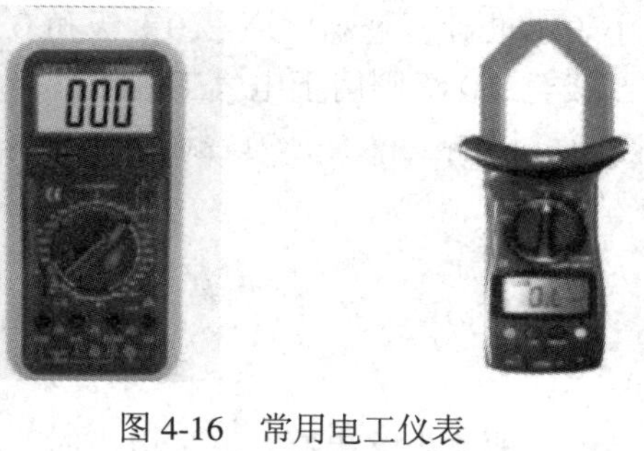

图 4-16 常用电工仪表

知识链接

一、电工仪表常识

电工仪表是用于测量电压、电流、电能、电功率等电量，以及电阻、电感、电容等电路参数的仪表，在电气设备安全、经济、合理运行的监测与故障检修中起着十分重要的作用。电工仪表的结构性能及使用方法会影响电工测量的精确度，因此电工必须能合理选用电工仪表，而且还要了解常用电工仪表的基本工作原理及使用方法。

(1) 常用电工仪表按其结构特点及工作原理可分为磁电系仪表、电磁系仪表、电动系仪表、感应系仪表等。

① 磁电系仪表如图 4-17(a)所示，是根据通电导体在磁场中产生的电磁力的原理而制成的，代号为“C”。

② 电磁系仪表如图 4-17(b)所示，是根据铁磁物质在磁场中被磁化后产生电磁力或排斥力的原理而制成的，代号为“T”。

③ 电动系仪表是根据两个通电线圈之间产生电动力的原理而制成的，代号为“D”。

④ 感应系仪表是根据交变磁场中的导体感应涡流与磁场产生的电磁力的原理而制成的，代号为“G”，还可分为整流系(L)、热电系(Q)、电子系(Z)等。

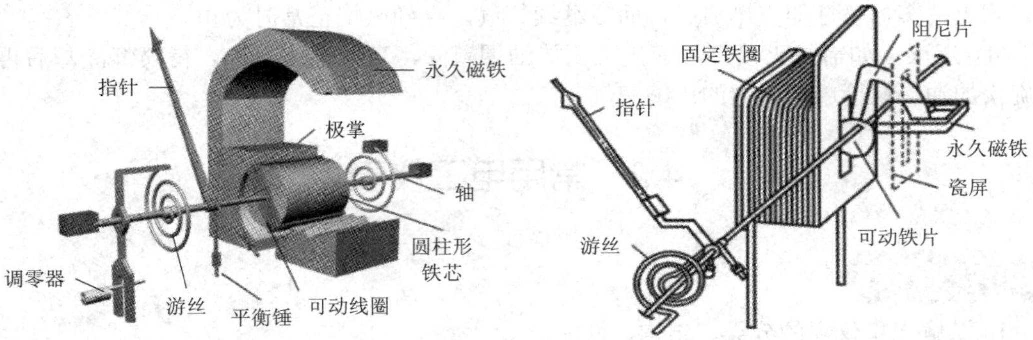

(a) 磁电系仪表 (b) 电磁系仪表

图 4-17 磁电系、电磁系仪表结构

(2) 电工仪表按使用条件可分为 A、A1、B、B1、C 共五组。其中 A、A1、B、B1 用在室内，C 用在室外或船舰、飞机、车辆上。

(3) 电工仪表按照其准确度等级可分为 0.1、0.2、0.5、1.0、1.5、2.5、5.0 等七个等级，可表示基本误差，数字越小表示准确度越高。通常 0.1 级和 0.2 级仪表为标准表；0.5 级至 1.0 级仪表用于实验室；1.5 级至 5.0 级则用于电气工程测量。

(4) 根据外壳的防护性能可将电工仪表分为普通、防尘、防溅、防水、水密、防爆等类型。

二、常用电工仪表

1. 电流表

测量电流时，电流表必须与被测电路串联；测量电压时，电压表必须与被测电路并联。

电流表的测量方法有：

(1) 交流电流的测量方法。交流电流的测量通常采用电磁式电流表。在测量量程范围内将电流表串入被测电路即可，如图 4-18 所示。

(2) 直流电流的测量方法。直流电流的测量通常采用磁电式电流表。直流电流表有正、负极性，测量时，必须将电流表的正端钮接被测电路的高电位端，负端钮接被测电路的低电位端，如图 4-19 所示。

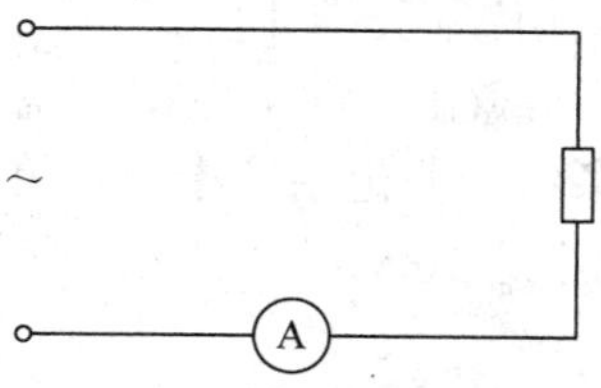

图 4-18　交流电流的测量

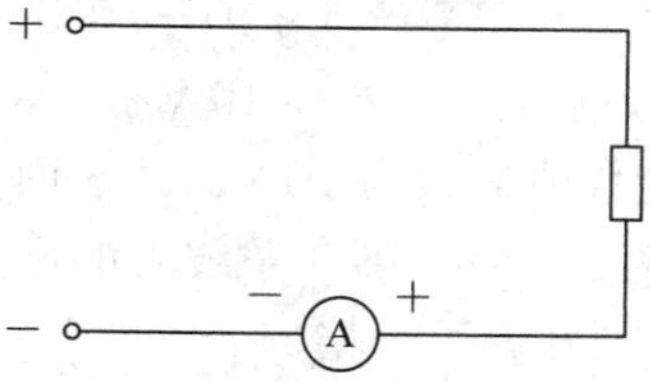

图 4-19　直流电流的测量

2．电压表

电压表的测量方法有：

(1) 交流电压的测量方法。交流电压的测量通常采用电磁式电压表。在测量量程范围内将电压表并入被测电路即可，如图 4-20 所示。

(2) 直流电压的测量方法。直流电压的测量通常采用磁电式电压表。直流电压表有正、负极性，测量时，必须将电压表的正端钮接被测电路的高电位端，负端钮接被测电路的低电位端，如图 4-21 所示。

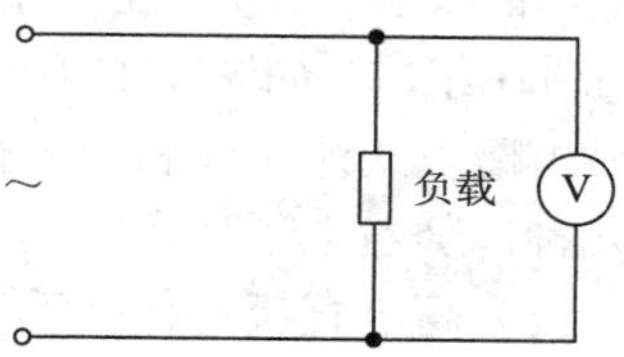

图 4-20　交流电压的测量

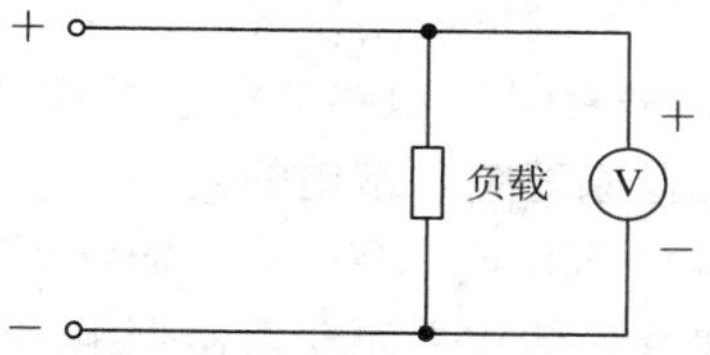

图 4-21　直流电压的测量

3．万用表

万用表是电工最得力的助手，它是一种多用途、多量程仪表。它可以测量交直流电压、直流电流和电阻，有的还可测交流电流、电感、电容、音频电平、小功率晶体管的直流放大倍数等。万用表一般是指电子式万用表，如图 4-22 所示。

图 4-22　电子式万用表

万用表由表头、转换开关和测量线路组成。其测量线路将各种被测电量转换成适合于表头显示的直流电流。

万用表的正确使用方法如下：

(1) 红、黑两个测试笔应正确插入插孔，红对正极，黑对负极。

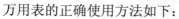

(2) 根据欲测对象选择挡位和量程。如测照明电，其电压应为 220 V，应选交流电压挡 250 V；如测三相交流电压，其电压为 380 V，则应选交流电压挡，量程为 500 V；要测电阻则应调至电阻挡。

(3) 测量电压、电流时其指针在刻度盘上(0～最大值)应尽量指向 2/3 以上的位置，而测量电阻时指针则尽量置于中间位置为宜，这样测量数据才能准确。

(4) 正确读数。各不同型号的万能表其表盘设计是不一样的，应根据不同情况进行正确读数。

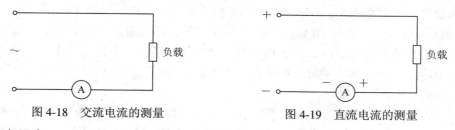

① 测量电阻。所有电阻测量均应在停电状态下进行，其读数看第 1 条线(由上往下)，其盘面 0 值位于右侧，往左数值增大，直至为无穷大。测时先将正负表笔短接，用“调零旋钮”(Ω)将指针调节为零值。如所挂挡位倍率为 $R\times10$，而指针指向 5，其盘读数为 5 Ω，

其值应为盘读数 × 倍率 = 5 × 10 = 50 Ω。其余挡位均按所挂倍率类推计值。

② 测量交流电压。若挂 10 V 挡，其读数则看第 2 条红线(由上往下数)，其盘面 0 值位于左侧，右侧数值最大为 10 V。读表时要特别注意第 3 条线，假定指针指的是第 3 条线上 4～6 的中间值 5，而在第 2 条线上的读数应为 5.2 V，这才是 10 V 挡的读数。第 2 条红线 5 的位置往左刚好偏了一格。

若挂 250 V 挡，其读数则看第 3 条线(由上往下数)，其盘面 0 值位于左侧，右侧数值最大为 250 V，指针所指即为实测数(直读)；若挂 500 V 挡或 1000 V 挡时，这两个数值刚好是表头最大数值 250 V 的 2 倍和 4 倍，应将表头数值 × 2 倍或 4 倍，即为实际读数。

③ 万用表使用注意事项。测量时双手不得触及正负表笔金属探头，一则会造成触电危险，二则影响电阻值。挡位选择应正确，不可用电阻挡去测电压，否则将损坏万用表。使用完毕，应将转换开关旋转至关的位置(OFF)挡，如无该挡，则应将它置于最高电压挡。不得将万用表置于强磁场、振动的地方。

4．兆欧表

兆欧表是用来测量被测设备的绝缘电阻和高值电阻的仪表。兆欧表由一个手摇发电机、表头和三个接线柱(即 L(电路端)、E(接地端)和 G(屏蔽端))组成。如图 4-23 所示为兆欧表的实物外形和工作原理图。常用的是手摇式兆欧表主要由磁电式流比计和手摇直流发电机组成，输出电压有 500 V、1000 V、2500 V、5000 V 几种。随着电子技术的发展，现在也出现了用干电池及晶体管直流变换器把电池低压直流转换为高压直流来代替手摇发电机的兆欧表。

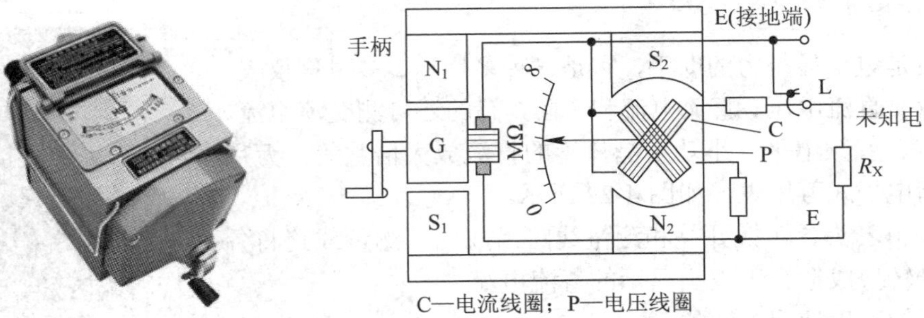

(a) 实物外形图　　(b) 工作原理图

图 4-23　兆欧表的实物外形和工作原理图

兆欧表的选择方法如下：

(1) 额定电压等级的选择。一般情况下，额定电压在 500 V 以下的设备，应选用 500 V 或 1000 V 的兆欧表；额定电压在 500 V 以上的设备，选用 1000～2500 V 的兆欧表。

(2) 电阻量程范围的选择。兆欧表的表盘刻度线上有两个小黑点，这两个小黑点之间的区域为准确测量区域。所以在选兆欧表时应使被测设备的绝缘电阻值在准确测量区域内。

兆欧表的使用注意事项如下：

(1) 校表。测量前应将摇表进行一次开路和短路试验，检查摇表是否良好。将两连接线开路，摇动手柄，指针应指在“∞”处，再把两连接线短接一下，指针应指在“0”处，符合上述条件者即认为该表良好，否则该表不能使用。

(2) 保证被测设备或线路断电。被测设备与电路断开，对于大电容设备还要进行放电。

(3) 选用电压等级符合要求的摇表。

(4) 测量绝缘电阻时一般只用 L 端和 E 端，但在测量电缆对地的绝缘电阻或被测设备的漏电流较严重时，就要使用 G 端，并将 G 端接屏蔽层或外壳，如图 4-24 所示。电路接好后，可按顺时针方向转动摇把，摇动的速度应由慢而快，当转速达到 120 r/min 左右时应保持匀速转动 1 min 后读数，并且要边摇边读数，不能停下来读数。

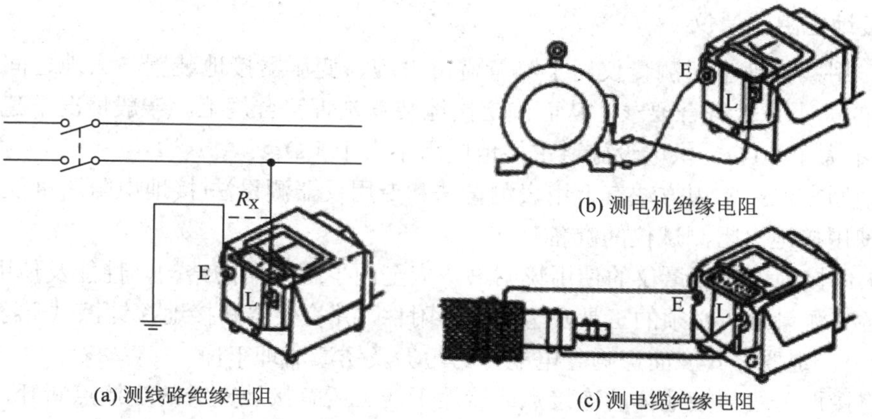

图 4-24 兆欧表接线图

(5) 拆线放电。读数完毕，一边慢摇一边拆线，然后将被测设备放电。放电方法是将测量时使用的地线从绝缘电阻表上取下来与被测设备短接一下即可。注意不是对兆欧表放电。

5. 钳形电流表

钳形电流表由电流互感器和电流表组成，它是一种用于测量正在运行的电气线路电流大小的仪表，可在不断电的情况下测量交流电流，结构原理如图 4-25 所示。

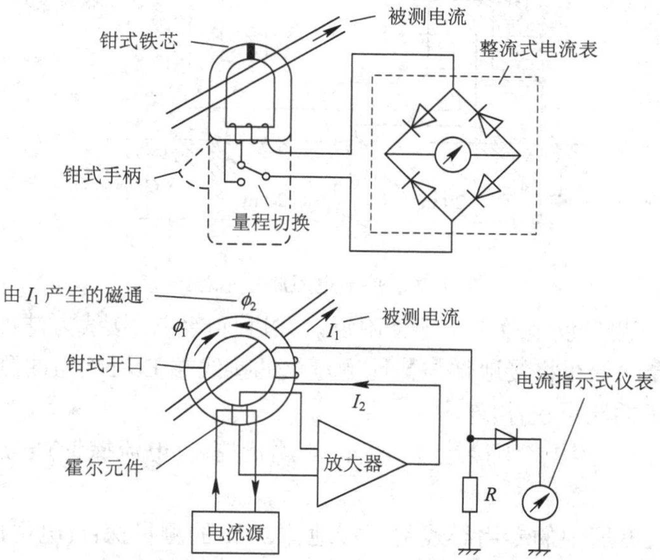

图 4-25 钳形电流表结构原理图

钳形电流表使用注意事项：测量前，应进行机械调零；应先估计被测电流的大小，选择合适的量程；在带电线路上测量时，要十分小心，不要去测量无绝缘的导线；测量时被测载流导线应放在钳口内的中心位置，以免误差增大；当被测电路电流较小时，为使读数准确，可将被测载流导线在钳口部分的铁芯柱上缠绕几圈后进行测量，实际电流值应等于仪表的读数除以放在钳口中的导线圈数；测量完毕，钳形表不用时，应将量程选择开关旋至最高量程挡。

6．接地电阻测量仪

(1) 作用：接地电阻测量仪用于测量避雷设施、变压器接地装置与大地之间的电阻，判断电阻的大小是否符合要求，从而确定接地装置是否符合规范。一般情况下建筑物避雷接地电阻不大于 10 Ω，供电设施避雷接地电阻不大于 1 Ω。

(2) 使用方法：常用方法有万用表测量法和专用仪器测量法(接地电阻测量仪)。

(3) 使用接地电阻测试仪的准备工作：

① 熟读接地电阻测量仪的使用说明书，应全面了解仪器的结构、性能及使用方法。

② 备齐测量时所必须的工具及全部仪器附件，并将仪器和接地探针擦拭干净，特别是接地探针，一定要将其表面影响导电能力的污垢及锈渍清理干净。

③ 将接地干线与接地体的连接点或接地干线上所有接地支线的连接点断开，使接地体脱离任何连接关系成为独立体。

(4) 使用接地电阻测试仪进行测量的操作步骤：

① 将两个接地探针沿接地体辐射方向分别插入距接地体 20 m、40 m 的地下，插入深度为 400 mm，如图 4-26 所示。

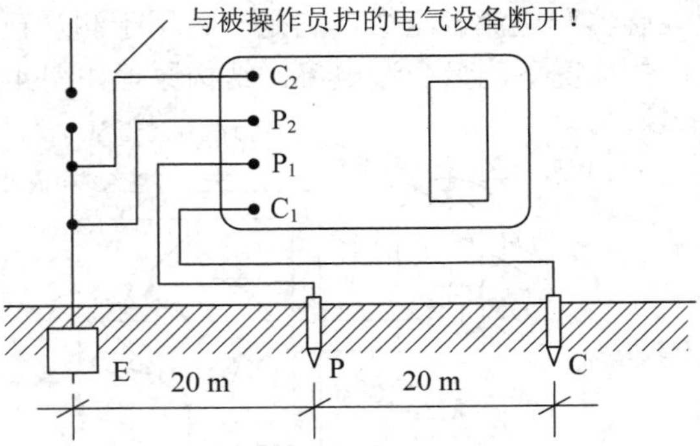

图 4-26 接地电阻测量示意图

② 将接地电阻测量仪平放于接地体附近，并进行接线，接线方法如下：

a. 用最短的专用导线将接地体与接地测量仪的接线端 E(三端钮的测量仪)或与 C_2 短接后的公共端(四端钮的测量仪)相连。

b. 用最长的专用导线将距接地体 40 m 的测量探针(电流探针)与测量仪的接线钮 C_1 相连。

c. 用余下的长度居中的专用导线将距接地体 20 m 的测量探针(电位探针)与测量仪的接线端 P_1 相连。

d. 将测量仪水平放置后，检查检流计的指针是否指向中心线，若未指向中心线则调节零位调整器使测量仪指针指向中心线。

e. 将倍率标度(或称粗调旋钮)置于最大倍数，并慢慢地转动发电机转柄(指针开始偏移)，同时旋动测量标度盘(或称细调旋钮)使检流计指针指向中心线。

f. 当检流计的指针接近于平衡时(指针近于中心线)加快摇动转柄，使其转速达到 120 r/min 以上，同时调整测量标度盘，使指针指向中心线。

g. 若测量标度盘的读数过小(小于 1)不易读准确时，说明倍率标度倍数过大。此时应将倍率标度置于较小的倍数，重新调整测量标度盘使指针指向中心线上并读出准确读数。

h. 计算测量结果，即 $R_{地}$ = 倍率标度读数 × 测量标度盘读数。

7. 电度表

(1) 作用：电度表如图 4-27 所示，是用来测量交流电能的工具，单位是千瓦时(kW·h)。根据测量相数可分为单相电度表和三相电度表；根据测量的是电路的有功功率还是无功功率可分为有功功率表和无功功率表；根据计数的方式可分为电子式和机械式。三相电度表又可分为三相四线制和三相三线制。

图 4-27　电度表

(2) 使用要求：

① 电度表的安装。电度表与配电装置安装在一处，表身垂直于地面；电度表要装在干燥、无振动和无腐蚀气体的场合；离地面的高度为 1.5～1.8 m；不同电价的用电线路应分别装表，同一电价的用电线路应合并装表。

② 电度表的选择。根据负载性质选择电度表的类型；根据负载的最大电流以及额定电压、准确度选择电度表。

③ 没有经过电流、电压互感器的直接读数；经过电流、电压互感器的应将电度表上的读数乘以变比值。

(3) 技术指标：

① 准确度等级与负载范围。电度表准确度等级分为 1.0 级(5000 h 误差符合标准)和 2.0 级(3000 h 误差符合标准)；负载范围分为 2.5(10)A、5(20)A、10(40)A。2.5(10)A 的表最大可负载 10 A 的电流，相当于 2200 W；5(20)A 的表最大可负载 20 A 电流，相当于 4400 W；10(40)A 的表最大可负载 40 A 电流，相当于 8800 瓦。三种电表都不能在最大负载时长期运行，更不能超载运行。

② 灵敏度。电度表在额定电压和额定电流功率因数为 1 的条件下，负载电流从零开始均匀增加，使铝盘开始转动，此时的最小电流与标定电流的百分比，叫电度表的灵敏度。灵敏度应当小于 0.5%。

③ 潜动。潜动是指电度表无负载时自行转动的现象。按规定当电度表的电流线路中无电流，而加在电压线路上的电压为额定值的 80%～110%时，在限定的时间内电度表转动不应超过一圈。

(4) 单相电度表的外形和接线。

单相电度表的外形和接线如图 4-28 所示。

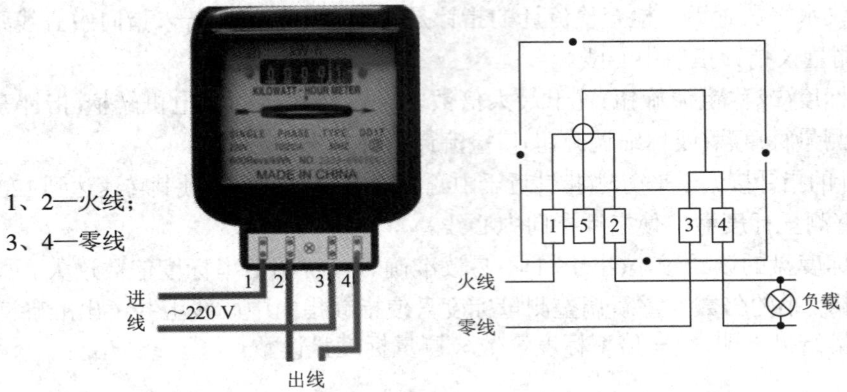

图 4-28 单相电能表的外形图与接线图

4.3 手持式电动工具

学习目标

1. 了解手持式电动工具的分类、结构、选用。
2. 熟知手持电动工具的安全性能要求。
3. 掌握手持电动工具的使用注意事项。
4. 了解手持电动工具管理、保管与检修。

课堂讨论

识别如图 4-29 所示常用手持式电动工具，讨论其在现实生活生产中的应用。

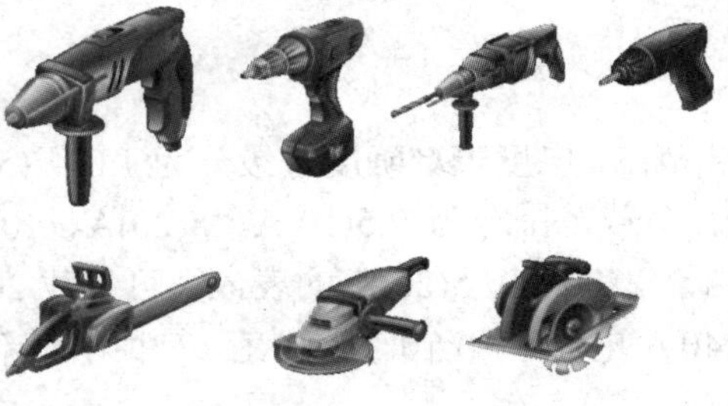

图 4-29 常用手持式电动工具

知识链接

一、手持电动工具的基本分类、结构、选用

1. 基本分类

1) 按触电保护措施的不同进行分类

Ⅰ类工具：靠基本绝缘外加保护接零(地)来防止触电，即手持电动工具在防止触电的

保护方面除了依靠基本绝缘外，还需接零保护装置。

Ⅱ 类工具：采用双重绝缘或加强绝缘来防止触电，即手持电动工具本身具有双重绝缘或加强绝缘，不需保护接地装置。

Ⅲ 类工具：采用安全特低电压供电，且在手持电动工具内部不会产生比安全特低电压高的电压来防止触电。

2) 概念解释

基本绝缘：对带电部分提供防止触电的基本保护的绝缘。

附加绝缘：为防基本绝缘损坏时触电而在基本绝缘之外又设置的独立绝缘。

双重绝缘：由基本绝缘和附加绝缘组成的绝缘。

加强绝缘：指用于带电部分的单一绝缘系统。它对基本绝缘的机械强度和绝缘性能等进行加强提高，有与双重绝缘相当的防护程度。

3) 三类工具的区别

Ⅰ类、Ⅱ类、Ⅲ类手持式电动工具的区别如表 4-1 所示。

表 4-1　Ⅰ类、Ⅱ类、Ⅲ类手持式电动工具的区别

类　别	安全性	方便性	生产及使用情况
Ⅰ类	较差	差	不允许生产，但仍在使用
Ⅱ 类	较好	好	大量
Ⅲ 类	最好	差	较少

最简便的区分方法是看电源插头：三插的是Ⅰ类手持电动工具，带有接地装置；两插的基本是Ⅱ类手持电动工具，且工具上有“回”字型标志，如图 4-30 所示。

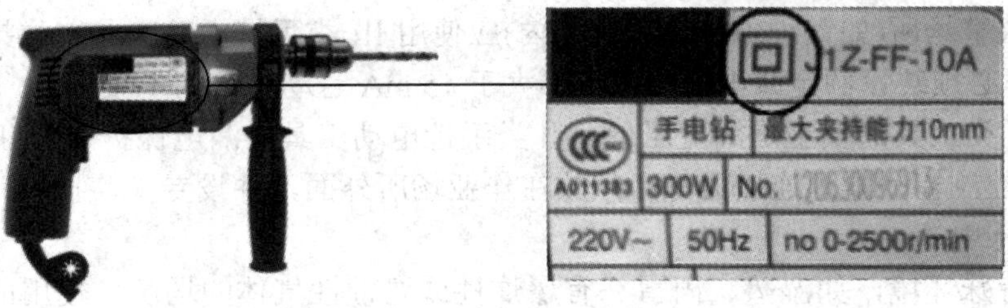

图 4-30　Ⅱ类工具“回”字标识图

4) 根据手持式电动工具不同的应用范围分类

(1) 金属切削类：电钻、刮刀、锯管机、切割机等。

(2) 砂磨类：砂轮机、砂光机、抛光机等。

(3) 装配类：电扳手、电动螺丝刀等。

(4) 林木类：电刨、带锯、电动木钻等。

(5) 农牧类：剪毛机、采茶机、剪枝机等。

(6) 建筑道路类：冲击电钻、电锤、打夯机等。

(7) 铁道类：铁道螺钉电扳手、枕木电钻等。

(8) 矿山类：电动凿岩机、岩石电钻等。

(9) 其他类：骨钻、卷花机、裁布机等。

2. 基本结构

手持电动工具一般由驱动部分、传动部分、控制部分、绝缘和机械防护部分组成。

(1) 驱动部分：一般由电动机驱动传动机构组成，多采用单相串励电动机。

(2) 传动部分：作用是能量传递和运动形式的转换。

(3) 控制部分：包括开关、插头、电缆和控制装置等。

(4) 绝缘和机械防护：绝缘包括基本绝缘和附加绝缘；机械防护部分指外壳和保护罩等。

3. 正确选用

1) 各类工具的特点

(1) 电压：Ⅰ、Ⅱ类手持电动工具工作电压一般是 220 V 或 380 V；Ⅲ类工作电压过去采用 36 V，现国际规定为 42 V，需专用变压器，此类工具很少用。

(2) 安全性：Ⅰ类手持电动工具触电保护不完善，除依靠本身绝缘和完整接地装置外，还依靠使用场所的接地接零系统来保证。许多工厂接地装置不完备，使用Ⅰ类工具还必须采用其他保护措施，如漏电保护器、安全隔离变压器等。Ⅱ类手持电动工具采用双重绝缘或加强绝缘，安全可靠，是手持式电动工具的发展方向。Ⅲ类手持电动工具用 42 V 以下安全电压，且用安全隔离变压器做独力电源，即使外壳漏电也不会发生触电事故。

2) 选用原则

(1) 在一般场所，应选用Ⅱ类手持电动工具。如果使用Ⅰ类手持电动工具，必须采用漏电保护器或经安全隔离变压器供电，否则，使用者必须戴绝缘手套或站在绝缘垫上。

(2) 在潮湿场所或金属构架上作业，应选用Ⅱ类或Ⅲ类手持电动工具。如果使用Ⅰ类手持电动工具，必须装设额定动作电流不大于 30 mA 且动作时间不大于 0.1 s 的漏电保护器。

(3) 在狭窄场所(如锅炉内、金属容器内)应使用Ⅲ类手持电动工具。如果使用Ⅱ类手持电动工具，必须装设额定漏电动作电流不大于 15 mA 且动作时间不大于 0.1 s 的漏电保护器。另外Ⅲ类工具的安全隔离变压器、Ⅱ类手持电动工具的漏电保护器及Ⅱ、Ⅲ类手持电动工具的控制箱、电源连接器等必须放在作业场所外面，并设专人监护。此类场所严禁使用Ⅰ类手持电动工具。

(4) 在特殊环境，如湿热、雨雪、有爆炸性或腐蚀性气体的场所，使用的手持电动工具还必须符合相应环境的特殊安全要求。

二、手持电动工具的安全性能要求

1. 手持电动工具的安全要求

(1) 辨明铭牌，检查性能是否与使用条件相适应。

(2) 检查防护罩、防护盖、手柄防护装置有无破损裂纹、变形或松动。

(3) 检查电源开关是否失灵、破损、牢固，接线有无松动。

(4) 电源线应采用铜芯多股橡皮绝缘软电缆，单相用三芯，三相用四芯，电缆不得有破损龟裂、中间不得有接头。

(5) Ⅰ类手持电动工具应有良好的接地或接零，保护导线应与工作零线分开；截面采用 0.75～1.5 mm^2 以上的多股软铜线；使用场所的保护接地电阻值必须不大于 4 Ω。

(6) 使用Ⅰ类手持电动工具应配合绝缘用具，并根据用电特征安装漏电保护器或采取电气隔离等措施。

(7) 绝缘电阻合格。Ⅰ类手持电动工具不小于 2 MΩ，Ⅱ类手持电动工具不小于 7 MΩ，Ⅲ类手持电动工具不小于 1 MΩ。

(8) 交流耐压试验电压为 950 V，2800 V，380 V。

(9) 装设合格的短路保护装置。

(10) Ⅱ类和Ⅲ类手持电动工具修理后不得降低原设计确定的安全技术指标。

(11) 工具用毕，及时切断电源，妥善保管。

2. 机械防护装置要求

手持式电动工具无论是切割(削)工具还是研磨工具，在高速旋转、往复运行或振动时会带来意外危险，因此必须按有关标准安装防护装置，如防护罩、保护盖等。没有防护装置或防护装置不齐全的，严禁使用。

手持式电动工具常常需要人手紧握使用，挪动性和振动较大，电源线的绝缘易被拉、磨或机械原因破坏，容易发生漏电及其他故障，触电的危险性大，为保证操作者安全，应对工具采取安全措施。

3. 保护接地和保护接零

保护接地和保护接零是Ⅰ类手持电动工具的附加安全预防措施。

1) 技术要求

Ⅰ类手持电动工具的接地或接零不宜单独敷设，应采用三芯(单相)或四芯(三相)铜芯多股橡皮护套软电缆或护套软线。黄/绿色的导线只能用作保护接地或接零线，截面采用 0.75～1.5 mm^2 以上的多股软铜线。

2) 接线方法

Ⅰ类手持电动工具的接地或接零及接线正确与否直接关系到操作者的人身安全。在中性点接地的供电系统中，应采用保护接零；在中性点不接地的供电系统中，应采用保护接地。

三、手持电动工具的使用注意事项

手持式电动工具是携带式电动工具，挪动性和振动较大，又常常在人手中紧握使用，触电的危险性大，故在管理、使用、检查、维护上应给予特别重视。

手持电动工具使用注意事项如下：

(1) 不要提着电动工具的导线或转动部分，以免绞伤和损坏导线或其他工作部件。

(2) 不要在夹具停止转动以前拆换钻头或其他工作部件，以免绞伤。

(3) 在金属物体上用电钻钻眼时，不要用手直接清除钻出的铁屑，以免伤手指。

(4) 在高空使用手持式电动工具时，下面应设专人扶梯，且在发生电击时可迅速切断电源。

(5) 操作手电钻或电锤等旋转工具时不得带线手套，使用过程中要防止电线被转动部分绞缠。

(6) 电动工具的电线不应与热源相接触，也不要放在潮湿的地上，特别要防止载重车辆或重物压在电线上，以免损坏电线绝缘。

(7) 在使用电动工具过程中，工作人员如因故离开工作场所或暂时停止工作以及遇到临时停电时，需立即切断电动工具的电源开关，以防其他人员误动电动工具，或在电源突然恢复时电动工具启动而造成事故。

四、手持电动工具管理、保管与检修

手持式电动工具必须有专人管理、定期检修和健全的管理制度。这里主要介绍其外观检查与电气检查的操作步骤。

1. 外观检查步骤

(1) 外壳、手柄有无裂缝和破损，紧固件是否齐全有效。
(2) 保护接地连接是否正确、牢固可靠。
(3) 电源线是否完好无损。
(4) 电源插头是否完好无损。
(5) 电源开关动作是否正常、灵活，开关有无缺陷、破裂。
(6) 机械保护装置是否完好。
(7) 工具转动部分是否转动灵活、轻快，无阻滞现象。

2. 电气检查步骤

(1) 通电后反应正常，开关控制有效。
(2) 通电后外壳经试电笔检查应不漏电。
(3) 信号指示正确，自动控制作用正常。
(4) 对于旋转工具，通电后观察电刷火花和声音均应正常。

4.4 移动式电气设备

学习目标

1. 了解常见的移动式电气设备，熟知移动式电气设备的作业要求。
2. 掌握常见移动式电气设备的相关知识。

课堂讨论

识别图 4-31 中的常用移动式电气设备，并讨论其在现实生活生产中的应用。

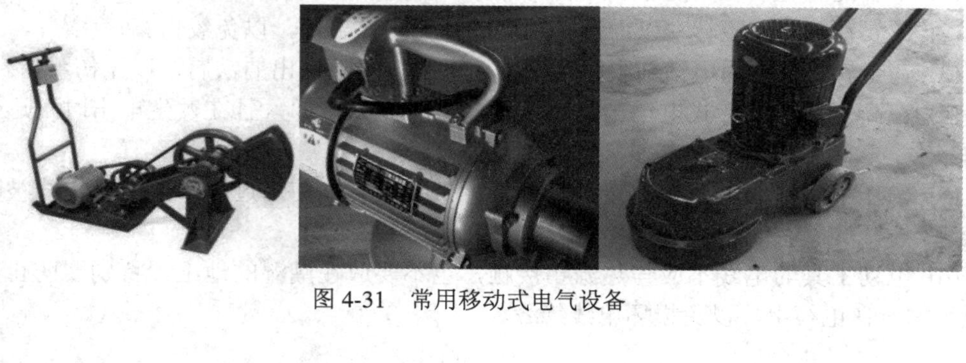

图 4-31 常用移动式电气设备

知识链接

移动式电气设备包括蛤蟆夯、电焊机、振捣器、水磨石磨平机等电气设备。

一、移动式电气设备作业要求

(1) 在使用工具前，操作者应认真阅读产品使用说明书或安全操作规程，详细了解工具的性能并掌握其正确使用方法。

(2) 在一般作业场所，应尽可能使用Ⅱ类手持电动工具，使用Ⅰ类手持电动工具时还应采取漏电保护器、隔离变压器等保护措施。

(3) 在潮湿作业场所或金属构架上等导电性能良好的作业场所，应使用Ⅱ类或Ⅲ类手持电动工具。

(4) 在锅炉、金属容器、管道内等作业场所，应使用Ⅲ类手持电动工具，或装设漏电保护器的Ⅱ类手持电动工具。Ⅲ类手持电动工具的安全隔离变压器，Ⅱ类手持电动工具的漏电保护器及Ⅱ、Ⅲ类手持电动工具的控制箱和电源连接器等必须放在作业场所的外面，在狭窄作业场所应有人在外监护。

(5) 在湿热、雨雪等作业环境，应使用具有相应防护等级的工具。

(6) Ⅰ类手持电动工具电源线中的绿/黄双色线在任何情况下只能用作保护线。

(7) 工具的电源线不得任意接长或拆换。当电源离工具操作点距离较远而电源线长度不够时，应采用耦合器进行连接。

(8) 工具电源线上的插头不得任意拆除或调换。

(9) 插头、插座中的接地极在任何情况下只能单独连接保护线。严禁在插头、插座内用导线直接将接地极与中性线连接起来。

(10) 工具的危险运动零部件的防护装置(如防护罩、盖)等不得任意拆卸。

二、电焊机

1. 电焊机种类

电焊机可分为交流电焊机、直流电焊机、氢弧焊机、二氧化碳气体保护焊机、对焊机、点焊机、缝焊机、超声波焊机、激光焊机等。

2. 交流电焊机的安全要求

电焊机种类较多，人们日常生活中接触最多的电焊机是交流电焊机，也叫交流弧焊机。本节主要介绍交流电焊机使用的安全要求，其他电焊机可作为参考。交流弧焊机的一次额定电压为 380 V、二次空载电压为 70 V 左右、二次额定工作电压为 30 V 左右、二次工作电流达数十至数百安、电弧温度高达 6000℃。由其工作参数可知，交流弧焊机的火灾危险和电击危险部比较大。

3. 安装和使用交流弧焊机应注意的问题

(1) 安装前应检查交流弧焊机是否完好，绝缘电阻是否合格(一次绝缘电阻不应低于 1 MΩ、二次绝缘电阻不应低于 0.5 MΩ)。

(2) 交流弧焊机应与安装环境条件相适应。交流弧焊机应安装在干燥、通风良好处，不应安装在易燃易爆、有腐蚀性气体、有严重尘垢或剧烈振动的环境中，并应避开高温、水池处。室外使用交流弧焊机时应采取防雨雪、防尘土措施。工作地点远离易燃易爆物品，下方有可燃物品时应采取适当安全措施。

(3) 交流弧焊机一次额定电压应与电源电压相符合，接线应正确，且应经端子排接线。多台交流弧焊机应尽量均匀地分接于三相电源中，以尽量保持三相平衡。

(4) 交流弧焊机一次侧熔断器熔体的额定电流略大于交流弧焊机的额定电流即可，但熔体的额定电流应小于电源线导线的许用电流。

(5) 二次线长度一般不应超过 20～30 m，否则应验算电压损失。

(6) 交流弧焊机外壳应当接零(或接地)。

(7) 交流弧焊机二次侧焊钳连接线不得接零(或接地)以及二次侧的另一条线也只能一点接零(或接地)，以防止部分焊接电流经其他导体构成回路。

(8) 移动交流弧焊机时必须停电进行。为了防止运行中的交流弧焊机熄弧时 70 V 左右的二次电压带来电击的危险，可以装设空载自动断电安全装置。这种装置还能减少交流弧焊机的无功损耗。

本章知识点考题汇总

一、判断题

1. ( ) 10 kV 以下运行的阀型避雷器的绝缘电阻应每年测量一次。

2. ( ) 测量电机的对地绝缘电阻和相间绝缘电阻常使用兆欧表，而不宜使用万用表。

3. ( ) 测量电流时应把电流表串联在被测电路中。

4. ( ) 测量交流电路的有功电能时，因是交流电，故其电压线圈、电流线圈和各两个端可任意接在线路上。

5. ( ) 电动势的正方向规定为从低电位指向高电位，所以测量时电压表正极应接电源负极、而电压表负极接电源的正极。

6. ( ) 电度表是专门用来测量设备功率的装置。

7. ( ) 电流表的内阻越小越好。

8. ( ) 电流的大小用电流表来测量，测量时应将其并联在电路中。

9. ( ) 电压表内阻越大越好。

10. ( ) 电压表在测量时，量程要大于等于被测线路电压。

11. ( ) 电压的大小用电压表来测量，测量时应将其串联在电路中。

12. ( ) 交流电流表和电压表测量所测得的值都是有效值。

13. ( ) 交流钳形电流表可测量交、直流电流。

14. ( ) 接地电阻测试仪就是测量线路的绝缘电阻的仪器。

15. ( ) 接地电阻表主要由手摇发电机、电流互感器、电位器以及检流计组成。

16. ( ) 钳形电流表可做成既能测交流电流，也能测量直流电流。

17. ( ) 使用万用表测量电阻，每换一次欧姆挡都要进行欧姆调零。

18. ( ) 使用兆欧表前不必切断被测设备的电源。

19. (　) 万用表使用后，转换开关可置于任意位置。

20. (　) 万用表在测量电阻时，指针指在刻度盘中间最准确。

21. (　) 吸收比是用兆欧表测定。

22. (　) 摇表在使用前，无须先检查摇表是否完好，可直接对被测设备进行绝缘测量。

23. (　) 摇测大容量设备吸收比是测量 60 s 时的绝缘电阻与 15 s 时的绝缘电阻之比。

24. (　) 用钳表测量电动机空转电流时，不需要挡位变换可直接进行测量。

25. (　) 用钳表测量电动机空转电流时，可直接用小电流挡一次测量出来。

26. (　) 用钳表测量电流时，尽量将导线置于钳口铁芯中间，以减少测量误差。

27. (　) 用万用表 R × 1k 欧姆挡测量二极管时，红表笔接一只脚，黑表笔接另一只脚测得的电阻值约为几百欧姆，反向测量时电阻值很大，则表明该二极管是好的。

二、选择题

1. (　　)仪表可直接用于交、直流测量，但精确度低。

A. 电磁式　　B. 磁电式　　C. 电动式

2. (　　)仪表由固定的线圈、可转动的线圈及转轴、游丝、指针、机械调零机构等组成。

A. 电磁式　　B. 磁电式　　C. 电动式

3. (　　)仪表由固定的永久磁铁、可转动的线圈及转轴、游丝、指针、机械调零机构等组成。

A. 电磁式　　B. 磁电式　　C. 感应式

4. 按照计数方法，电工仪表主要分为指针式仪表和(　　)式仪表。

A. 比较　　B. 电动　　C. 数字

5. 测量电动机线圈对地的绝缘电阻时，摇表的 L、E 两个接线柱应(　　)。

A. E 接在电动机出线的端子，L 接电动机的外壳

B. L 接在电动机出线的端子，E 接电动机的外壳

C. 随便接，没有规定

6. 测量电压时，电压表应与被测电路(　　)。

A. 并联　　B. 串联　　C. 正接

7. 测量电压时，电压表应与被测电路(　　)。

A. 串联　　B. 并联　　C. 正接

8. 测量接地电阻时，电位探针应接在距接地端(　　)m 的地方。

A. 20　　B. 5　　C. 40

9. 测量接地电阻时，电位探针应接在距接地端(　　)m 的地方。

A. 5　　B. 20　　C. 40

10. 单相电度表主要由一个可转动铝盘和分别绕在不同铁芯上的一个(　　)和一个电流线圈组成。

A. 电压线圈　　B. 电压互感器　　C. 电阻

11. 电能表是测量(　　)用的仪器。

A. 电流　　B. 电压　　C. 电能

12. 接地电阻测量仪是测量(　　)的装置。

A. 绝缘电阻　　B. 直流电阻　　C. 接地电阻

13. 接地电阻测量仪是测量(　　)的装置。

A. 直流电阻　　B. 绝缘电阻　　C. 接地电阻

14. 接地电阻测量仪主要由手摇发电机(　　)、电位器以及检流计组成。

A. 电压互感器　　B. 电流互感器　　C. 变压器

15. 钳形电流表测量电流时，可以在(　　)电路的情况下进行。

A. 断开　　B. 短接　　C. 不断开

16. 钳形电流表由电流互感器和带(　　)的磁电式表头组成。

A. 整流装置　　B. 测量电路　　C. 指针

17. 万用表电压量程 2.5 V 是当指针指在(　　)位置时电压值为 2.5 V。

A. 满量程　　B. 1/2 量程　　C. 2/3 量程

18. 万用表实质是一个带有整流器的(　　)仪表。

A. 磁电式　　B. 电磁式　　C. 电动式

19. 万用表由表头、(　　)及转换开关三个主要部分组成。

A. 线圈　　B. 测量电路　　C. 指针

20. 线路或设备的绝缘电阻用(　　)测量。

A. 兆欧表　　B. 万用表的电阻挡　　C. 接地摇表

21. 选择电压表时，其内阻(　　)被测负载的电阻为好。

A. 远大于　　B. 远小于　　C. 等于

22. 摇表的两个主要组成部分是手摇(　　)和磁电式流比计。

A. 直流发电机　　B. 电流互感器　　C. 交流发电机

23. 一般电器所标或仪表所指示的交流电压、电流的数值是(　　)。

A. 最大值　　B. 有效值　　C. 平均值

24. 用万用表测量电阻时，黑表笔接表内电源的(　　)。

A. 负极　　B. 两极　　C. 正极

25. 指针式万用表测量电阻时标度尺最右侧是(　　)。

A. ∞　　B. 0　　C. 不确定

26. 指针式万用表一般可以测量交、直流电压、(　　)电流和电阻。

A. 交流　　B. 交直流　　C. 直流

第五章 电工安全用具与安全标识

5.1 电工安全用具

学习目标

1. 了解电工安全用具的分类、功能。
2. 掌握常用电工安全用具的正确使用方法。
3. 掌握常用电工安全用具的试验。

课堂讨论

大家见到过如图 5-1 所示的物品吗？讨论一下它们有什么作用。

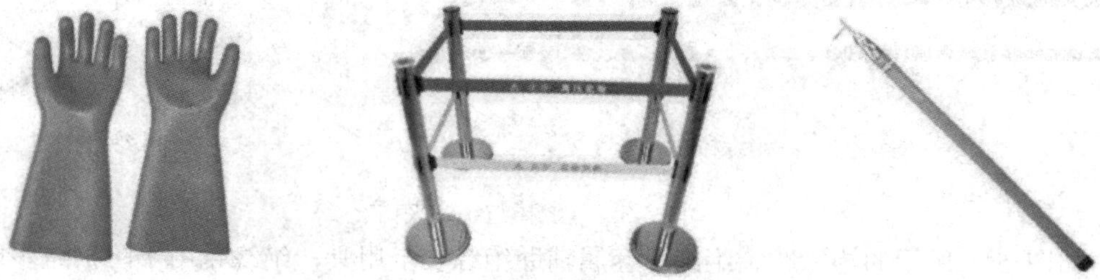

(a) (b) (c)

图 5-1 常见安全用具

知识链接

一、电工安全用具的分类、功能

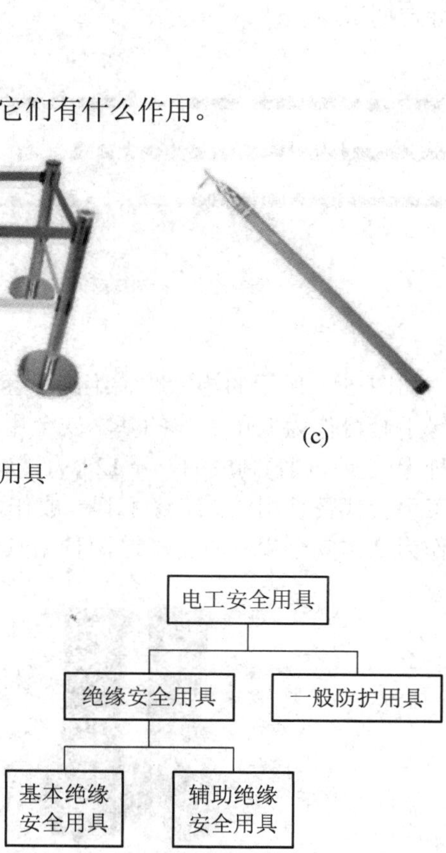

图 5-2 电工安全用具分类

电工安全用具一般分为两大类，一类为绝缘安全用具(包括起验电及测量作用的携带式电压、电流指示器)，另一类为一般防护用具(如防止坠落的登高作业安全用具；保证检修安全的临时接地线、遮拦、标示牌；防止灼伤的护目镜)，具体如图 5-2 所示。

二、常用电工安全用具简介及使用方法

1. 绝缘安全用具

绝缘安全用具分为两大类。一类是基本绝缘安全用具，指其绝缘强度足以承受电气设备运行电压的安全用具。它的绝缘强度高，用来直接接触高压带电体，足以耐受电器设备的工作电压，如绝缘棒、绝缘夹钳、高压绝缘拉杆(令克棒)绝缘夹钳等。工作人员使用这种安全用具，可触及带电部分。另一类是辅助绝缘安全用具，指其绝缘强度不足以承受电气设备运行电压的安全用具。它的绝缘强度相对较低，不能作为直接接触带电体的用具使用，如绝缘手套、绝缘靴、绝缘鞋、绝缘垫、绝缘站台等。工作人员使用这种安全用具，可配合基本安全用具触及带电部分，并可用于防护跨步电压所引起的电击。下面我们具体来看一看各类用具的功能和正确使用方法。

基本绝缘安全工具由工作部分、绝缘部分、手握部分构成。绝缘棒(如图 5-3(a)所示)用于操作高压隔离开关、跌落熔断器、安装(拆卸)临时接地线及测量试验等；绝缘夹钳(如图 5-3(b)所示)是用来带电安装或拆卸高压保险器或类似工作的工具。使用注意事项：操作前，绝缘夹钳表面应用清洁的干布擦净；操作时戴绝缘手套、穿绝缘靴及戴护目镜，并且必须在切断负载的情况下进行操作；雨雪或潮湿天气操作时应使用专门防雨夹钳；按规定进行定期试验。

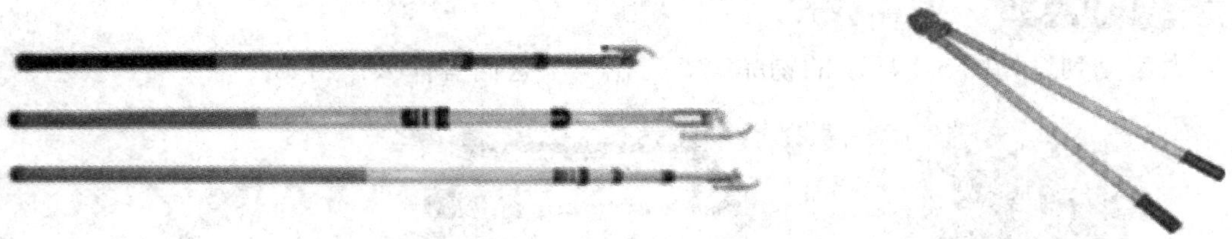

(a) 绝缘棒　　(b) 绝缘夹钳

图 5-3　绝缘棒与绝缘夹钳

如图 5-4 所示的绝缘靴、绝缘手套属辅助绝缘安全用具，绝缘靴用于防护跨步电压，绝缘手套可作为低压工作的基本安全用具。绝缘手套可以使人的两手与带电体绝缘，是用特种橡胶(或乳胶)制成的，分 12 kV(试验电压)和 5 kV 两种。绝缘手套是不能用医疗手套或化工手套代替使用的。绝缘手套一般作为辅助安全用具，在 1 kV 以下电气设备上使用时可以作为基本安全用具看待。这两种用具也需按规定进行定期试验。

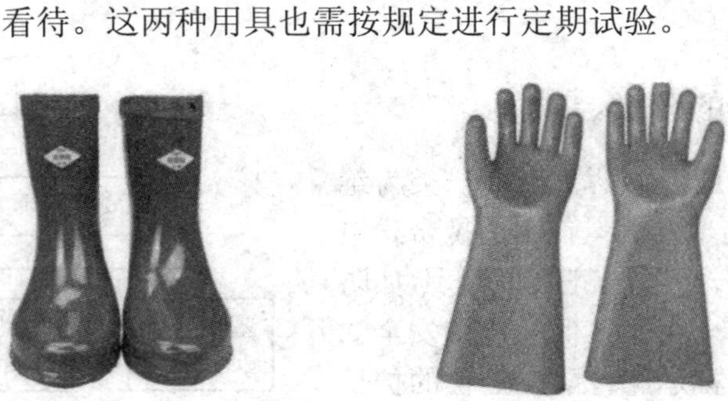

图 5-4　绝缘靴、绝缘手套

2. 一般防护用具

临时接地线是在电气设备检修时将检修停电区与非停电区用短路接地的方式隔开并保护起来的一种安全用具。

使用临时接地线要注意的操作顺序是：先停电，再验电，确认无电才能挂接地线。接线时，一定要先接接地端，再接线路端。拆除时顺序相反，一定要先拆线路端，后拆接地端，以防在挂、拆过程中突然来电，危及操作人员安全。临时接地线要用多股软铜线制作，截面积不得小于 25 mm^2。

遮拦是一种屏护，主要用来防止工作人员无意碰到或过于接近带电体，也用于检修安全距离不够时的安全隔离装置。绝缘遮拦分为固定遮拦和活动遮拦两大类，多用干燥木材制作，高度一般不小于 1.7 m，下部离地面小于 10 cm，上面设有“止步，高压危险”警告标志。新型绝缘遮拦采用高强度、强绝缘的环氧绝缘材料制作，具有绝缘性能好、机械强度高、不腐蚀、耐老化的优秀特点，用于电力系统的各电压等级变电站中，可防止工作人员走错间隔，误入带电区域，如图 5-1(b)所示。

安全帽是一种重要的安全防护用品，如图 5-5 所示，是电气作业人员的必备用品。凡有可能会发生物体坠落的工作场所，或有可能发生头部碰撞、劳动者自身有坠落危险的场所，都要求佩戴安全帽。防止工作人员误登带电杆塔用的无源近电报警安全帽属于音响提示型辅助安全用具。当工作人员佩戴此安全帽登杆工作时误登带电杆塔，人员对高压设备距离小于《电业安全工作规程》规定的安全距离时，安全帽内部的近电报警装置会立即发出报警音响，提醒工作人员注意，防止误触带电设备而造成人员伤亡事故。戴安全帽时必须系好带子。

安全带是采用锦纶、维纶、涤沦等根据人体特点设计而成的防止高空坠落的安全用具，如图 5-6 所示。《电业安全工作规程》中规定凡在离地面 2 m 以上的地点进行工作则为高处作业，高处作业时，应使用安全带。每次使用安全带时，必须做一次外观检查，在使用过程中，也要注意查看，在半年至一年内要试验一次，以主部件不损坏为要求。如发现有破损变质情况，应及时反映并停止使用，以确保操作安全。

图 5-5　安全帽

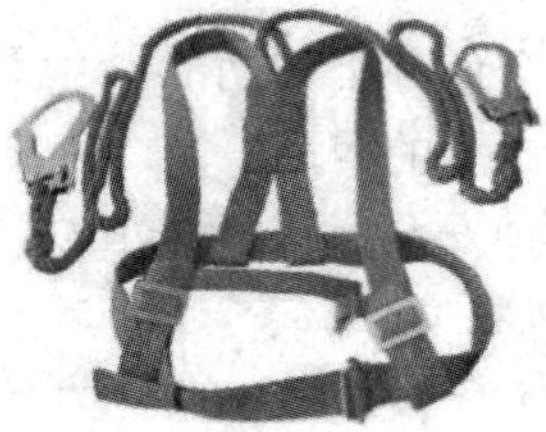

图 5-6　安全带

三、常用电工安全用具的试验

常用电工安全用具是直接保护人身安全的，必须保持良好的性能。因此，必须对安全用具进行定期的检查和试验。

常用电工安全用具试验包括耐压试验、泄漏电流试验，其检查内容、试验标准、试验周期如表 5-1 所示。

表 5-1 安全用具检查内容、试验标准和试验周期

安全用具名称	电压	耐压试验电压/kV	耐压持续时间/min	泄漏电流/mA	试验周期	检查内容
绝缘棒和绝缘夹钳	35 kV 及以下	线电压的3倍但不低于40	5	—	1～2 年	机械强度是否符合要求，电容表面有无损坏。每三个月检查一次，检查时擦净表面
绝缘手套	各种电压	8～12	1	9～12	半年至一年	每次使用前检查，三个月擦一次
绝缘靴	各种电压	15～20	1～2	7.5～10	半年至一年	每次使用前检查，三个月擦一次
绝缘鞋	1 kV 及以下	3.5	1	2	半年	每次使用前检查，三个月擦一次
绝缘毯和绝缘垫	1 kV 及以下 1 kV 以上	5 15	以 2～3 cm/s 的速度拉过	5 15	2 年	有无破洞，有无裂纹，表面有无损坏，三个月擦一次
绝缘站台	各种电压	40	2	—	3 年	台面、台脚有无损坏，三个月擦一次
高压电器	本体 35 kV 及以下，握手 10 kV 及以下，35 kV 及以下	20～25 40 105	1 5	—	半年	有无裂纹，有无元件失灵。每次使用前检查是否良好

5.2 安全标识

学习目标

1. 了解安全色分类、功能。
2. 了解对比色的应用。
3. 识别各种安全标识(标志)。

课堂讨论

识别如图 5-7 所示常用安全标识(标志)，并讨论其在现实生活生产中的应用。

(a) (b) (c)

图 5-7 常用安全标识

知识链接

一、安全色

安全色是用来表达禁止、警告、指示等安全信息的颜色。其作用是使人们能够迅速发现和分辨安全标志，提醒人们注意安全，以防止发生事故。我国安全色的标准规定红、黄、蓝、绿四种颜色为安全色。

1. 红色

红色的含义是禁止、停止，用于禁止标志，还表示停止信号。机器、车辆上的紧急停止手柄或按钮以及禁止人们触动的部位通常用红色标识，同时也表示防火，如图 5-8 所示。

2. 蓝色

蓝色表示指令，表示必须遵守的规定，如图 5-9 所示。指令标志有：如必须佩带个人防护用具，道路上指引车辆和行人行进方向的指令。

3. 黄色

黄色的含义是警告和注意，如危险的机械、警戒线、行车道中线、安全帽等，如图 5-10 所示。

图 5-8　红色标志牌

图 5-9　蓝色标志牌

图 5-10　黄色标志牌

4. 绿色

绿色的含义是提示，表示安全状态或可以通行。车间内的安全通道、行人和车辆通行标志，以及消防设备和其他安全防护设备的位置表示都用绿色，如图 5-1(c)所示。

二、对比色

对比色能够使安全色更加醒目。红色和白色、黄色和黑色间隔条纹，是两种较醒目的标志。红色和白色间隔条纹表示禁止越过，如交通道路上的防护栏杆。黄色和黑色间隔条纹表示警告、危险，如工矿企业内部的防护栏杆、吊车吊钩的滑轮架、铁路与道路交叉道口上的防护栏杆，如图 5-11 所示。

图 5-11　对比色标志牌

三、安全标志

国家标准 GB/T2894.5－2020《安全标志》对安全标志的尺寸、衬底色、制作、设置位置、检查、维修，以及各类安全标志的几何图形、标志数目、图形颜色及其补充标志等都作了具体规定。

安全标志的文字说明必须与安全标志同时使用，应位于安全标志几何图形的下方，文字有横写、竖写两种形式，设置在光线充足、醒目且稍高于人视线处。

(1) 禁止标志的几何图形是带斜杠的圆环，图形背景为白色，圆环和斜杠为红色，图形符号为黑色。禁止标志有禁止烟火、禁止吸烟、禁止用水灭火、禁止通行、禁止放易燃物、禁止带火种、禁止启动、修理时禁止转动、禁止触摸、禁止跨越、禁止乘人、禁止攀登、禁止饮用、禁止堆放、禁止入内、禁止停留等 23 个，详见表 5-2 常用安全标志 1～23。

(2) 警告标志的几何图形是三角形，图形背景是黄色，三角形边框及图形符号均为黑色。警告标志有注意安全、当心火灾、当心爆炸、当心腐蚀、当心中毒、当心触电、当心机械伤人、当心伤手、当心吊物、当心电缆、当心落物、当心坠落、当心车辆、当心弧光、当心冒顶、当心瓦斯、当心塌方、当心坑洞、当心电离辐射、当心裂变物品、当心激光、当心微波、当心滑跌等 28 个，详见表 5-2 常用安全标志 24～51。

(3) 指令标志是提醒人们必须要遵守的一种标志。几何图形是圆形，背景为蓝色，图形符号为白色。指令标志有必须戴防护眼镜、必须戴防毒面具、必须戴安全帽、必须戴护耳器、必须戴防护手套、必须穿防护靴、必须系安全带、必须穿防护服等 12 个，详见表 5-2 常用安全标志 52～63。

(4) 提示标志是指示目标方向的安全标志。几何图形是长方形，按长短边的比例不同，分一般提示标志和消防设备提示标志两类。提示标志的意义是提高人们安全生产意识和劳动卫生意识。基本形状为长方形，图形背景为白色，图形符号和文字为绿色。一般提示标志有太平门、紧急出口、安全通道等，消防提示标志有消防警铃、火警电话、地下消火栓、地上消火栓、消防水带、灭火器、消防水泵接合器等，其中常用提示标志见表 5-2 常用安全标志 64～66。

表 5-2 常用安全标志

序号	图形符号	标志名称	设置范围和地点
1		禁止吸烟	有火灾危险物品的场所，如木工车间、油漆车间、沥青车间、纺织厂、印染厂等
2		禁止烟火	有乙类火灾危险物品的场所，如面粉厂、煤粉厂、焦化厂、施工工地等
3		禁止带火种	有甲类火灾危险物品及其他禁止带火种的各种危险场所，如炼油厂、乙炔站、液化石油气站、煤矿井内、林区、草原等

续表一

序号	图形符号	标志名称	设置范围和地点
4		禁止用水灭火	生产、储运、使用中有不准用水灭火的物品的场所，如变压器室、乙炔站、化工药品库、各种油库等
5		禁止放易燃物	具有明火设备或高温的作业场所，如动火区，各种焊接、切割、锻造、浇注车间等场所
6		禁止启动	暂停使用的设备附近，如设备检修、更换零件等
7		禁止合闸	设备或线路检修时，相应开关附近
8		修理时禁止转动	检修或专人定时操作的设备附近
9		禁止触摸	禁止触摸的设备或物体附近，如裸露的带电体，炽热物体，具有毒性、腐蚀性物体等处
10		禁止跨越	不宜跨越的危险地段，如：专用的运输通道、皮带运输线和其他作业流水线，作业现场的沟、坎、坑等
11		禁止攀登	不允许攀爬的危险地点，如有坍塌危险的建筑物、构筑物、设备旁
12		禁止跳下	不允许跳下的危险地点，如深沟、深池、车站月台，以及盛装过有毒物品、易产生窒息气体的槽车、储罐、地窖等处
13		禁止入内	易造成事故或对人员有伤害的场所，如高压设备室、各种污染源等入口处
14		禁止停留	对人员具有直接危害的场所，如粉碎场地、危险路口、桥口等处
15		禁止通行	有危险的作业区，如起重、爆破现场，道路施工工地等

续表二

序号	图形符号	标志名称	设置范围和地点
16		禁止靠近	不允许靠近的危险区域，如高压试验区、高压线、输变电设备的附近
17		禁止乘人	乘人易造成伤害的设施，如室外运输吊篮、外操作载货电梯框架等
18		禁止堆放	消防器材存放处、消防通道及车间主通道等
19		禁止抛物	抛物易伤人的地点，如高处作业现场、深沟(坑)等
20		禁止戴手套	戴手套易造成手部伤害的作业地点，如旋转的机械加工设备附近
21		禁止穿化纤服装	有静电火花会导致灾害或有炽热物品的作业场所，如冶炼、焊接及有易燃易爆物品的场所等
22		禁止穿带钉鞋	有静电火花会导致灾害或有触电危险的作业场所，如有易燃易爆气体或粉尘的车间及带电作业场所
23		禁止饮用	不宜饮用水的开关处，如工业用水、污染水等
24		注意安全	本标准警告标志中没有规定的易造成人员伤害的场所及设备等
25		当心火灾	易发生火灾的危险场所，如可燃性物品的生产、储运、使用等地点
26		当心爆炸	易发生爆炸危险的场所，如易燃易爆物品的生产、储运、使用或受压容器等地点

续表三

序号	图形符号	标志名称	设置范围和地点
27		当心腐蚀	有腐蚀性物品(GB12268 中第 8 类所规定的物品)的作业地点
28		当心中毒	剧毒品及有毒物品(GB12268 中第 6 类第 1 项所规定的物品)的生产、储运及使用场所
29		当心感染	易发生感染的场所，如医院传染病区，有害生物制品的生产、储运、使用等地点
30		当心触电	有可能发生触电危险的电气设备和线路，如配电室、开关等
31		当心电缆	在暴露的电缆或地面下有电缆处施工的地点
32		当心机械伤人	易发生机械卷入、轧压、碾压、剪切等机械伤害的作业地点
33		当心伤手	易造成手部伤害的作业地点，如玻璃制品、木制加工、机械加工车间等
34		当心刺脚	易造成脚部伤害的作业地点，如铸造车间、木工车间、施工工地及有尖角散料等处
35		当心吊物	有吊装设备作业的场所，如施工工地、港口、码头、仓库、车间等
36		当心坠落	易发生坠落事故的作业地点，如脚手架、高处平台、地面的深沟(池、槽)等
37		当心落物	易发生落物危险的地点，如高处作业、立体交叉作业的下方等

续表四

序号	图形符号	标志名称	设置范围和地点
38		当心坑洞	具有坑洞易造成伤害的作业地点，如各种深坑的上方等
39		当心烫伤	具有热源易造成伤害的作业地点，如冶炼、锻造、铸造、热处理车间等
40		当心弧光	由于弧光造成眼部伤害的各种焊接作业场所
41		当心塌方	有塌方危险的地段、地区，如堤坝及土方作业的深坑、深槽等
42		当心冒顶	具有冒顶危险的作业场所，如矿井、隧道等
43		当心瓦斯	有瓦斯爆炸危险的作业场所，如煤矿井下、煤气车间等
44		当心电离辐射	能产生电离辐射危害的作业场所，如生产、储运、使用 GB12268 规定的第 7 类物品的作业区
45		当心裂变物品	具有裂变物品的作业场所，如具有裂变物品的使用车间、储运仓库、容器等
46		当心激光	有激光设备或镭射仪器的作业场所
47		当心微波	凡微波场强超过 GB10436、GB10437 规定的作业场所
48		当心车辆	厂内车人混合行走的路段，道路的拐角处、平交路口；车辆出入较多的厂房、车库等出入口处

续表五

序号	图形符号	标志名称	设置范围和地点
49		当心火车	厂内铁路与道路平交路口、铁道进入厂内的地点
50		当心滑跌	地面有易造成伤害的滑跌地点，如地面有油、冰、水等物品及滑坡处
51		当心绊倒	地面有障碍物，绊倒易造成伤害的地点
52		必须戴防护眼镜	对眼睛有伤害的作业场所，如各种机械加工、焊接车间等
53		必须戴防毒面具	具有对人体有害的气体、气溶胶、烟尘等作业场所，如有毒物散发的地点或处理由毒物造成的事故现场
54		必须戴防尘口罩	具有粉尘的作业场所，如纺织清花车间、粉状物料拌料车间以及矿山处等
55		必须戴护耳器	噪音超过 85 dB 的作业场所，如铆接车间、织布车间、射击场、工程爆破等处
56		必须戴安全帽	头部易受外力伤害的作业场所，如矿山、建筑工地、伐木场、造船厂及起重吊装处等
57		必须戴防护帽	易造成人体缠绕伤害或有粉尘污染头部的作业场所，如纺织、石棉、玻璃纤维以及具有旋转设备的机械加工车间等
58		必须戴防护手套	易伤害手部的作业场所，如具有腐蚀、污染、触电危险的作业等地点
59		必须穿防护靴	易伤害脚部的作业场所，如具有腐蚀、触电、砸(刺)伤等危险的作业地点

续表六

序号	图形符号	标志名称	设置范围和地点
60		必须系安全带	易发生坠落危险的作业场所，如高处建筑、修理、安装等地点
61		必须穿救生衣	易发生溺水的作业场所，如船舶、海上工程结构物等
62		必须穿防护服	具有放射、微波、高温及其他需穿防护服的作业场所
63		必须加锁	剧毒品、危险品库房等地点
64	 	紧急出口	便于安全疏散的紧急出口处，与方向箭头结合设在通向紧急出口的通道、楼梯口等处
65		可动火区	经有关部门规定的可使用明火的地点
66		避险处	铁路桥、公路桥、矿井及隧道内躲避危险的地点

本章知识点考题汇总

一、判断题

1. (   )“止步，高压危险”的标志牌的式样是白底，红边，有红色箭头。
2. (   )剥线钳是用来剥削小导线头部表面绝缘层的专用工具。
3. (   )常用绝缘安全防护用具有绝缘手套、绝缘靴、绝缘隔板、绝缘垫，绝缘站台等。

4. ( ) 低压验电器可以验出 500 V 以下的电压。

5. ( ) 在没有用验电器验电前，线路应视为有电。

6. ( ) 电工刀的手柄是无绝缘保护的，不能在带电导线或器材上剖切，以免触电。

7. ( ) 电工钳、电工刀、螺丝刀是常用电工基本工具。

8. ( ) 挂登高板时，钩口应向外并且向上。

9. ( ) 绝缘棒在闭合或拉开高压隔离开关、跌落式熔断器、装拆携带式接地线，以及进行辅助测量和试验时使用。

10. ( ) 使用脚扣进行登杆作业时，上、下杆的每一步必须使脚扣环完全套入并可靠地扣住电杆才能移动身体，否则会造成事故。

11. ( ) 使用手持式电动工具应当检查电源开关是否失灵、破损和牢固，以及接线是否松动。

12. ( ) 使用竹梯作业时，梯子放置与地面以 50° 夹角左右为宜。

13. ( ) 验电器在使用前必须确认良好。

14. ( ) 验电是保证电气作业安全的技术措施之一。

15. ( ) 用试电笔检查时，试电笔发光就说明线路一定有电。

16. ( ) 用试电笔验电时，应赤脚站立，保证与大地有良好的接触。

17. ( ) 试验对地电压为 50 V 以上的带电设备时，氖泡式低压验电器就应显示有电。

18. ( ) 一号电工刀比二号电工刀的刀柄长度长。

19. ( ) 在安全色标中用红色表示禁止、停止或消防。

20. ( ) 在安全色标中用绿色表示安全、通过，允许、工作。

21. ( ) 在直流电路中，常用棕色表示正极。

二、选择题

1. ( )可用于操作高压跌落式熔断器、单极隔离开关及装设临时接地线等。

A. 绝缘手套　　B. 绝缘鞋　　C. 绝缘棒

2. ( )是登杆作业时必备的保护用具，无论用登高板或脚扣都要用其配合使用。

A. 安全带　　B. 梯子　　C. 手套

3. “禁止合闸，有人工作”的标志牌应制作为( )。

A. 红底白字　　B. 白底红字　　C. 白底绿字

4. “禁止攀登，高压危险!”的标志牌应制作为( )。

A. 红底白字　　B. 白底红字　　C. 白底红边黑字

5. 保险绳的使用应( )。

A. 高挂低用　　B. 低挂高用　　C. 保证安全

6. 登杆前，应对脚扣进行( )。

A. 人体载荷冲击试验　　B. 人体静载荷试验　　C. 人体载荷拉伸试验

7. 高压验电器的发光电压不应高于额定电压的( )%。

A. 50　　B. 25　　C. 75

8. 尖嘴钳 150 mm 是指( )。

A. 其总长度为 150 mm　　B. 其绝缘手柄为 150 mm　　C. 其开口 150 mm

9. 绝缘安全用具分为(　　)安全用具和辅助安全用具。

A. 直接　　B. 间接　　C. 基本

10. 绝缘手套属于(　　)安全用具。

A. 辅助　　B. 直接　　C. 基本

11. 螺丝刀的规格是以柄部外面的杆身长度和(　　)表示。

A. 厚度　　B. 半径　　C. 直径

12. 使用剥线钳时应选用比导线直径(　　)的刃口。

A. 稍大　　B. 相同　　C. 较大

模块二

电工技术实训操作

第六章　照明电路

6.1 照明设备

学习目标

1. 了解照明的方式与种类。
2. 掌握常用照明设备结构与线路。

课堂讨论

讨论如图 6-1 所示照明设备的应用场合和作用特点。

(a) 应急指示灯　　(b) 防爆照明灯　　(c) 机床灯具

图 6-1　照明设备

照明是工业企业用电的一个组成部分，保证照明设备的安全运行，可以防止人身或火灾事故的发生。

工作任务

根据如图 6-2 所示完成日光灯线路的安装。

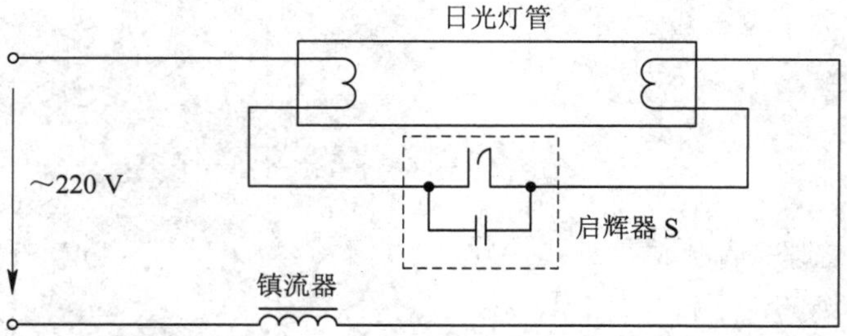

图 6-2　日光灯线路

知识链接

一、照明种类和照明方式

1. 照明种类

(1) 按光源的性质，照明可分为热辐射光源照明和气体放电光源照明。热辐射光源照明是由电流通过钨丝使之升温达到白炽状态而发光的照明器具，如白炽灯、碘钨灯等照明灯具。其中白炽灯特点是发光效率低，但功率因素最高。气体放电光源照明是利用电极间气体放电产生可见光和紫外线，再由可见光和紫外线激发灯管或灯泡内壁上的荧光粉使之发光的照明器具，如日光灯、高压汞灯、高压钠灯等照明灯具。其发光效率可达白炽灯的 3 倍左右。

(2) 按照明功能照明可分为正常照明、应急照明、值班照明、警卫照明和障碍照明。其中应急照明又包括备用照明、安全照明和疏散照明。在爆炸危险环境、中毒危险环境、火灾危险性较大的环境、手术室之类一旦停电即关系到人身安危的环境、500 人以上的公共环境、一旦停电使生产受到影响会造成大量废品的环境都应该有应急照明。就灯具防护型式而言，除普通型灯具外，还有防水型灯具、防尘型灯具和防爆型灯具等。

(3) 按照明光源照明可分为热辐射型，如白炽灯；气体放电型，如日光灯；电弧放电型，如高压汞灯。

2. 照明方式

照明方式可分为一般照明、局部照明和混合照明。一般照明在室、内外都有，是保证工作场所视觉明晰的基本照明，满足场所一般工作照度要求，照度比较均匀。对于局部地点需要高照度并对照射方向有要求时采用局部照明。局部照明是局限于工作部位的固定或移动的照明。混合照明是一般照明与局部照明共同组成的照明。对于工作部位需要较高照度，并对照射方向有特殊要求的场所，宜采用混合照明。二种光源合用的一般照明也为混合照明。混合照明的优点是可以在工作垂直和倾斜表面上获得较高的照度，并且可改善光色，减小装载功率和节约安装运行费用。在一个工作场所内，不应只装局部照明而无一般照明。一般照明可采用较大功率的灯泡，以达到照明装置数量少、覆盖面大的效果。

二、常用照明设备

1. 白炽灯原理及线路

白炽灯俗称灯泡，是利用电流通过高熔点钨丝后，使之发热到白炽状态而发光的电光源，其发光效率比较低。白炽灯有螺口式和插口式两种。其组成结构如图 6-3 所示。

为确保安全，安装螺口灯泡时必须将火线经开关接到螺口灯头底座的中心接线端上。

白炽灯的电路形式有：一只单连开关控制一盏或多盏灯，并与插座连接；两只单连开关控制两盏灯，并与插座连接；用两只双连开关在两个地方控制一盏灯。

2. 荧光灯原理及线路

1) 普通荧光灯

荧光灯的结构如图 6-4 所示。

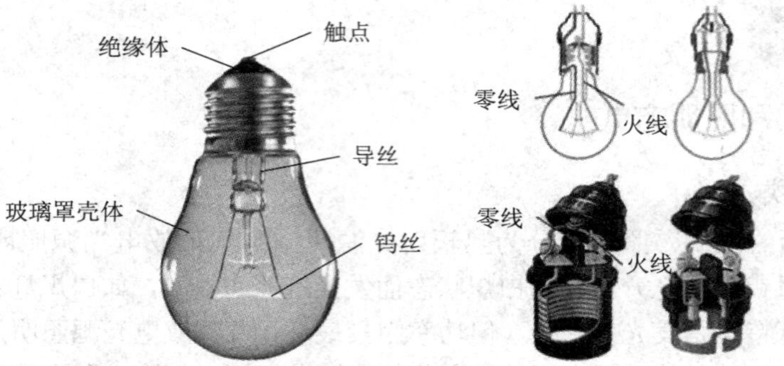

图 6-3 白炽灯的组成结构

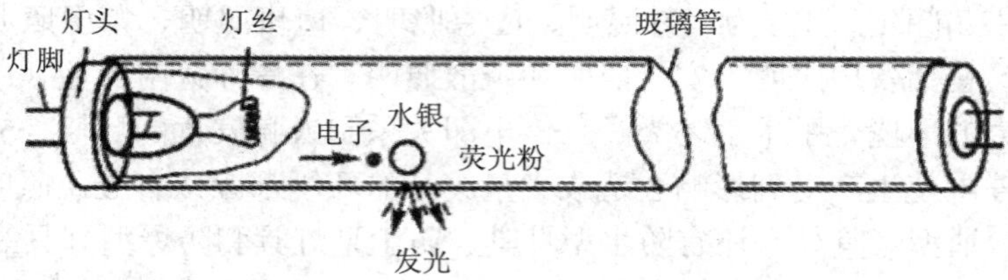

图 6-4 荧光灯结构

荧光灯管是一抽成真空后再充入少量氩气的玻璃管，在灯管两端各装有一个通电时能发射大量电子的灯丝。灯管内涂有荧光粉，管内还放有微量水银。当灯管的两个电极通电后便加热灯丝发射电子，电子在电场的作用下逐渐达到高速并碰撞汞原子，使其产生紫外线；紫外线照射到灯管壁的荧光粉上，使其激发出可见光。荧光灯的发光效率比白炽灯约高四倍，且使用寿命长。

镇流器在启动时与启辉器配合，产生瞬时高压；工作时限制灯管中的电流。其结构有单线圈式和双线圈式，外形如图 6-5 所示。

启辉器使电路接通，并能自动断开，相当于一个自动开关。电容器的作用是避免启辉器两触片断开时产生火花烧坏触片和减弱荧光灯对无线电设备的干扰。启辉器的结构图如图 6-6 所示。

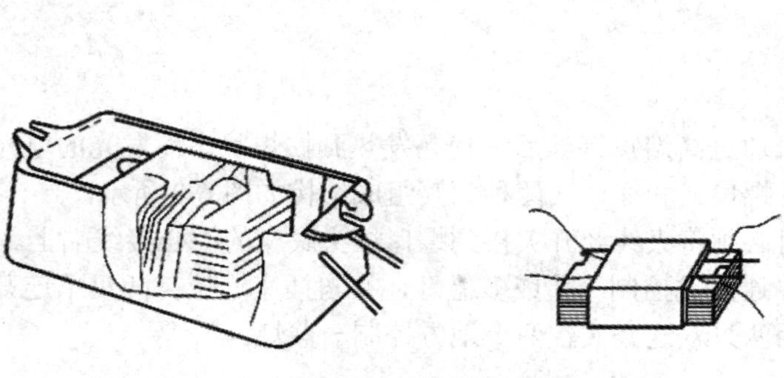

图 6-5 镇流器外形图

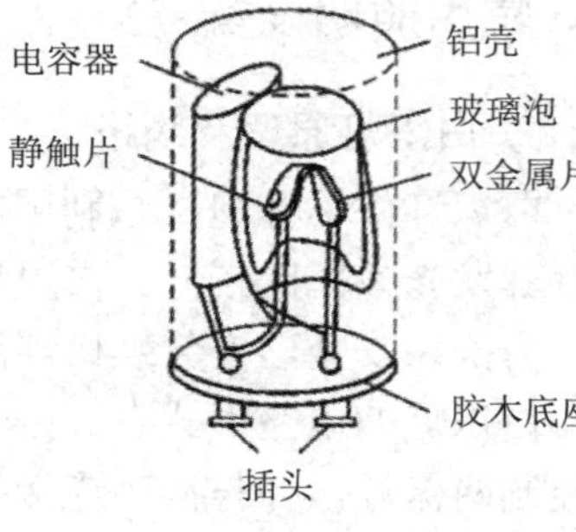

图 6-6 启辉器结构图

2) 荧光灯

荧光灯分为以下几种类型：

(1) 节能型荧光灯。这种荧光灯的镇流器是电子电路式，具有“镇流”和“高压脉冲”功能。其优点是节能、轻便，价格较低，发光效率高，安装简便。缺点是寿命短。

(2) 环形荧光灯。采用电子镇流器，只是灯管呈环形，需配专用灯座。其外形如图 6-7 所示。

(3) U 形荧光灯。结构和原理同环形荧光灯，不同之处为灯管呈 U 形，外形小巧和可多只并排组装，节能效果好，发光强度大，显色性好，安装方便，其灯管如图 6-8 所示。

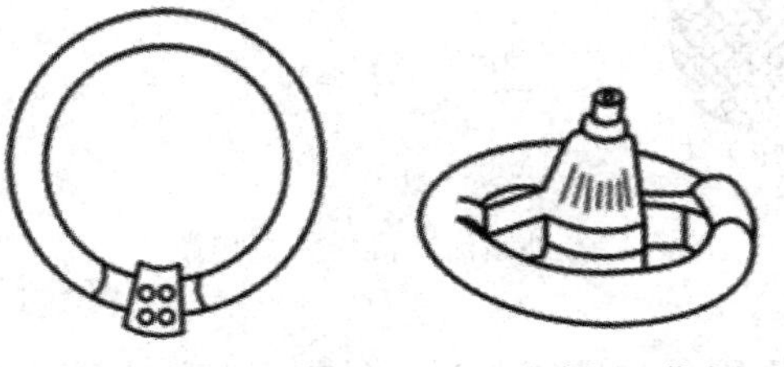

(a) 环形荧光灯　(b) 成套环形荧光灯

图 6-7　环形荧光灯外形

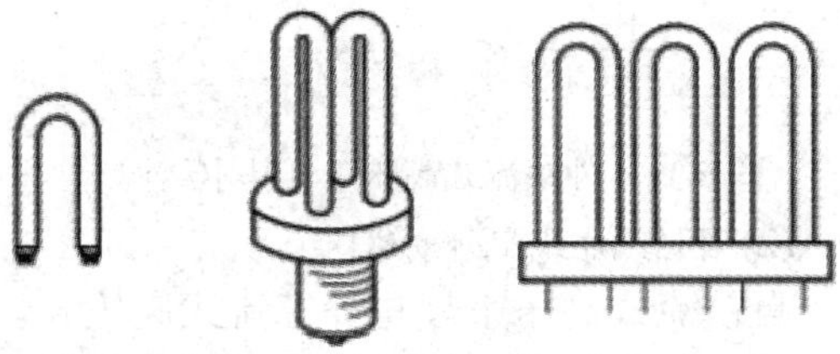

图 6-8　U 形荧光灯

(4) H 形荧光灯。结构、原理和特点同 U 形荧光灯，只是灯管呈 H 形，并配有专用灯座，如图 6-9 所示。

值得注意的是，H 形荧光灯内部有电容器型(如图 6-10(a)所示)和启辉器型(如图 6-10(b)所示)两种不同的接线方式。在配用镇流器时，电容器型 H 形灯管只能配用电子镇流器，启辉器型 H 形灯管只能配用电感式镇流器。如果配错，将缩短灯管寿命。

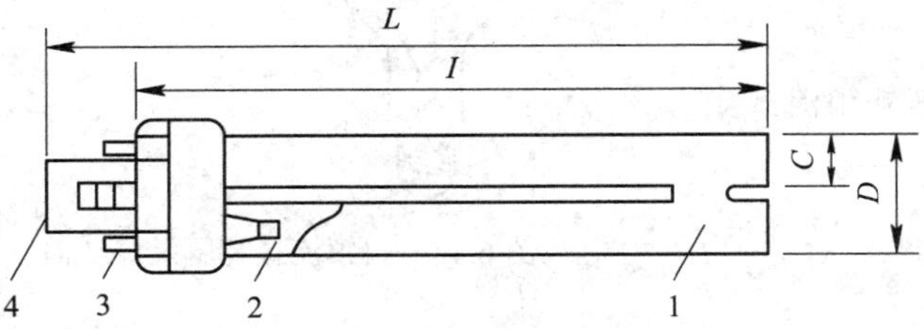

1—桥；2—灯丝；3—引出线；4—灯头

图 6-9　H 形荧光灯

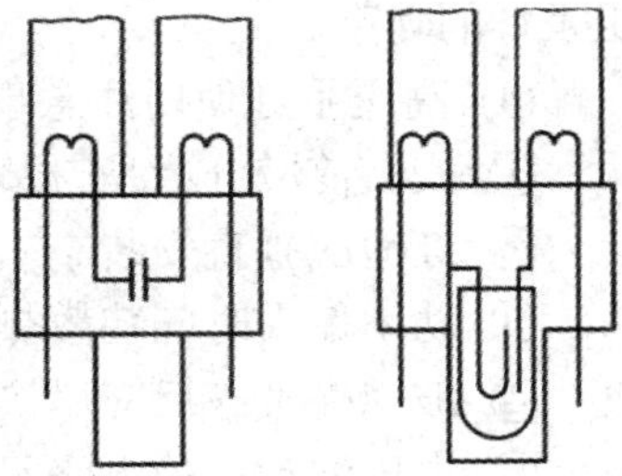

(a)　(b)

图 6-10　H 形荧光灯内部接线图

3. 其他常用照明设备

1) 高压汞灯

高压汞灯又叫高压水银灯，是比较新型的电光源。由于工作时灯内的气压可达 2～6 个大气压，故称“高压”，其主要特点是光效高、寿命长。在广场、车站、码头、工地及道路上被广泛应用。

(1) 外镇流式高压汞灯。

外镇流式高压汞灯基本结构如图 6-11 所示。管内充有一定量的汞和少量氩气。

外镇流式高压汞灯电路如图 6-12 所示，比白炽灯多串一个镇流器。安装时应注意选用配套的瓷质灯座和镇流器。

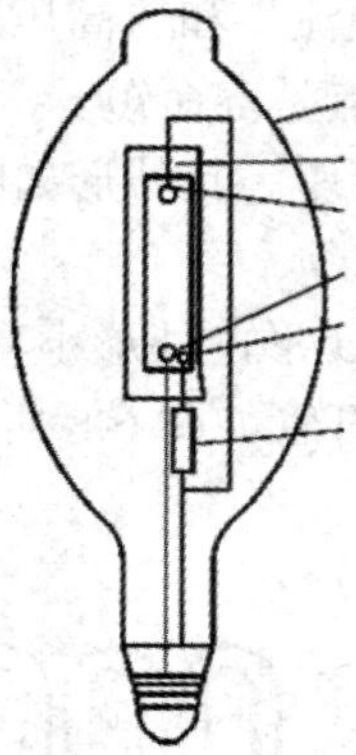

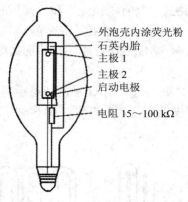

图 6-11 外镇流式高压汞灯基本结构

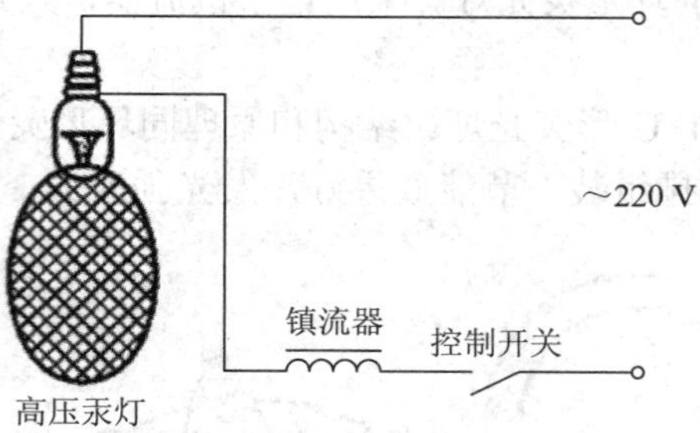

图 6-12 外镇流式高压汞灯电路

(2) 自镇流式高压汞灯。

自镇流式高压汞灯与外镇流式高压汞灯相比无需外加镇流器，而是在石英放电管外圈串联了一段供镇流用的钨丝代替镇流器，它不仅帮助灯泡点燃，同时还起着降压、限流和改善光色的作用。其结构如图 6-13 所示。

自镇流式高压汞灯线路简单，安装方便，效率高，光色好，但寿命短，不耐震。

(3) 高压汞灯的选用。

高压汞灯是强光源，规格不同，则发光强度不同。在设计安装时应根据照明场所的大小和所需照度选择高压汞灯的功率。

(4) 高压汞灯使用注意事项。

① 安装前应分清是自镇流式还是外镇流式。

② 灯泡应垂直安装。

③ 功率偏大时应装散热设备。

④ 玻璃壳破碎后应尽快更换。

⑤ 电压波动大的电路不适合使用。

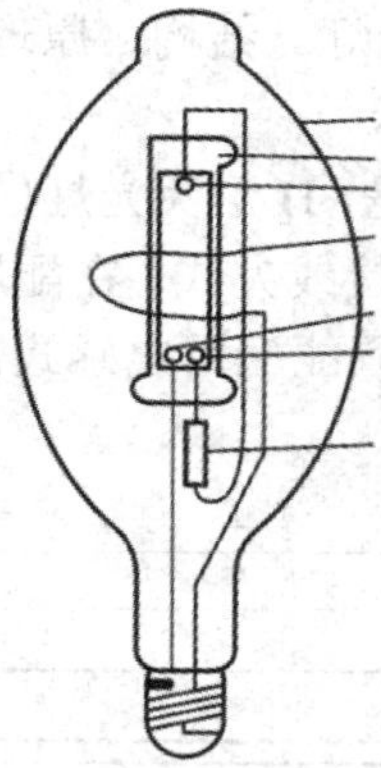

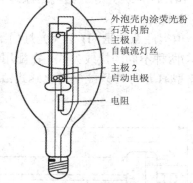

图 6-13 自镇流式高压汞灯结构

2) 碘钨灯

碘钨灯为热体发光光源，发光强度大，光色好，辨色率高。其结构如图 6-14 所示。

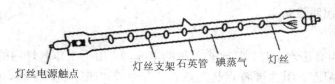

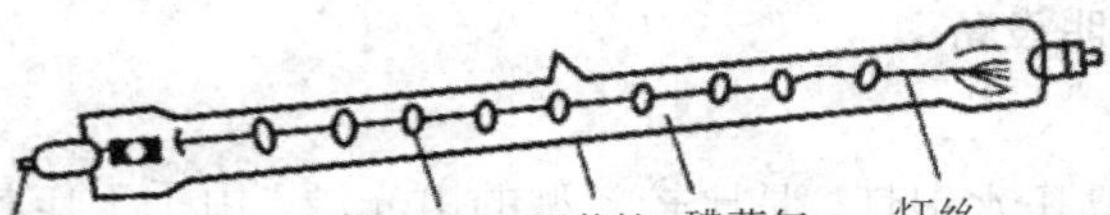

图 6-14 碘钨灯结构

(1) 碘钨灯的安装。

碘钨灯的电路与白炽灯相同，碘钨灯在工作时温度很高，在安装时要考虑散热，需使用专用的灯架，注意灯管的安装必须保持水平状态，要求倾角不得大于 4°，灯架安装时离地高度不应小于 6 m。

(2) 碘钨灯使用注意事项。

① 电源电压的波动一般不应超过 2.5%。

② 使用中禁止采用人工冷却措施。

③ 不应做移动光源使用。

④ 电源线必须用耐高温的绝缘线，电源与灯管引出脚的连接一般用瓷接头。

任务实施

完成日光灯线路的安装。

1. 目的要求

掌握荧光灯线路接法。

2. 工具、仪表及器材

电工工具、万用表、日光灯组合灯具一套等。

3. 实践操作

(1) 画出日光灯电路图。

(2) 通电前检测项目。

4. 评分标准

评分标准如表 6-1 所示。

表 6-1 评 分 标 准

<table>
<tr><th>项目内容</th><th>配分</th><th colspan="2">评 分 标 准</th><th>扣分</th></tr>
<tr><td>作图</td><td>10</td><td colspan="2">(1) 电路画错，每处扣 10 分
(2) 图形符号画错，每处扣 5 分</td><td></td></tr>
<tr><td>故障处理</td><td>40</td><td colspan="2">(1) 少处理一个故障扣 25 分
(2) 扩大故障点扣 25 分
(3) 处理故障的方法不正确扣 10 分</td><td></td></tr>
<tr><td>仪表使用</td><td>20</td><td colspan="2">(1) 使用仪表不当扣 10 分
(2) 损坏仪表扣 20 分</td><td></td></tr>
<tr><td>安全文明生产</td><td>10</td><td colspan="2">违反安全、文明生产扣 10 分</td><td></td></tr>
<tr><td>团队协作</td><td>10</td><td colspan="2">团队配合紧密，沟通顺畅，任务明确，存在一处不合理扣 2 分</td><td></td></tr>
<tr><td>6S 标准</td><td>10</td><td colspan="2">在工作中与工作结束严格按照 6S 标准操作，违反一处扣 2 分</td><td></td></tr>
<tr><td>备注</td><td colspan="2">除定额时间外，各项目最高扣分不应超过配分数</td><td>成绩</td><td></td></tr>
<tr><td>开始时间</td><td colspan="2"></td><td>结束时间</td><td></td></tr>
</table>

6.2 照明设备的控制与安装

学习目标

1. 掌握照明设备的要求。

2. 掌握照明电路故障的检修。

课堂讨论

家庭中都有插座和照明电路，请大家讨论一下卧室里有几个开关可以控制照明灯，且它是如何实现控制的。你可以把电路图画出来吗？

工作任务

完成带有电能表的插座与照明电路的连接，如图 6-15 所示。

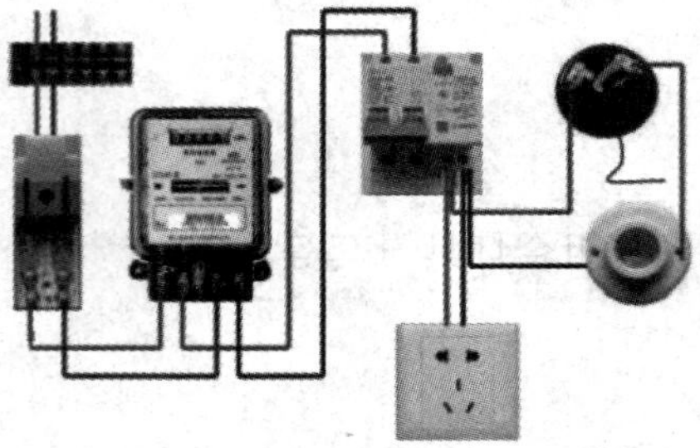

图 6-15 插座与照明电路的连接

知识链接

一、照明设备的安装

1. 照明开关的安装要求

(1) 扳把开关距地面高度一般为 1.2～1.4 m，距门框为 150～200 mm。

(2) 拉线开关距地面一般为 2.2～2.8 m，距门框为 150～200 mm。

(3) 多尘潮湿场所和户外应使用防水瓷质拉线开关或加装保护箱。

(4) 在易燃、易爆和特别场所，开关应分别采用防爆型、密闭型，或将开关安装在其他场所控制。

(5) 暗装的开关及插座牢固装在开关盒内，开关盒应有完整的盖板。

(6) 密闭式开关、保险丝不得外露，开关应串接在相线上，距地面的高度为 1.4 m。

(7) 仓库的电源开关应安装在仓库外，以保证仓库内不工作时不供电。单极开关应装在相线上，不得装在零线上。

(8) 当电器的容量是在 0.5 kW 以下的电感性负荷(如电动机)或 2 kW 以下的电阻性负荷(如电热、白炽灯)时，允许采用插销代替开关。

2. 照明开关的选型

照明开关种类很多，选择时应从实用、质量、美观、价格等几个方面考虑。常用的开关有拉线开关、扳动开关、跷板开关、钮子开关、防雨开关等。还有节能型开关，如触摸延时开关、声光控延时开关等。

3. 插座的安装要求

(1) 不同电压的插座应有明显的区别，不能互用。

(2) 凡为携带式或移动式电器用的插座，单相应用三眼插座，三相应用四眼插座，其接地孔应与地线或零线连接牢固。

(3) 明装插座距地面高度不应低于 1.8 m，暗装插座距地面高度不应低于 30 cm，儿童活动场所的插座应用安全插座，或插座安装高度不低于 1.8 m。

4. 插座的选择

插座有单相二孔、单相三孔和三相四孔之分，插座容量民用建筑有 10 A、16 A 两种规格。选用插座要注意其额定电流值应与通过的电气和线路的电流值相匹配，如果过载，极易引发事故。

5. 灯具的安装要求

(1) 白炽灯、日光灯等电灯吊线应用截面不小于 0.75 mm^2 的绝缘软线。

(2) 每一回路照明配线容量不得大于 3 kW。

(3) 螺口灯泡安装后，灯泡的金属螺口不应外露，且应接在零线上。

(4) 220 V 照明灯具的高度应符合下列要求：

① 潮湿、危险场所及户外灯与地面高度不低于 2.5 m。

② 生产车间、办公室、商店、住房等灯具距地面高度一般不应低于 2 m。

③ 灯具低于上述高度，而又无安全措施的车间照明以及行灯、机床局部照明灯应用 36 V 以下的安全电压。

④ 露天照明装置应采用防水器材，高度应不低于 2 m，并应加防护措施，以防意外触电。

(5) 碘钨灯、太阳灯等特殊照明设备应单独分路供电，不得装设在有易燃、易爆物品的场所。

(6) 在有易燃、易爆、潮湿气体的场所，照明设施应采用防爆式、防潮式装置。

二、照明电路故障的检修

照明电路的常见故障主要有断路、短路和漏电三种。

1. 断路

产生断路的原因主要是熔丝熔断、线头松脱、断线、开关没有接通、铝线接头腐蚀等。

如果一个灯泡不亮而其他灯泡都亮，应首先检查灯丝是否烧断。若灯丝未断，则应检查开关和灯头是否接触不良、有无断线等。为了尽快查出故障点，可用试电笔测试灯座(灯口)的两极是否有电，若两极都不亮说明相线断路；若两极都亮(带灯泡测试)，说明中性线(零线)断路；若一极亮一极不亮，说明灯丝未接通。对于日光灯来说，还应对其启辉器进行检查。

如果几盏灯都不亮，应首先检查总保险是否熔断或是否接通。也可按上述方法用试电笔判断故障点在总相线上还是总零线上。

2. 短路

造成短路的原因大致有以下几种：

(1) 用电器具接线不好，以致接头碰在一起。

(2) 灯座或开关进水、螺口灯头内部松动或灯座顶芯歪斜，造成内部短路。

(3) 导线绝缘外皮损坏或老化损坏，并在零线和相线的绝缘处碰线。

发生短路故障时，会出现打火现象，并引起电路短路保护动作(熔丝烧断)。当发现短路打火或熔断时，应先查出发生短路的原因，找出短路故障点，并进行处理后再更换保险丝，恢复送电。

3. 漏电

相线绝缘损坏而接地以及用电设备内部绝缘损坏使外壳带电等原因均会造成漏电。漏电不但造成电力浪费，还可能造成人身触电伤亡事故。漏电保护装置一般为漏电开关。当漏电电流超过漏电保护器的整定电流值时，漏电保护器动作，切断电路。若发现漏电保护器动作，则应查出漏电接地点并进行绝缘处理后再通电。

照明线路的接地点多发生在穿墙部位和靠近墙壁或天花板等部位。查找接地点时，应注意查找这些部位。

漏电查找方法：

(1) 判断是否确实漏电。可用绝缘电阻摇表测试，看其绝缘电阻值的大小，或在被检查建筑物的总刀闸上接一只电流表，接通全部电灯开关，取下所有灯泡，进行仔细观察。若电流表指针摇动，则说明漏电。指针偏转的多少取决于电流表的灵敏度和漏电电流的大小。若偏转多则说明漏电大。确定漏电后可按下一步继续进行检查。

(2) 判断是火线与零线之间的漏电，还是相线与大地间的漏电，或者是两者兼而有之。以接入电流表检查为例，切断零线，观察电流的变化：电流表指示不变，则是相线与大地之间漏电；电流表指示为零，则是相线与零线之间的漏电；电流表指示变小但不为零，则表明相线与零线、相线与大地之间均有漏电。

(3) 确定漏电范围。取下分路熔断器或拉下开关刀闸，电流表若不变化，则表明是总线漏电；电流表指示为零，则表明是分路漏电；电流表指示变小但不为零，则表明总线与分路均有漏电。

(4) 找出漏电点。按前面介绍的方法确定出漏电的分路或线段后，依次断开该线路灯具的开关，当断开某一开关时，电流表指针会回零或变小，若回零则表明这一分支线漏电，若变小则表明除该分支漏电外还有其他漏电处；若所有灯具开关都断开后，电流表指针仍不变，则说明是该段干线漏电。

依照上述方法依次把故障范围缩小到一段较短线路或小范围之后，便可进一步检查该段线路的接头以及电线穿墙处等有无漏电情况。当找到漏电点后，应及时妥善处理。

任务实施

完成带有电能表的插座与照明电路的连接。

1. 目的要求

(1) 掌握电度表接线方法。

(2) 掌握各开关及照明设备电路的安装。

2. 工具、仪表及器材

600 mm × 400 mm 配电板一块、电度表、刀闸开关、照明开关、插座、灯具、导线等。

3. 实践操作

1) 安装配电板

(1) 清点元器件及工具清单。

(2) 固定元器件。

2) 元器件接线

(1) 配电板采用硬线布线工艺。

(2) 导线剥削长度要合适，过短压接会不牢固，过长铜丝会裸露。

(3) 导线过于弯曲时要把它拉直，保证走线平直。

(4) 操作过程中不要损伤导线绝缘层及线芯。

(5) 板上走线要求与板横平竖直，各转弯处成90°角，少用导线少交叉，多线并拢一起走。(借助钢丝钳弯绞成形)

(6) 同一回路要汇合贴紧，使线路走向清晰、简洁、美观，利于排除故障。

3) 检查线路并通电测试

按照上电顺序规范操作，如有故障要断电后再进行排查。

4. 评分标准

评分标准如表6-2所示。

表6-2 评分标准

项目内容	配分	评分标准	扣分
配电板安装	10	(1) 各元器件要按工艺要求安装，松动每个扣5分 (2) 电能表接线错误扣10分	
灯具及开关插座的安装	30	(1) 插座保护接零线未接扣5分 (2) 开关、插座、木台安装松动，每处扣5分 (3) 火线未进开关，每只扣10分	
布线	40	(1) 护套线不平直，每根扣5分 (2) 导线剥削损伤，每处扣5分 (3) 护套线转角不符合要求，每处扣5分 (4) 钢精扎头敷设不符合要求，每处扣2分	
安全文明生产	10	(1) 短路一次扣10分 (2) 损坏元器件扣10分 (3) 不清理场地扣10分	
通电	10	(1) 第一次不成功扣20分 (2) 第二次不成功扣30分 (3) 第三次不成功扣40分	
团队协作	10	团队配合紧密、沟通顺畅，任务明确，存在一处不合理扣2分	
6S标准	10	在工作中与工作结束严格按照6S标准操作，违反一处扣2分	
备注	除定额时间外，各项目最高扣分不应超过配分数	成绩	
开始时间		结束时间	

本章知识点考题汇总

一、判断题

1. (　) 白炽灯属热辐射光源。
2. (　) 不同电压的插座应有明显区别。
3. (　) 当灯具达不到最小高度时，应采用 24 V 以下电压。
4. (　) 电子镇流器的功率因数高于电感式镇流器。
5. (　) 吊灯安装在桌子上方时，与桌子的垂直距离不少于 1.5 m。
6. (　) 幼儿园及小学等儿童活动场所插座安装高度不宜小于 1.8 m。
7. (　) 对于开关频繁的场所应采用白炽灯照明。
8. (　) 高压水银灯的电压比较高，所以称为高压水银灯。
9. (　) 路灯的各回路应有保护，每一灯具宜设单独熔断器。
10. (　) 螺口灯头的台灯应采用三孔插座。
11. (　) 民用住宅严禁装设床头开关。
12. (　) 日光灯点亮后，镇流器起降压限流作用。
13. (　) 事故照明不允许和其他照明共用同一线路。
14. (　) 危险场所室内的吊灯与地面距离不少于 3 m。

二、选择题

1. 暗装的开关及插座应有(　　)。

A. 明显标志　　B. 盖板　　C. 警示标志

2. 单相三孔插座的上孔接(　　)。

A. 零线　　B. 相线　　C. 地线

3. 碘钨灯属于(　　)光源。

A. 电弧　　B. 气体放电　　C. 热辐射

4. 电感式日光灯镇流器的内部是(　　)。

A. 电子电路　　B. 线圈　　C. 振荡电路

5. 对颜色有较高区别要求的场所，宜采用(　　)。

A. 彩灯　　B. 白炽灯　　C. 紫色灯

6. 螺口灯头的螺纹应与(　　)相接。

A. 零线　　B. 相线　　C. 地线

7. 落地插座应具有牢固可靠的(　　)。

A. 标志牌　　B. 保护盖板　　C. 开关

8. 每一照明(包括风扇)支路总容量一般不大于(　　)kW。

A. 2　　B. 3　　C. 4

9. 日光灯属于(　　)光源。

A. 热辐射　　B. 气体放电　　C. 生物放电

10. 事故照明一般采用(　　)。

A. 日光灯　　B. 白炽灯　　C. 高压汞灯

11. 下列灯具中功率因数最高的是(　　)。

A. 白炽灯　　B. 节能灯　　C. 日光灯

12. 下列现象中，可判定是接触不良的是(　　)。

A. 灯泡忽明忽暗　　B. 日光灯启动困难　　C. 灯泡不亮

13. 一般照明场所的线路允许电压损失为额定电压的(　　)。

A. ±5%　　B. ±10%　　C. ±15%

14. 一般照明的电源优先选用(　　)V。

A. 220　　B. 380　　C. 36

15. 在电路中，开关应控制(　　)。

A. 零线　　B. 相线　　C. 地线

16. 在检查插座时，试电笔在插座的两个孔均不亮，首先判断是(　　)。

A. 相线断线　　B. 短路　　C. 零线断线

17. 照明系统中的每一单相回路上，灯具与插座的数量不宜超过(　　)个。

A. 20　　B. 25　　C. 30

第七章　电动机基础

7.1　认识电动机

学习目标

1. 了解电动机的分类。
2. 掌握电动机的选用与安装。

课堂讨论

大家在生活中见到过哪些电机？它们有哪些特点？

常见的电动机如图 7-1 所示，它们在我们的生活中处处可见，为我们的生活提供很多便利和帮助。本节介绍电动机的种类与用途。

图 7-1　常见的电动机

工作任务

通过查阅相关资料，完成一台电动机的拆装，并观察、记录电动机的结构、各部分的拆装顺序与方法，如图 7-2 所示。

图 7-2　电动机的拆装

知识链接

一、电动机概述

电动机(俗称马达)是指依据电磁感应定律实现电能的转换或传递的一种电磁装置。它的主要作用是产生驱动转矩，可作为电器或各种机械的动力源。

随着大功率电力电子元件、微电子技术、变流技术、计算机控制技术的发展，人们研究和开发了很多性能优良、效率高、满足不同要求的电动机控制系统。

电动机发展历程：

直流电动机：1821 年，法拉第(Faraday)发现电磁力定律。

1831 年，法拉第(Faraday)发现电磁感应定律。

1833 年，皮克西(Pixii)利用永磁铁和线圈间相对运动，加上一个换向装置，制成一台旋转磁极式直流发电机(现代直流发电机的雏形)。

交流电动机：1825 年，阿拉戈(Arago)利用金属圆环的旋转，使悬挂在其中的磁针得到一定的偏转——多相感应电动机的原始基础。

1885 年，费拉里斯(Ferraris)制成第一台两相感应电动机。

交流电动机控制：1971 年，Blaschke 和 Hasse 提出矢量变换控制。

电动机的发展已有 200 年的历史，80 年代以后，得益于永磁材料、电力电子和自动控制技术的发展，使永磁无刷电动机和开关磁阻电动机等新型电动机得到了较快发展。

二、电动机的分类

电动机按电气类主要有以下几种类型，如图 7-3 所示。

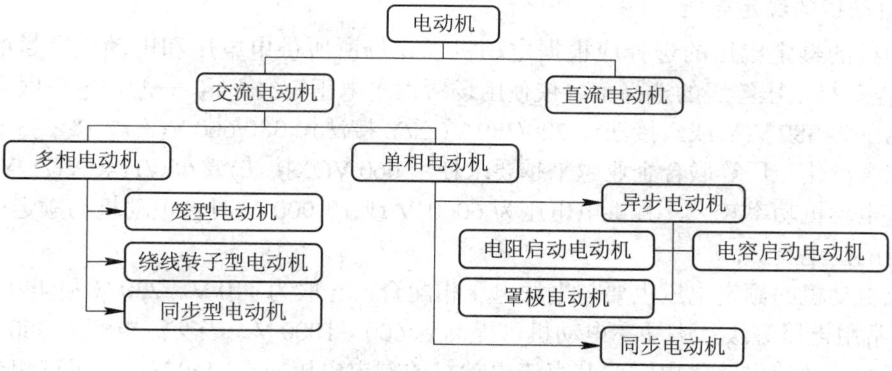

图 7-3 电动机的分类

三、电动机的选型

1. 电动机选型原则

选择电动机的原则是电动机性能满足生产机械功率要求的前提下，优先选用结构简单、价格便宜、工作可靠、维护方便的电动机。一般情况下，交流电动机优于直流电动机，交流异步电动机优于交流同步电动机，笼型异步电动机优于绕线式异步电动机。

电动机的选择包括选择电动机的种类、型式、额定电压、额定转速和额定功率，其中以额定功率的选择较为复杂。确定电动机的额定功率要考虑三个方面，即电动机的发热、过载能力与启动能力，其中尤以发热问题最为重要。

电动机运行时的损耗转变为热能，使电动机各部分温度升高。电动机允许温度主要决定于电动机所用绝缘材料的耐热等级。

根据耐热程度的不同，电动机常用绝缘材料分为 A、E、B、F、H 五个等级，分别耐热温度为 105℃、120℃、130℃、155℃、180℃。电动机最高允许温度是指环境温度为标准值 40℃时，电动机带额定负载长期连续工作，其稳定工作温度接近或等于绝缘材料允许的最高温度。研究电动机发热时，常用“温升”这一概念。所谓“温升”是指电动机温度与周围环境温度之差，周围环境温度的标准值定为 40℃。

负载平稳，对启动、制动无特殊要求的连续运行的生产机械，宜优先选用普通笼型异步电动机，普通的笼型异步电动机广泛用于机械、水泵、风机等。深槽式和双鼠笼型异步电动机用于大中功率且要求启动转距较大的生产机械，如空压机、皮带运输机等。

启动、制动比较频繁，要求有较大的启动、制动转矩的生产机械，如桥式起重机、矿井提升机、空气压缩机、不可逆轧钢机等，应采用绕线式异步电动机。

无调速要求，需要转速恒定或要求改善功率因数的场合，应采用同步电动机，例如中、大容量的水泵，空气压缩机等。

调速范围要求在 1∶3 以上，且需连续稳定平滑调速的生产机械，宜采用他励直流电动机或用变频调速的鼠笼式异步电动机，例如大型精密机床、龙门刨床、轧钢机、造纸机等。

要求启动转距大且机械特性软的生产机械，应使用串励或复励直流电动机，例如电车、电机车、重型起重机等。

2. 电动机的额定电压

电动机的额定电压的选择应根据电动机工作场所所供电电压和电动机容量的大小决定。交流电动机电压等级的选择主要依使用场所供电电压等级而定。一般低电压网为 380 V，故额定电压为 380 V(Y 或△接法)、220/380 V(△/Y 接法)，380/660 V(△/Y 接法)3 种。矿山及煤厂或大型化工厂等联合企业越来越要求使用 660 V(△接法)或 660/1140 V(△/Y 接法)的电动机。电动机功率较大，且供电电压为 6000 V 或 10 000 V 时，电动机的额定电压应选与之适应的高电压。

直流电动机的额定电压也要与电源电压相配合，一般为 110 V、220 V 和 440 V。其中 220 V 为常用电压等级，大功率电动机可提高到 600～1000 V。当交流电源为 380 V，用三相桥式可控硅整流电路供电时，其直流电动机的额定电压应选 440 V；当用三相半波可控硅整流电源供电时，直流电动机的额定电压应为 220 V；若用单相整流电源供电，其电动机的额定电压应为 160 V。

3. 电动机的功率选择

正确选择电动机功率的原则是：应在电动机能够胜任生产机械负载要求(启动、调速、制动等)的前提下，最经济、最合理地决定电动机的功率，并在此基础上使电动机得到充分利用。若功率选得过大，设备投资增大，造成浪费，且电动机经常欠载运行，效率及交流电动机的功率因数较低；反之，若功率选得过小，电动机将过载运行，造成电动机过早损坏。

额定功率选择的方法是根据生产机械工作时负载(转矩、功率、电流)大小变化特点先预选电动机的额定功率，再根据所选电动机额定功率去校验过载能力和启动能力。

电动机额定功率大小是根据电动机工作发热时其温升不超过绝缘材料的允许温升来确定的。其温升变化规律是与工作特点有关的，即同一台电动机在不同工作状态时的额定功率大小也是不相同的。电动机的功率应根据生产机械所需要的功率来选择，尽量使电动机在额定负载下运行。

4. 电动机的运行条件

1) 电气条件

(1) 电源：交流电动机应能适用于三相 50 Hz 电源。

(2) 电压和电流的波形和对称性：交流电动机的电源电压应为实际正弦波形，对于多相电动机，还应为实际平衡系统。

当电动机电源电压(如为交流电源时，频率为额定)在额定值的95%～105%之间变化时，输出功率应仍能维持额定值。当电压发生上述变化时，电动机的性能允许与标准的规定不同。但在电压变化达到上述极限而电机需要连续运行时，温升限值允许超过的最大值为：额定功率为 1000 kW(或 kVA)及以下的电动机为 −10 K；额定功率为 1000 kW(或 kVA)及以上的电动机为 −5 K。交流电动机当频率(电压为额定值)与额定值的变化不超过 ±1%时，输出功率应仍能维持额定值。电压和频率同时发生变化(两者变化分别不超过 ±5%和 ±1%)，若两者变化都是正值，且两者之和不超过 6%时，或两者变化都是负值或分别为正值与负值，且两者绝对值之和不超过 5%时，交流电动机输出功率仍能维持额定值。

2) 负载条件

电动机的性能应与启动、制动、不同定额的负载以及变频或调速等负载条件相适应，使用时，注意保持负载不要超过电动机规定的能力。电动机从空载到满载时，转子转速稍有下降，基本不变；轻负载时，功率因数和效率很低。

5. 电动机的防护等级

电动机常用的防护等级有 IP23、IP44、IP54、IP55、IP56、IP65，其中防护等级第一位数的含义如表 7-1 所示。

表 7-1 电动机防护等级第一位数的含义

防护等级第一位数	简称(防固体)	含 义
0	无防护	没有专门的防护
1	防护大于 50 mm 的固体	能防止直径大于 50 mm 的固体异物进入壳内；能防止人体的某一大面积部分(如手)偶然或意外地触及壳内带电或运动部分，但不能防止有意识地接近这些部分
2	防护大于 12 mm 的固体	能防止直径大于 12 mm 的固体异物进入壳内；能防止手指触及壳内带电或运动部分
3	防护大于 2.5 mm 的固体	能防止直径大于 2.5 mm 的固体异物进入壳内；能防止厚度或直径大的工具、金属线等触及壳内带电或运动部分
4	防护大于 1 mm 的固体	能防止直径大于 1 mm 的固体异物进入壳内；能防止直径或厚度大的导线或片条触及壳内带电或运转部分
5	防尘	能防止灰尘进入达到影响产品正常运行的程度；完全防止触及壳内带电或运动部分
6	尘密	能完全防止灰尘进入壳内；完全防止触及壳内带电或运动部分

6. 电动机的工作制

S1：连续工作制。在恒定负载下的运行时间足以达到热稳定。

S2：短时工作制。在恒定负载下按给定的时间运行，该时间不足以达到热稳定，随之即断能停转足够时间，使电机再度冷却到与冷却介质温度之差在 2 K 以内。

S3：断续周期工作制。按一系列相同的工作周期运行，每一周期包括一段恒定负载运行时间和一段断能停转时间。这种工作制中的每一周期的启动电流不致对温升产生显著影响。

S4：包括启动的断续周期工作制。按一系列相同的工作周期运行，每一周期包括一段对温升有显著影响的启动时间、一段恒定负载运行时间和一段断能停转时间。

S5：包括电制动的断续周期工作制。按一系列相同的工作周期运行，每一周期包括一段启动时间、一段恒定负载运行时间、一段快速电制动时间和一段断能停转时间。

S6：连续周期工作制。按一系列相同的工作周期运行，每一周期包括一段恒定负载运行时间和一段空载运行时间，但不包括无断能停转时间。

S7：包括电制动的连续周期工作制。按一系列相同的工作周期运行，每一周期包括一段启动时间、一段恒定负载运行时间和一段快速电制动时间，但不包括无断能停转时间。

S8：包括变速变负载的连续周期工作制。按一系列相同的工作周期运行，每一周期包括一段在预定转速下恒定负载运行时间和一段或几段在不同转速下的其他恒定负载的运行时间，但不包括无断能停转时间。

S9：负载和转速非周期性变化工作制。负载和转速在允许的范围内变化的非周期工作制。这种工作制包括经常过载，其值可远远超过满载。

无断能停转时间：是指连续工作制，在不同转速和负载的情况下，能连续运行，不包含停电状态。

任务实施

完成三相电动机的拆装。

1. 目的要求

掌握三相电动机的拆装步骤。

2. 工具、仪表及器材

六角扳手、螺丝刀、拉拔器、橡胶锤等。

3. 实践操作

(1) 列出拆卸步骤。

(2) 记录各零件的数量于表 7-2 中。

表 7-2 各零件的名称、规格和数量

序号	名 称	规 格	数 量	序号	名 称	规 格	数 量

7.2 三相笼型异步电动机

学习目标

1. 理解三相笼型异步电动机的结构与原理。
2. 理解电动机的运行与维护。
3. 了解三相异步电动机常见故障分析与排除。

课堂讨论

电动机的定子和转子都需要通电才能运转吗？如图 7-4 所示为三相笼型异步电动机。说说你在生活中见到的电动机的通电方式。

电动机和变压器一样，也是利用电磁感应原理工作的一种设备。它的主要作用是进行能量的转换，例如电动机是将电能转换成机械能，带动其他设备工作。

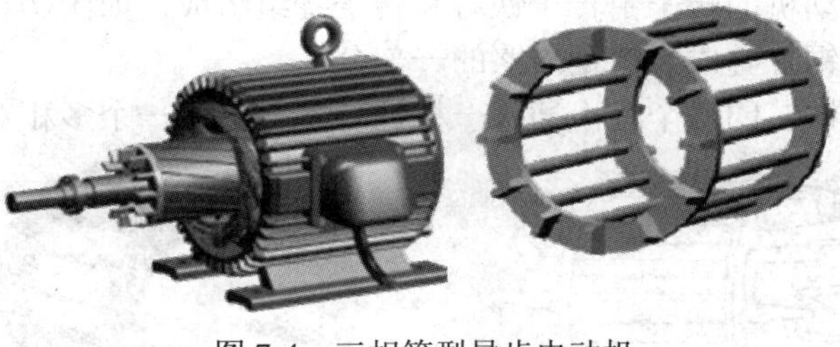

图 7-4　三相笼型异步电动机

工作任务

通过自主学习三相笼型异步电动机的知识，对电动机故障进行诊断排查与维修。

知识链接

一、三相笼型异步电动机的基本结构

三相笼型异步电动机结构主要包括定子和转子，如图 7-5 所示。

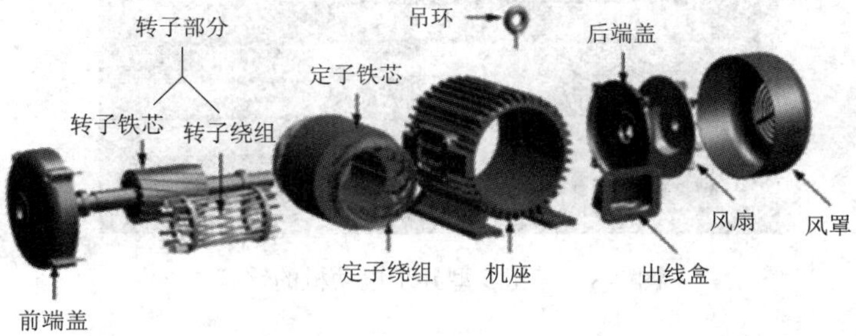

图 7-5　三相笼型异步电动机的基本结构

定子是指电动机上所有固定不动的部分，主要部件是定子铁芯和定子绕组。转子是指电动机上旋转运动的部分，主要部件是转子铁芯和转子绕组。

1．定子的结构

三相笼型异步电动机的定子由定子铁芯和定子绕组组成，如图 7-6 所示。

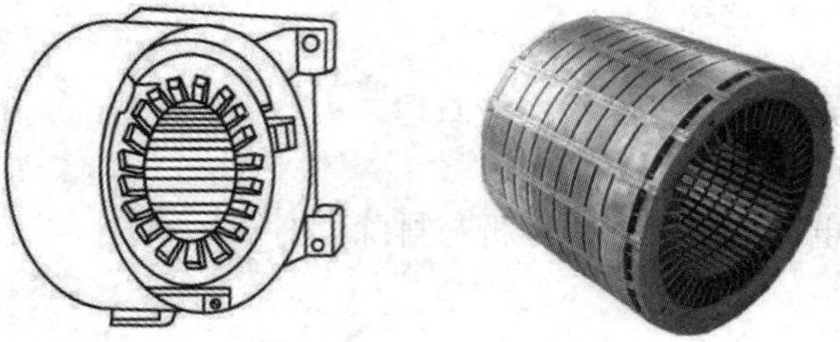

图 7-6 三相笼型异步电动机的定子结构

定子铁芯：由导磁性能很好的硅钢片叠成——导磁部分。

定子绕组：放在定子铁芯内圆槽内——导电部分。

2．转子的结构

三相笼型异步电动机的转子由转子铁芯和转子绕组组成，如图 7-7 所示。

转子铁芯：由硅钢片叠成，也是磁路的一部分。

转子绕组：转子铁芯的每个槽内插入一根裸导条，形成一个多相对称短路绕组。

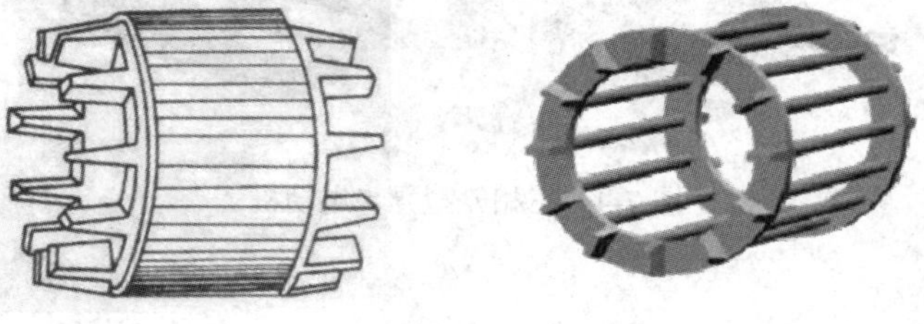

图 7-7 三相笼型异步电动机的转子结构

二、三相异步电动机的铭牌

三相笼型异步电动机的铭牌如图 7-8 所示。这里只对型号和额定值进行介绍。

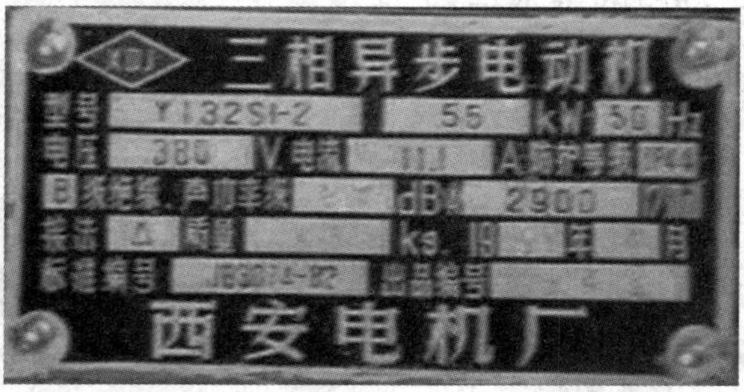

图 7-8 三相笼型异步电动机的铭牌

1．型号

中、小型笼型异步电动机：

Y_2 200M2-2

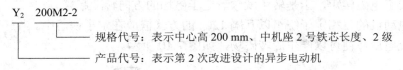

规格代号：表示中心高 200 mm、中机座 2 号铁芯长度、2 级

产品代号：表示第 2 次改进设计的异步电动机

大型笼型异步电动机：

Y 630-10/1180

规格代号：表示功率 630 kW、10 级、定子铁芯外径 1180 mm

产品代号：表示异步电动机

2. 额定值

(1) 额定功率。额定功率是电动机在额定运行条件下，其轴上输出的机械功率，又称额定容量。

(2) 额定电压。额定电压是指电动机在额定运行条件下定子绕组的线电压，它同定子绕组的接法相对应。

(3) 额定电流。额定电流是电动机在额定运行条件下定子绕组的线电流。如果铭牌上有两个电流值，则表示定子绕组在两种不同接法时的线电流。

(4) 额定转速。在额定电压下，输出额定功率时的转速称为额定转速。

(5) 绝缘等级。绝缘等级是按电动机绕组所用的绝缘材料在使用时允许的极限温度来划分的。

(6) 工作方式。工作方式是对电动机按铭牌上的额定功率持续运行时间的限制，分为“连续”“短时”和“断续”等。

(7) 功率因数。电动机在额定运行状态下，定子电路的功率因数。异步电动机空载运行时定子电路的功率因数很低，只有 0.2～0.3，随着负载的增加，功率因数也增加，在额定负载时一般为 0.7～0.9，因此要避免空载运行。

(8) 接法。中、小容量的三相笼型异步电动机通常定子三相绕组的六个出线头都引出，可根据额定电压灵活地接成 Y 形或 D 形，如图 7-9 所示。

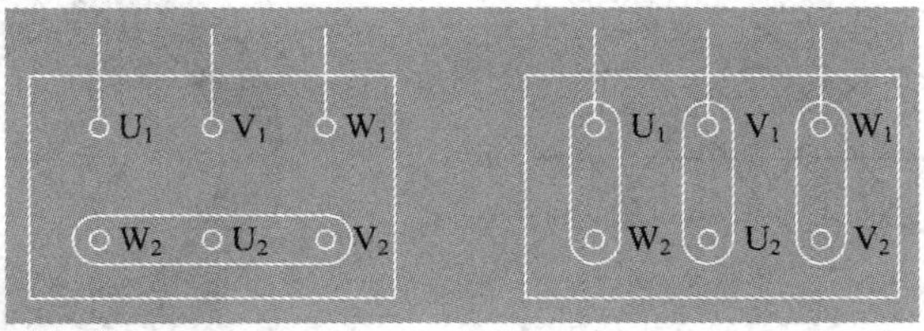

(a) Y 形连接　　(b) D 形连接

图 7-9　三相笼型异步电动机的三相绕组的接法

三、三相笼型异步电动机的工作原理

固定不动的转子绕组和旋转的定子磁场相切割而产生感应电动势。转子绕组是闭合的，因此感应电动势在绕组中产生感应电流。感应电流的方向与感应电动势的方向相同。载流的转子绕组处在磁场中，必定受到电磁力的作用。两个电磁力的大小相等、方向相反，因

此对电动机转轴形成了电磁转矩，于是转子就顺着定子磁场的方向转动起来。

三相笼型异步电动机的三相定子绕组以互隔 120° 的方式嵌放在定子铁芯中。当三个绕组分别接入三相交流电后，便可以产生旋转磁场，如图 7-10 所示。

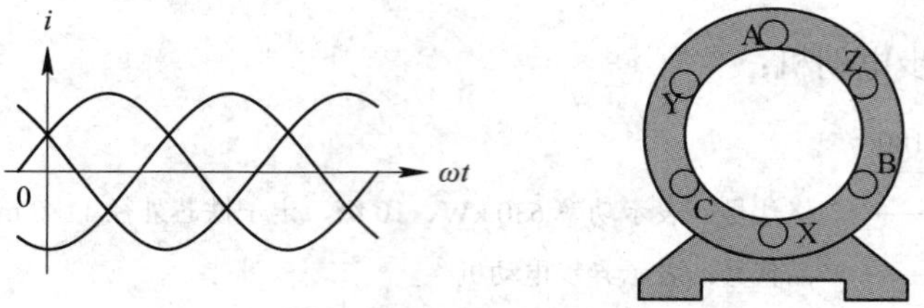

图 7-10　三相笼型异步电动机产生的旋转磁场

三相笼型异步电动机电流流动方向一般规定为：电流为正值时，电流从绕组首端流入，从末端流出；电流为负值时，电流从绕组末端流入，从首端流出。

(1) 当 $\omega t=0°$ 时电流和磁场情况如图 7-11 所示。

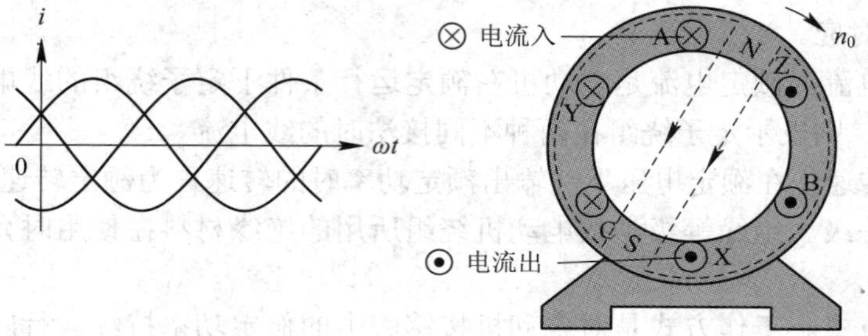

图 7-11　$\omega t=0°$ 时的电流与磁场

A、C 两相电流 $t=0$ 时为正，因此首端流入、末端流出。

B 相电流 $t=0$ 时为负，因此末端流入、首端流出。

相邻线圈电流流向一致时，在气隙中生成合成磁场。

(2) 当 $\omega t=120°$ 时电流和磁场情况如图 7-12 所示。

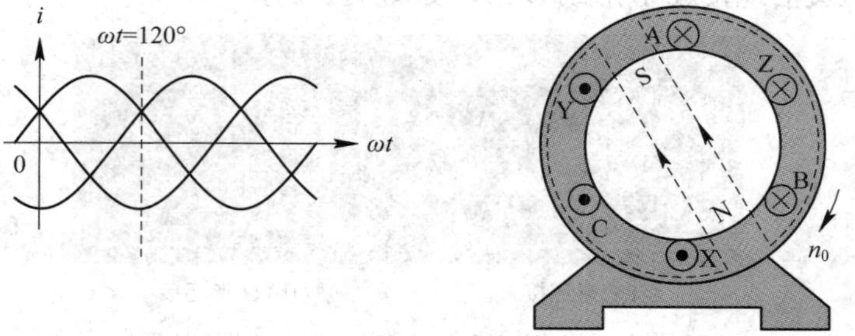

图 7-12　$\omega t=120°$ 时的电流与磁场

可见当电流随时间变化 120° 时，电动机的磁场在空间的位置也随之旋转了 120°。

观察电流波形图及电动机示意图可看出，合成磁场的转向取决于三相电流的顺序，A→B→C 正序时气隙磁场顺时针旋转。

(3) 当 $\omega t=240°$ 时电流和磁场情况如图 7-13 所示。

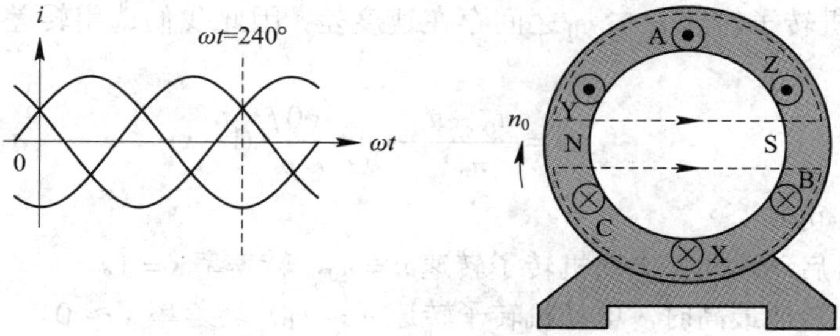

图 7-13　$\omega t = 240°$ 时的电流与磁场

观察电流波形图及电动机示意图可看出，合成磁场的转向取决于三相电流的顺序。

(4) 当 $\omega t = 360°$ 时电流和磁场情况如图 7-14 所示。

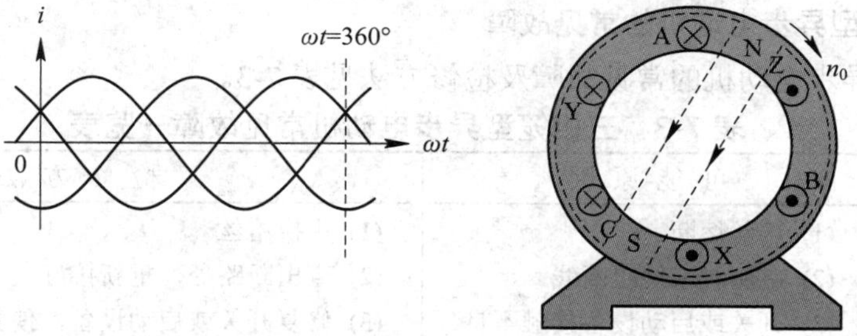

图 7-14　$\omega t = 240°$ 时的电流与磁场

电流随时间变化一周，电动机的气隙磁场在空间的位置也顺时针旋转 360°，表明磁场的旋转速度与电流变化的频率有关。

通过分析得出：只要三相笼型异步电动机的对称三相定子绕组中通入对称三相交流电，就会在定子和转子之间的气隙中产生一个随时间变化的旋转磁场。

电动机上存在两个转速，一个是旋转磁场转速 n_0，一个是转子的转速 n，电动机的转子转速 n 能等于旋转磁场的转速 n_0 吗？如果二者相等，则转子与旋转磁场之间就没有了相对切割，转子不切割磁场就不能产生感应电流成为载流导体，不是载流导体就无法在磁场中受力，不受力电动机就永远运转不起来，所以 $n \neq n_0$。我们称这种电动机为异步电动机。

四、三相笼型异步电动机旋转磁场转速的影响因素

1. 电流频率

电流随时间变化一周，电动机的旋转磁场就旋转 360°，即磁场转速 n_0 与电流频率 f 成正比。

2. 磁极对数

磁场转速随定子磁极数的增加而发生变化。

电动机旋转磁场的转速与频率、极对数之间的关系为

$$n_0 = \frac{60f}{p} \quad \text{r/min} \tag{7.1}$$

式中：n_0 为磁场转速，单位为 r/min；f 为电源频率，单位为 Hz；p 为磁极对数。

从式 7.1 可知：异步电动机旋转磁场的转速与电源频率成正比，与电机的极对数成反比。

由于电动机转子转速 n 与 n_0 之间存在速度差，因此我们选用转差率 s 来表示 n 与 n_0 的关系，即

$$s=\frac{n_0-n}{n_0}\rightarrow n=\frac{60f}{p}(1-s) \tag{7.2}$$

根据式 7.2 可知：

(1) 电动机启动瞬间，电动机转子转速 $n=n_0$，转差率 $s=1$。

(2) 电动机转速最高时，电动机转子转速 $n\approx n_0$，转差率 $s\approx 0$。

(3) 电动机运行过程中，电动机转子转速 $0<n<n_0$，转差率 $0<s<1$。

五、三相笼型异步电动机常见故障的分析与排除

1. 三相笼型异步电动机的常见故障

三相笼型异步电动机的常见故障及检修方法见表 7-3。

表 7-3 三相笼型异步电动机常见故障一览表

故障现象	可能原因	检修方法
电源接通后，电动机不能启动或有异常声音	(1) 熔丝熔断 (2) 电源线或绕组断线 (3) 开关或启动设备接触不良 (4) 定子、转子相擦 (5) 轴承损坏或有异物卡住 (6) 定子铁芯或其他零件松动 (7) 负载过重或负载机械卡死 (8) 电源电压过低 (9) 机壳破裂 (10) 绕组连线错误 (11) 定子绕组断路或短路	(1) 更换熔丝 (2) 查出断路处，重新接好 (3) 修复开关或启动设备，使其正常 (4) 找出相擦的原因，校正转轴 (5) 清洗、检查或更换轴承 (6) 将定子铁芯或其他零件复位，重新焊牢或紧固 (7) 减轻负载，检查负载机械和传动装置 (8) 调整网络电压 (9) 修补机壳或更换电动机 (10) 检查首尾端，正确连线 (11) 检查绕组断路和接地处，重新接好
电动机的转速低，转矩小	(1) 将△形错接为 Y 形 (2) 笼型的转子端环、笼条断裂或脱焊 (3) 定子绕组局部短路或断路 (4) 绕线转子的绕组断路，电刷规格不对或表面不洁	(1) 重新接线 (2) 焊补、修接断处或重新更换绕组 (3) 找出短路和断路处，进行绝缘和连接处理，或更换绕组 (4) 找出断路处进行处理，或更换绕组，更换原牌号电刷，清洁滑环表面
电动机过热或冒烟	(1) 电源电压过低或三相电压相差过大 (2) 负载过重 (3) 电动机缺相运行 (4) 定子铁芯硅钢片间绝缘损坏，使铁芯涡流增加 (5) 转子和定子相擦 (6) 绕组受潮 (7) 绕组有短路和接地	(1) 查出电压不稳定的原因 (2) 减轻负载或更换功率较大的电动机 (3) 检查线路或绕组中断路或接触不良处，重新接好 (4) 对铁芯进行绝缘处理或适当增加每槽的匝数 (5) 矫正转子铁芯或轴，或更换轴承 (6) 将绕组进行烘焙 (7) 修理或更换有故障的绕组

续表

故障现象	可 能 原 因	检 修 方 法
绕线转子电动机转子滑环火花过大	(1) 绕线转子电刷牌号或尺寸不合要求或电刷压力不够 (2) 电刷压力不够，电刷在刷握内卡住或电刷位置不正 (3) 电刷与滑环接触不好	(1) 更换原规格碳刷，绕线转子电动机一般采用含铜量较高的碳刷 (2) 增加电刷压力，正确放置电刷位置 (3) 加工滑环表面或擦去油污
电动机轴承过热	(1) 装配不当使轴承受外力 (2) 轴承内有异物或缺油 (3) 转轴弯曲，使轴承受外应力或轴承损坏 (4) 带过紧或联轴器装配不良 (5) 轴承标准不合适	(1) 重新装配 (2) 清洗轴承并注入新润滑油 (3) 矫正轴承或更换轴承 (4) 适当松带，修理联轴器或更换轴承 (5) 选配标准合适的新轴承

2. 电动机故障分析与检查

三相笼型异步电动机故障是多种多样的，产生的原因也比较复杂。检查电动机时，一般按先外后里、先机后电、先听后检的顺序，即：先检查电动机的外部是否有故障，后检查电动机内部；先检查机械方面，再检查电气方面；先听使用者介绍使用情况和故障情况，再动手检查。这样才能正确、迅速地找出故障原因。在对电动机外观、绝缘电阻、电动机外部接线等项目进行详细检查时，如未发现异常情况，可对电动机做进一步的通电试验：将三相低电压(30%UN)通入电动机三相绕组并逐步升高，当发现声音不正常、有异味或转不动时，立即断电检查。如启动未发现问题，可测量三相电流是否平衡，电流大的一相可能是绕组短路，电流小的一相可能是多路并联绕组中的支路断路。若三相电流平衡，可使电动机继续运行 1～2 h，随时用手检查铁芯部位及轴承端盖，发现烫手，立即停车检查。如线圈过热，则是绕组短路；如铁芯过热，则是绕组匝数不够，或铁芯硅钢片间的绝缘损坏。以上检查均需在电动机空载下进行。

任务实施

完成三相电动机故障的诊断与排除。

1. 目的要求

掌握三相电动机故障的诊断与排除方法。

2. 工具、仪表及器材

六角扳手、螺丝刀、拉拔器、橡胶锤、万用表等。

3. 实践操作

1) 操作步骤

(1) 拆开电动机，将出线盒内的接线片拆下(△形接法)。

(2) 用万用表或校验灯查出断路的一相绕组。

(3) 逐步缩小断路故障范围，最后找出故障所在的线圈。

(4) 将定子绕组放在烘箱内加热，使线圈的绝缘软化，再设法找出故障点，断路故障一般均发生在线圈之间的连接线处或铁芯槽口处。

(5) 视故障实际情况进行处理。如断路点发生在端部则可将断路处恢复加焊后再进行绝缘处理；如断路点发生在槽口处或槽内，则一般可拆除故障线圈，用穿绕修补法进行修理或者重新绕制。

(6) 将绕组及电动机复原。

2) 注意事项

(1) 在找到故障点后，应观察故障现象，分析故障原因，然后再行修复。

(2) 进行锡焊时，应注意锡焊点处不得有毛刺等尖突部位，焊锡不能掉入绕组内。

4. 评分标准

评分标准如表 7-4 所示。

表 7-4 评 分 标 准

项目内容	配分	评 分 标 准	扣分	得分
寻找故障点	50 分	(1) 拆开电动机步骤不对扣 10 分 (2) 查找断路故障方法不对扣 20 分 (3) 未能正确判定断路点扣 20 分		
修理质量	40 分	(1) 连接或焊接不良扣 10～20 分 (2) 端部恢复不良扣 10 分 (3) 绝缘处理不良扣 10～20 分 (4) 装配不良扣 10 分		
安全、文明生产	10 分	每一项不合格扣 5 分		
工时：2 h		规定时间未完成，酌情扣分		
合 计				

7.3 三相绕线式异步电动机

学习目标

1. 理解三相绕线式异步电动机的结构与原理。
2. 理解三相绕线式异步电动机的启动控制电路。
3. 了解三相绕线式异步电动机常见故障分析与排除。

课堂讨论

在生活中你见到过电动机转子为绕线式的吗？如图 7-15 所示即为绕线式电动机，它们主要应用在哪里？

从前面介绍的三相笼型异步电动机的构造及工作原理可知：三相笼型异步电动机直接启动时，启动电流大，启动转矩不大；降压启动时，虽然减小了启动电流，但启动转矩也随着减小了。因此三相笼型异步电动机只能用于空载或轻载启动。

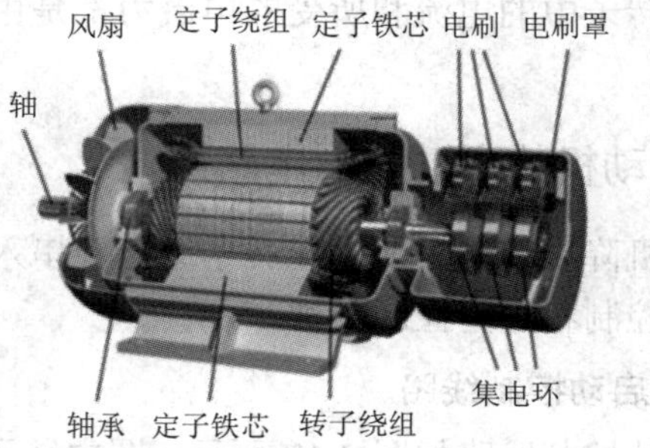

图 7-15 绕线式电动机

有些生产机械虽不要求调速，但要求较大的启动力矩和较小的启动电流，三相笼型异步电动机就不能满足这种启动性能的要求，在这种情况下可采用绕线式电动机。

工作任务

通过自主学习三相绕线式异步电机的知识，对三相绕线式异步电动机的故障进行诊断排查与维修。

知识链接

一、三相绕线式异步电动机的基本结构与工作原理

三相绕线式异步电动机在结构上与三相笼型异步电动机类似，不同的是转子绕组为绕线式。

三相绕线式异步电动机的定子绕组是用绝缘导体绕制而成的，嵌于转子槽内；转子绕组是按一定规律分布的三相对称绕组，可以连接成Y形或△形。一般小容量电动机连接成△形，大、中容量电动机连接成Y形。转子绕组的三条引线分别接到三个滑环上，用一套电刷装置引出来，如图7-16所示。

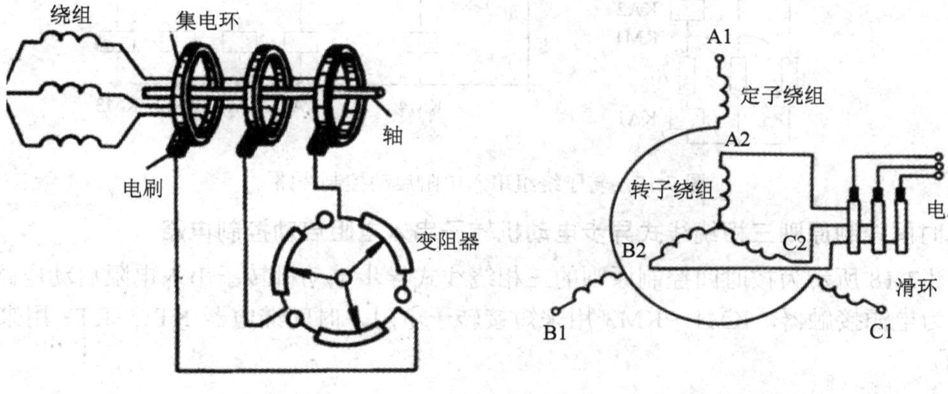

图 7-16 三相绕线式异步电动机定子绕组、转子绕组接线方式

三相绕线式异步电动机的工作原理与笼型异步电动机相同：当定子绕组接通对称三相电源后，绕组中便有三相电流通过，在空间产生旋转磁场；旋转磁场切割转子上的导体产生感应电动势和感应电流，此感应电流又与旋转磁场相互作用产生电磁转矩，使转子跟随

旋转磁场同向转动。由于转子中的电流和所受的电磁力都是由电磁感应产生的，所以也称为感应电动机。

二、三相绕线式异步电动机的启动控制电路

三相绕线式异步电动机降压启动方法是在转子绕组中串入启动电阻或频敏变阻器。启动过程的控制原则有电流控制和时间控制两种。

1. 转子绕组串入电阻启动控制线路

转子绕组串入电阻启动控制线路如图 7-17 所示。图中转子电阻采用平衡短接法，三个过电流继电器 KA1、KA2、KA3 根据电动机转子电流的变化控制接触器 KM1、KM2、KM3 依次得电动作来逐级切除外加电阻 R_1、R_2、R_3。

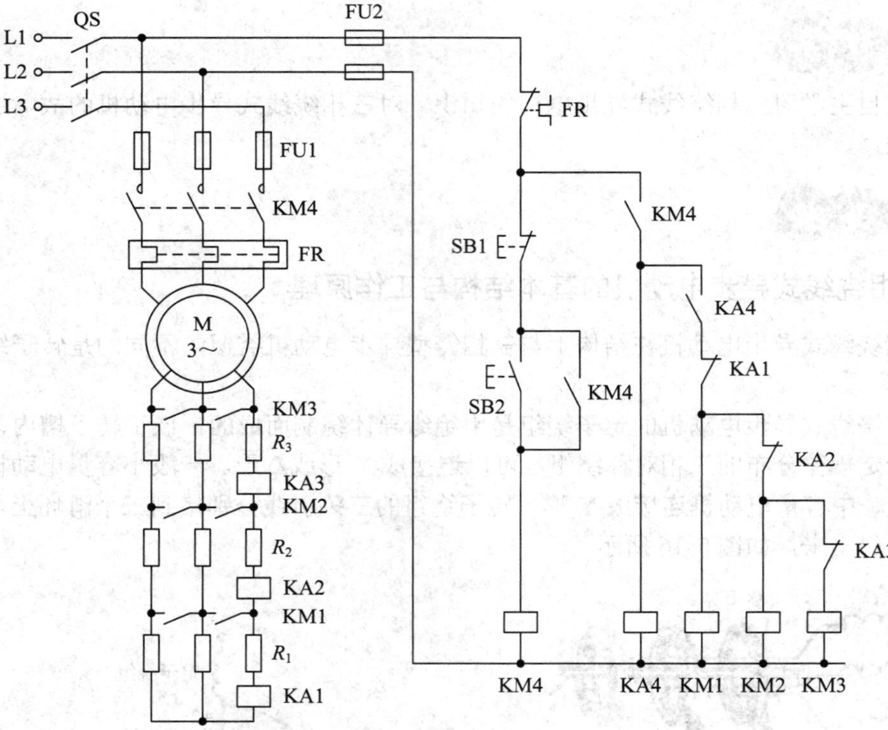

图 7-17 转子绕组串入电阻启动控制线路

2. 时间控制原则三相绕线式异步电动机转子串入电阻启动控制电路

如图 7-18 所示为按时间控制原则的三相绕线式异步电动机转子串入电阻启动电路。图中 KM 为电源接触器，KM1～KM3 用来短接转子电阻，时间继电器 KT1～KT3 用来控制启动过程。

3. 转子绕组串入频敏变阻器启动控制线路

绕线式感应电动机转子串入电阻的启动方法在启动过程中逐渐切除转子电阻，在切除的瞬间电流及转矩会突然增大，产生一定的机械冲击力。如果想减小电流的冲击，必须增加电阻的级数，这将使控制线路复杂，工作不可靠，而且启动电阻体积较大。

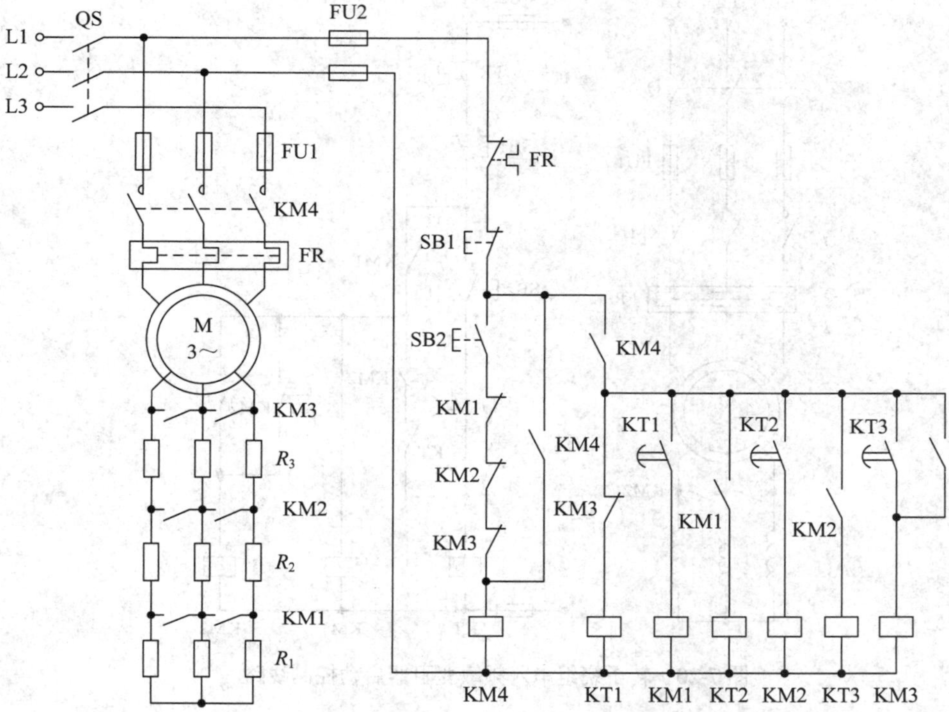

图 7-18　时间控制原则绕线式异步电动机转子串电阻启动控制电路

频敏变阻器的阻抗能够阻止电动机转速的上升，且随转子电流频率的下降而自动减小，所以转子绕组串入频敏变阻器启动控制线路是绕线式感应电动机较为理想的一种启动装置，常用于较大容量的绕线式感应电动机的启动控制。

频敏变阻器实质上是一个铁芯损耗非常大的三相电抗器，如图 7-19 所示。它由三个线圈与三个铁芯组成，对频率高的电压阻抗大，对频率低的电压阻抗小。三相绕线式异步电动机刚启动时，转子尚未转动，定子绕组产生的旋转磁场高速旋转，转子绕组相对高速切割磁场，产生高频率且幅度亦很高的感生电压，转子回路的频敏变阻器呈现高阻抗，降低启动电流；转子旋转起来以后，随着转差率的降低，转子绕组切割磁场的相对速度降低，转子感生电压频率和幅度亦降低，频敏变阻器呈现低阻抗；启动完成后，转差率接近于 0，转子感生电压频率亦接近于 0，频敏变阻器阻抗接近于 0，相当于短接转子绕组，电机正常运转。具体线路图如图 7-20 所示。

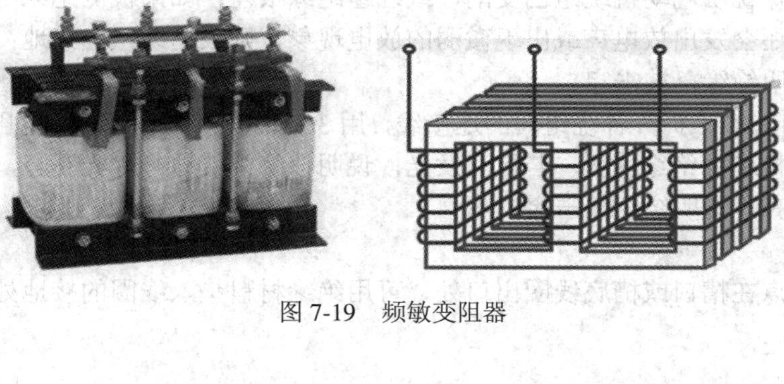

图 7-19　频敏变阻器

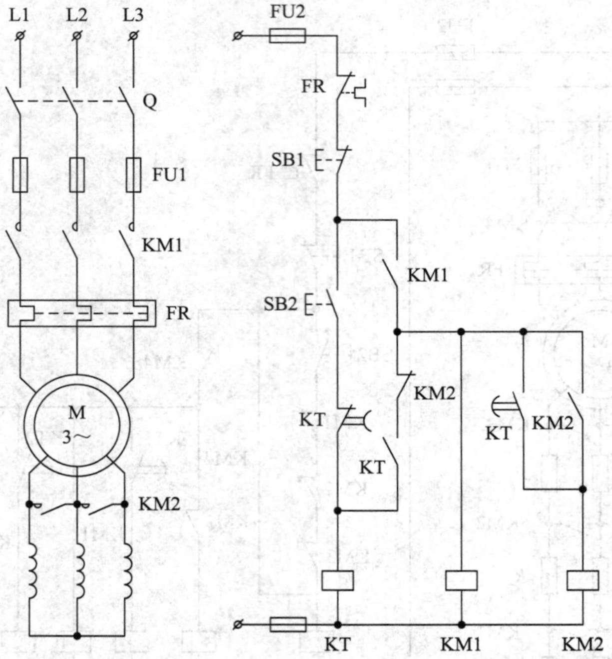

图 7-20 转子绕组串入频敏变阻器启动控制线路

三、三相绕线式异步电动机常见故障分析与排除

1. 定子绕组故障的排除

绕组是电动机的心脏部位，是最容易损坏而造成故障的部件。常见的定子绕组故障有绕组断路、绕组接地、绕组短路及绕组接错和嵌反等。

1) 绕组接地的检查与修理

电动机定子绕组与铁芯或机壳间因绝缘损坏而相碰，称为接地故障。出现这种故障后，会使机壳带电，引起触电事故。造成这种故障的原因有受潮、雷击、过热、机械损伤、腐蚀、绝缘老化、铁芯松动或有尖刺，以及绕组制造工艺不良等。

(1) 检查方法。

① 用兆欧表检查。将兆欧表的两个出线端分别与电动机绕组和机壳相连，以 120 r/min 的速度摇动兆欧表手柄，如所测绝缘值在 0.5 MΩ 以上，说明被测电动机绝缘良好；在 0.5 MΩ 以下或接近零，说明电动机绕组已受潮，或绕组绝缘很差；如果被测绝缘电阻值为 0，同时有的接地点还会发出放电声或出现微弱的放电现象，则表明绕组已接地；如果有时指针摇摆不定，说明绝缘已被击穿。

② 用校灯检查。拆开各绕组间的连接线，用 36 V 灯泡与 36 V 的低电压串联，逐一检查各相绕组与机座的绝缘情况，若灯泡发光，说明该绕组接地；灯光不亮，说明绕组绝缘良好；灯泡微亮，说明绕组已击穿。

(2) 修理。

如果接地点在槽口或槽底线圈出口处，可用绝缘材料垫入线圈的接地处，再检查故障是否已经排除，如已排除则可在该处涂上绝缘漆。如果发生在端部明显处，则可用绝缘带包扎后涂上绝缘漆，再进行烘干处理。如果发生在槽内，则需更换绕组或用穿绕修补法进行修复。

用穿绕修补法修复故障线圈的过程为：先将定子绕组在烘箱内加热到 80～100℃，使线圈外部绝缘软化，再打出故障线圈的槽楔，然后将该线圈两端用剪线钳剪断，并将此线圈的上、下层从槽内一根一根地抽出。原来的槽绝缘是否更换可视实际情况而定。要用原来规格的导线，长度与原线圈一样(或稍长些)，在槽内来回穿绕到原来的匝数。一般而言，穿绕到最后几匝时很困难，此时可用比导线稍粗的竹签(如结毛线所用的竹针)做引线棒进行穿绕，一直到无法再穿绕为止，比原线圈稍少几匝也可以。穿绕修补后，再进行接线和烘干、浸漆等绝缘处理。

2) 绕组绝缘电阻很小的检查与修理

如果用兆欧表测得的定子绕组对地绝缘电阻小于 0.5 MΩ，但又没有到零(此时若用万用表欧姆挡 R × 100 或 R × 1k 测量有一定的读数)，则说明电动机定子绕组已严重受潮或被油污、灰尘等侵入。此时可以先将绕组表面擦抹及吹刷干净，然后放在烘箱内慢慢烘干，当烘到绝缘电阻上升到 0.5 MΩ 以上后，再给绕组浇一次绝缘漆，并重新烘干，以防回潮。

3) 绕组断路的检查与修理

电动机定子绕组内部连接线、引出线等断开或接头松脱所造成的故障称为绕组断路故障。这类故障大多发生在绕组端部的槽口处，检查时可先查看各绕组的连接线处和引出头处有无烧损、焊点松脱和熔化等现象。

(1) 检查方法。

① 用万用表检查。将万用表置于 R × 1 或 R × 10 挡上，分别测量三相绕组的直流电阻值。对于单线绕制的定子绕组，当电阻值为无穷大或接近直流电阻值时，说明该相绕组断路。如无法判定断路点，可将该相绕组中间一半的连接点处剖开绝缘，进行分段测试，如此逐步缩小故障范围，最后找出故障点。也可以不用万用表而改用校灯检查，其原理和方法是一样的。

② 用电桥检查。如果电动机功率稍大，且其定子绕组由多路并绕而成，当其中一路发生断路故障时，则用万用表和校灯难以判断，此时需用电桥分别测量各相绕组的直流电阻。首先根据断路相绕组的直流电阻明显大于其他相来判断哪一相绕组有故障，再参照上面的办法逐步缩小故障范围，最后找出故障点。

③ 伏安法检查。对于多路并绕的电动机，如果没有电桥的话，则可用此法。分别给每相绕组加上一个数值很小的直流电压 U，再测量流过该绕组中的电流，则该绕组的直流电阻 $R = U/I$。对故障相而言，其电阻较正常相要大，故在相同的电压 U 作用下，流过直流电流表的电流较小，因此根据电流表的读数即可判断出读数小的一相为故障相。如不用直流电源而改用交流调压器输出一个数值较低的交流电压，同理交流电流表读数小的一相为故障相。

(2) 修理。

对于引出线或接线头扭断、脱焊等引起的断路故障，在找到故障点后只需重焊和包扎即可。如果断路发生在槽口处或槽内难以焊接时，则可用穿绕修补法更换个别线圈；如果故障严重难以修补，则需重新绕线。

4) 绕组短路的检查与修理

(1) 绕组短路的原因主要是由于电源电压过高、电动机拖动的负载过重、电动机使用过久或受潮受污等造成定子绕组绝缘老化与损坏，从而产生绕组短路故障。定子绕组的短路故障按发生地点可分为绕组对地短路、绕组匝间短路和绕组相与相之间短路(称为相间短路)等三种，其中对地短路故障的检修前面已叙述，下面只叙述匝间短路及相间短路的检修。

(2) 绕组短路的检查。

① 直观检查。使电动机空载运行一段时间(一般约 10～30 min)，然后拆开电动机端盖，抽出转子，用手触摸定子绕组。如果有一个或几个线圈过热，则这部分线圈可能有匝间或相间短路故障。也可用眼观察线圈外部绝缘有无变色或烧焦，或用鼻闻有无焦臭气味，如果有，则该线圈可能短路。

② 用兆欧表(或万用表的欧姆挡)检查相间短路。拆开三相定子绕组接线盒中的连接片，分别测量任意两相绕组之间的绝缘电阻，若绝缘电阻阻值为零或很小，说明该两相绕组相间短路。

③ 用钳形电流表测三相绕组的空载电流以检查匝间短路。空载电流明显偏大的一相有匝间短路故障。

④ 直流电阻法检查匝间短路。用电桥(或万用表低倍率欧姆挡)分别测量各个绕组的直流电阻，阻值较小的一相可能有匝间短路。

⑤ 用短路测试器(短路侦察器)检查绕组匝间短路。用测空载电流或直流电阻的方法来判断绕组是否有匝间短路有时准确度不是很高，可能会出现误判断，而且也不容易判断到底是哪个线圈有匝间短路。因此，在电动机检修中常常用短路测试器来检查绕组的匝间短路故障。

(3) 绕组短路的修理。

绕组匝间短路故障一般事先不易发现，往往是在绕组烧损后才知道，因此遇到这类故障需视故障情况全部或部分更换绕组。

绕组相间短路故障如发现得早，未造成定子绕组烧损事故，可以找出故障点，用竹楔插入两线圈的故障处(如插入有困难则可先将线圈加热)把短路部分分开，再垫上绝缘材料，并加绝缘漆使绕组恢复绝缘。如已造成绕组烧损，则应更换部分或全部绕组。

2. 转子绕组故障的排除

1) 笼型转子故障的检查与排除

笼型转子的常见故障是断条。断条后的电动机一般能空载运行，但当加上负载后，电动机转速将降低，甚至停转。若用钳形电流表测量三相定子绕组电流，电流表指针会往返摆动。

断条的检查方法通常有以下两种：

(1) 将短路测试器加上励磁电压后放在转子铁芯槽口上，沿转子周围逐槽移动。如果导条完好，则电流表指示的是正常短路电流；若测试器经过某一槽口时电流有明显下降，则表示该处导条断裂。

(2) 导条通电法。在转子导条端环两端加上一个几伏的低压交流电，再在转子表面撒上铁粉或用断锯条沿转子各导条依次测试。当某一导条处不吸铁粉或锯条时，则说明该处导条已断裂。转子导条断裂故障一般较难修理，通常是更换转子。

2) 绕线转子故障的检修

一般中小型绕线转子的结构与三相定子绕组结构相仿，因此故障的检查及修理方法也相似，这里不再叙述。

任务实施

完成三相绕线式异步电动机故障的诊断与排除。

1. 目的要求

掌握三相绕线式异步电动机故障的诊断与排除方法。

2. 工具、仪表及器材

六角扳手、螺丝刀、拉拔器、橡胶锤、兆欧表、万用表、故障电动机一台、短路测试器、220 V/36 V 降压变压器、36 V 低压校验灯、与被修电动机相同的绝缘材料及电磁线、电工工具、嵌线工具等。

3. 实践操作

1) 相间短路检修

(1) 拆开电动机接线盒内的连接片，将电动机解体，取出端盖及转子。

(2) 用兆欧表测量各相绕组之间的绝缘电阻，若绝缘电阻为零，则说明该两相绕组之间有匝间短路。

(3) 将定子绕组烘热至绝缘软化，拆开一相绕组各线圈的连接处，用淘汰法查找出与另一相绕组短路的线圈。

(4) 将 36 V 校验灯的两端分别接在一相故障线圈和另一相绕组的一端，此时灯亮，说明故障点在该部位。

(5) 用划线板轻轻拨动故障线圈的前、后端部，当拨到某一点时，灯光闪动或熄灭，则该点即为故障点。

(6) 用复合青壳纸做相间绝缘材料，垫入故障部位，此时校验灯应完全熄灭。

(7) 用兆欧表测量故障部位的绝缘电阻应大于 0.5 MΩ。

(8) 将各接点恢复，端部包扎并整形。

(9) 在故障处刷涂或浇注绝缘漆后烘干，最后检查绝缘电阻及对电动机进行装配。

2) 匝间短路检修

(1) 拆开电动机接线盒内的连接片，将电动机解体，取出端盖及转子。

(2) 先用观察法观察定子绕组各线圈有无明显的绝缘烧损部位，再用短路测试器逐槽检查匝间短路的线圈。

(3) 如匝间短路的线圈较多，则该电动机需重绕定子绕组(可参看后面部分的内容)；如匝间短路仅发生于一个线圈内，则可用穿绕修补法进行修理。

(4) 将定子绕组烘热至绝缘软化，取出故障线圈的槽楔，用钢丝钳将故障线圈两端逐根剪断，并从槽内抽出导线。

(5) 将复合青壳纸做成比定子铁芯长 20～30 mm 的圆筒塞进槽内作为槽绝缘。

(6) 用相同规格的漆包线以穿绕修补法穿绕线圈至规定匝数(如最后几匝无法穿入时可以少几匝)。

(7) 用短路测试器复验，合格后可焊接线头，打入槽楔，恢复绝缘并整形等。

(8) 浇注绝缘漆，烘干定子绕组。

(9) 重新装配好电动机。

3) 注意事项

(1) 若是多路并绕定子绕组，要将各并联支路均拆开。

(2) 使用短路测试器时，应先将其铁芯放在定子铁芯上后再接通测试器励磁线圈电源，使用中也尽量不要使测试器铁芯离开定子铁芯。

(3) 用穿绕修补法穿绕线圈时，要注意不要使漆包线交叠，以尽量保证穿满原匝数，同时注意不要损坏绕组绝缘。

4. 评分标准

评分标准如表 7-5 所示。

表 7-5 评 分 标 准

项目内容	配分	评 分 标 准	扣分	得分
寻找故障点	50 分	(1) 拆开电动机步骤不对扣 10 分 (2) 查找短路故障方法不对扣 20 分 (3) 未能正确判定短路部位扣 20 分		
修理质量	40 分	(1) 垫入绝缘方法不对扣 10 分 (2) 接线恢复不良扣 10～20 分 (3) 测试装配不良扣 10～20 分		
安全、文明生产	10 分	每一项不合格扣 5 分		
工时：2 h		规定时间未完成，酌情扣分		
合 计				

本章知识点考题汇总

一、判断题

1. ( ) 带电动机的设备，在电动机通电前要检查电动机的辅助设备和安装底座、接地等，正常后再通电使用。

2. ( ) 电动机按铭牌数值工作时，短时运行的定额工作制用 S2 表示。

3. ( ) 交流电动机铭牌上的频率是此电动机使用的交流电源的频率。

4. ( ) 交流发电机是应用电磁感应的原理发电的。

5. ( ) 三相电动机的转子和定子要同时通电才能工作。

6. ( ) 三相异步电动机的转子导体中会形成电流，其电流方向可用右手定则判定。

7. ( ) 在电压低于额定值的一定比例后能自动断电的称为欠压保护。

8. ( ) 在断电之后，电动机停转，当电网再次来电，电动机能自行启动的运行方式称为失压保护。

9. ( ) 在三相交流电路中，负载为星形接法时，其相电压等于三相电源的线电压。

10. ( ) 在断电之后，电动机停转，当电网再次来电，电动机能自行启动的运行方式称为失压保护。

11. ( ) 电动机异常发响、发热的同时，转速急速下降，应立即切断电源，停机检查。

12. ( ) 电动机运行时发出沉闷声是电动机在正常运行的声音。

13. ( ) 电动机在检修后，经各项检查合格后，就可对电动机进行空载试验和短路试验。

14. ( ) 电动机在正常运行时，如闻到焦臭味，则说明电动机速度过快。

15. ( ) 对称的三相电源是由振幅相同、初相依次相差 120° 的正弦电源连接组成的供电系统。

16. ( ) 对电动机各绕组的绝缘检查，如测出绝缘电阻不合格，不允许通电运行。

17. ( ) 对电动机轴承润滑的检查，可通电转动电动机转轴，看是否转动灵活，听有无异声。

18. ( ) 对于异步电动机，国家标准规定 3 kW 以下的电动机均采用△形联结。

19. ( ) 用 Y-△降压启动时，启动转矩为直接采用△形联结时启动转矩的 1/3。

20. ( ) 对绕线式异步电动机应经常检查电刷与集电环的接触及电刷的磨损，压力，火花等情况。

21. ( ) 对于转子有绕组的电动机，将外电阻串入转子电路中启动，并随电动机转速升高而逐渐地将电阻值减小并最终切除，叫转子串电阻启动。

22. ( ) 改变转子电阻调速这种方法只适用于绕线式异步电动机。

23. ( ) 能耗制动这种方法是将转子的动能转化为电能，并消耗在转子回路的电阻上。

24. ( ) 转子串频敏变阻器启动的转矩大，适合重载启动。

二、选择题

1. 从制造角度考虑，低压电器是指在交流 50 Hz、额定电压(　　)V 或直流额定电压 1500 V 及以下电气设备。

A. 400　　B. 800　　C. 1000

2. 电动机(　　)作为电动机磁通的通路要求材料有良好的导磁性能。

A. 机座　　B. 端盖　　C. 定子铁芯

3. 电动机在额定工作状态下运行时，(　　)的机械功率叫额定功率。

A. 允许输出　　B. 允许输入　　C. 推动电机

4. 电动机在额定工作状态下运行时，定子电路所加的(　　)叫额定电压。

A. 相电压　　B. 线电压　　C. 额定电压

5. 对照电动机与其铭牌检查，主要有(　　)、频率、定子绕组的连接方法。

A. 电源电流　　B. 电源电压　　C. 工作制

6. 电动机在正常运行时的声音是平稳、轻快、(　　)和有节奏的。

A. 均匀　　B. 尖叫　　C. 摩擦

7. 对电动机各绕组的绝缘检查，如测出绝缘电阻为零，在发现无明显烧毁的现象时，则可进行烘干处理，这时(　　)通电运行。

A. 不允许　　B. 允许　　C. 烘干好后就可

8. 对电动机内部的脏物及灰尘清理，应用(　　)。

A. 湿布抹擦

B. 布上沾汽油、煤油等抹擦

C. 压缩空气吹或用干布抹擦

9. 对电动机轴承润滑的检查，(　　)电动机转轴，看是否转动灵活，听有无异声。

A. 用手转动　　B. 通电转动　　C. 用其他设备带动

10. 三相异步电动机按其(　　)的不同可分为开启式、防护式、封闭式三大类。

A. 外壳防护方式　　B. 供电电源的方式　　C. 结构型式

11. 笼形异步电动机采用电阻降压启动时，启动次数(　　)。

A. 不允许超过 3 次/小时　　B. 不宜太少　　C. 不宜过于频繁

12. 笼形异步电动机降压启动能减少启动电流，但由于电动机的转矩与电压的平方成(　　)，因此降压启动时转矩减少较多。

A. 正比　　B. 反比　　C. 对应

13. 某四极电动机的转速为 1440 r/min，则这台电动机的转差率为(　　)%。

A. 4　　B. 2　　C. 6

14. 三相笼形异步电动机的启动方式有两类，既在额定电压下的直接启动和(　　)启动。

A. 转子串电阻　　B. 转子串频敏　　C. 降低启动电压

15. 三相异步电动机一般可直接启动的功率为(　　)kW 以下。

A. 10　　B. 7　　C. 16

16. 在对 380 V 电动机各绕组的绝缘检查中，发现绝缘电阻(　　)，则可初步判定为电动机受潮所致，应对电机进行烘干处理。

A. 小于 10 MΩ　　B. 大于 0.5 MΩ　　C. 小于 0.5 MΩ

17. 频敏变阻器其构造与三相电抗相似，即由三个铁芯柱和(　　)绕组组成。

A. 二个　　B. 一个　　C. 三个

18. 异步电动机在启动瞬间，转子绕组中感应的电流很大，使定子流过的启动电流也很大，约为额定电流的(　　)倍。

A. 4 至 7　　B. 2　　C. 9 至 10

第八章 低压电器

8.1 低压配电电器

学习目标

1. 了解低压配电电器的种类。
2. 掌握低压配电电器的结构与工作原理。

课堂讨论

大家在生活中见到过如图 8-1 所示这些低压配电电器吗？想想它们有什么作用。

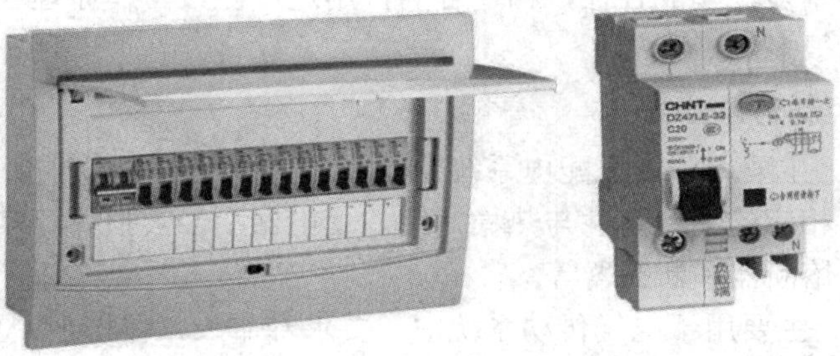

图 8-1　常见的低压配电电器

在电动机控制电路中用到了低压配电电器和低压控制电器，请讨论它们有什么区别且各有什么作用。

工作任务

查阅相关资料，完成用手动单向控制的一台 4 kW 电动机的安装与调试，电路如图 8-2 所示。

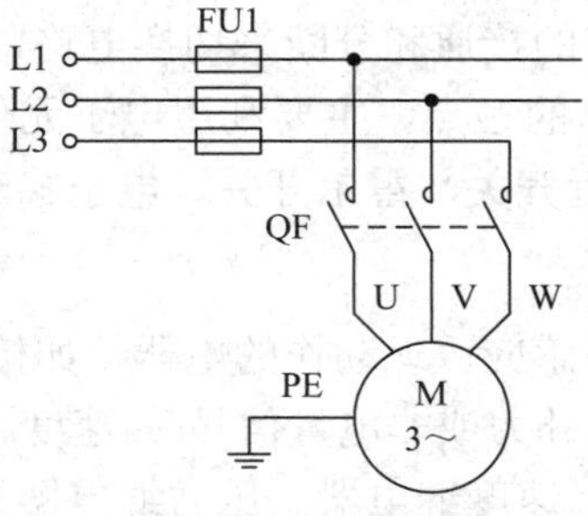

图 8-2　手动单向控制电动机电路

知识链接

在工矿企业的电气控制设备中，采用的基本上都是低压电器。因此，低压电器是电气控制中的基本组成元件，控制系统的优劣与低压电器的性能有直接的关系。作为电气工程技术人员，应该熟悉低压电器的结构、工作原理和使用方法。在电气控制系统中需要大量的低压控制电器才能组成一个完整的控制系统，因此低压电器的基本知识也是学习电气控制系统的基础。

低压电器是指额定电压等级在交流 1200 V、直流 1500 V 以下的电器。在我国工业控制电路中最常用的三相交流电压等级为 380 V，只有在特定行业环境下才用其他电压等级，如煤矿井下的电钻用 127 V、运输机用 660 V、采煤机用 1140 V 等。

单相交流电压等级最常见的为 220 V，机床、热工仪表和矿井照明等采用 127 V 电压等级，其他电压等级如 6 V、12 V、24 V、36 V 和 42 V 等一般用于安全场所的照明、信号灯以及作为控制电压。

直流常用电压等级 110 V、220 V 和 440 V 主要用于动力；6 V、12 V、24 V 和 36 V 主要用于控制；5 V、9 V 和 15 V 主要用于电子线路中。

一、低压电器的种类

低压电器种类繁多，功能各样，构造各异，用途广泛，工作原理各不相同。常用低压电器的分类方法也很多。

1. 按用途或控制对象分类

(1) 配电电器。主要用于低压配电系统中，要求系统发生故障时准确动作、可靠工作，在规定条件下具有相应的动稳定性与热稳定性，使电器不会被损坏。常用的配电电器有刀开关、转换开关、熔断器和断路器等。

(2) 控制电器。主要用于电气传动系统中，要求寿命长、体积小、重量轻且动作迅速、准确、可靠。常用的控制电器有接触器、继电器、启动器、主令电器和电磁铁等。

2. 按动作方式分类

(1) 自动电器。依靠自身参数的变化或外来信号的作用，自动完成接通或分断等动作，如接触器和继电器等。

(2) 非自动电器。用手动操作来进行切换的电器，如刀开关、转换开关和按钮等。

3. 按触点类型分类

(1) 有触点电器。利用触点的接通和分断来切换电路，如接触器、刀开关和按钮等。

(2) 无触点电器。无可分离的触点，主要利用电子元件的开关效应，即导通和截止来实现电路的通、断控制，如接近开关、霍尔开关、电子式时间继电器和固态继电器等。

4. 按工作原理分类

(1) 电磁式电器。根据电磁感应原理动作的电器，如接触器、继电器和电磁铁等。

(2) 非电量控制电器。依靠外力或非电量信号(如速度、压力和温度等)的变化而动作的电器，如转换开关、行程开关、速度继电器、压力继电器和温度继电器等。

5. 按低压电器型号分类

为了便于了解各种低压电器的文字符号和特点，我国采用《国产低压电器产品型号编制办法》中制定的分类方法，将低压电器分为 13 个大类。每个大类用一位汉语拼音字母作为该产品型号的首字母，第二位汉语拼音字母表示该类电器的各种形式。

(1) 刀开关 H。例如 HS 为双投式刀开关(刀型转换开关)，HZ 为组合开关。

(2) 熔断器 R。例如 RC 为瓷插式熔断器，RM 为密封式熔断器。

(3) 断路器 D。例如 DW 为万能式断路器，DZ 为塑壳式断路器。

(4) 控制器 K。例如 KT 为凸轮控制器，KG 为鼓型控制器。

(5) 接触器 C。例如 CJ 为交流接触器，CZ 为直流接触器。

(6) 启动器 Q。例如 QJ 为自耦变压器降压启动器，QX 为 Y-△启动器。

(7) 控制继电器 J。例如 JR 为热继电器，JS 为时间继电器。

(8) 主令电器 L。例如 LA 为按钮，LX 为行程开关。

(9) 电阻器 Z。例如 ZG 为管型电阻器，ZT 为铸铁电阻器。

(10) 变阻器 B。例如 BP 为频敏变阻器，BT 为启动调速变阻器。

(11) 调整器 T。例如 TD 为单相调压器，TS 为三相调压器。

(12) 电磁铁 M。例如 MY 为液压电磁铁，MZ 为制动电磁铁。

(13) 其他 A。例如 AD 为信号灯，AL 为电铃。

因为低压电器时常根据型号来选用，所以本书按型号分类对上述低压电器的分类进行说明。

二、常见低压配电电器的介绍

低压配电电器常应用在电动机控制主电路中，主要承载大电流，用于保护电动机的电器元件，负责电动机的正常供电。常用的有隔离开关、刀开关、熔断器、断路器、漏电保护器、热继电器等。

1. 刀开关

刀开关又称闸刀开关，如图 8-3 所示，是一种结构简单、应用广泛的手动电器。其在低压电路中作为不频繁接通和分断电路用，或用来将电路与电源隔离，图形符号如图 8-4 所示。

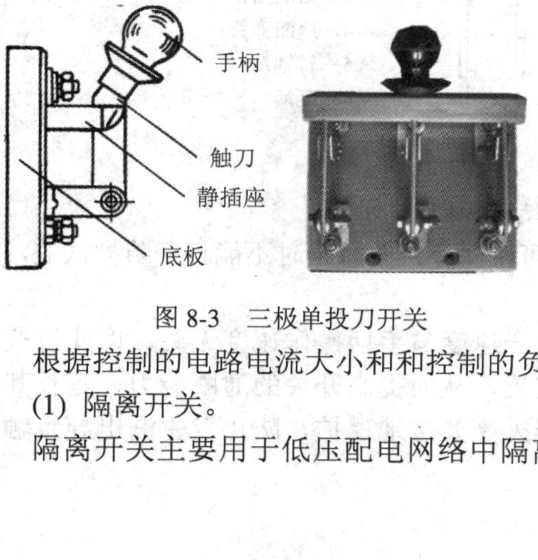

图 8-3　三极单投刀开关

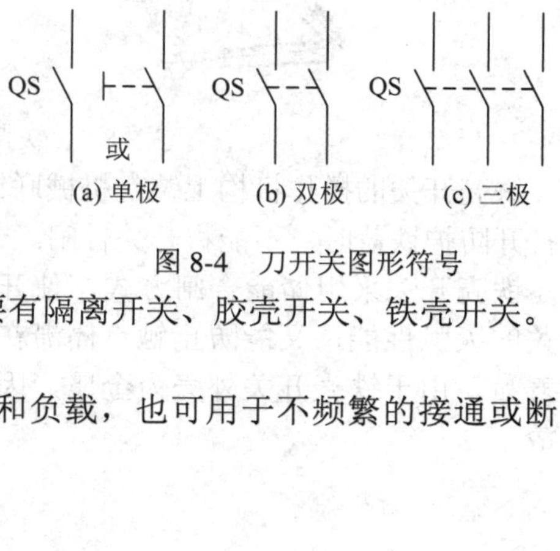

图 8-4　刀开关图形符号

根据控制的电路电流大小和和控制的负载主要有隔离开关、胶壳开关、铁壳开关。

(1) 隔离开关。

隔离开关主要用于低压配电网络中隔离电源和负载，也可用于不频繁的接通或断开电路。

隔离开关熔断体额定电流最高为 630 A。如图 8-5 所示为 HR6 系列熔断器式隔离开关及图形符号，其额定工作电压最高为 660 V，频率为 50 Hz，约定自由空气发热电流可达 630 A，在高短路电流的配电和电动机电路中用作电源开关、隔离开关和应急开关，也作为电路保护之用，但一般不作为直接关闭单台电动机之用。

(2) 胶壳开关。

胶壳开关又称为瓷底胶盖刀开关，简称闸刀开关，如图 8-6 所示为 HK 型闸刀开关及图形符号。生产中常用的是 HK 系列开启式负荷开关，适用于照明和 3 kW 以下电动机直接控制线路中，供手动不频繁地接通和分断电路，并起短路保护作用。

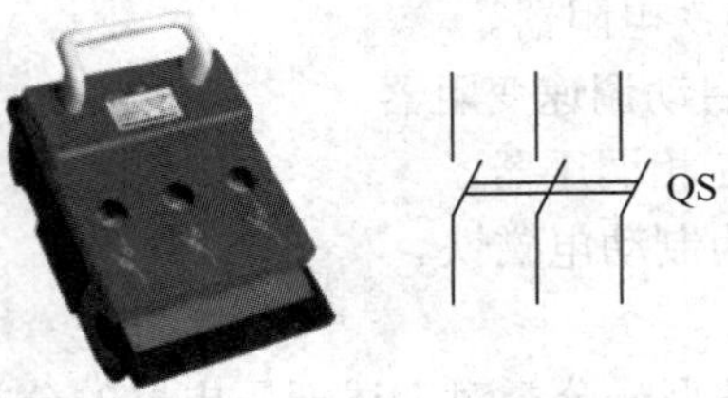

图 8-5 HR6 系列熔断器式隔离开关及图形符号

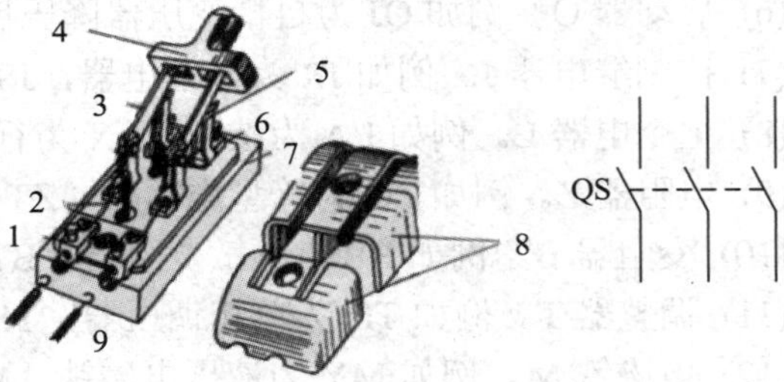

1—出线座；2—熔丝；3—动触头；4—手柄；5—静触头；
6—电源进线座；7—瓷座；8—胶盖；9—接用电器

图 8-6 HK 型闸刀开关及图形符号

(3) 铁壳开关。

铁壳开关用于手动不频繁地接通和断开带负载的电路以及作为线路末端的短路保护，也可用于控制 7 kW 以下的交流电动机不频繁的直接启动和停止。

铁壳开关主要由触头及灭弧系统、熔断器及操作机构等三部分组成，其结构与图形符号如图 8-7 所示。

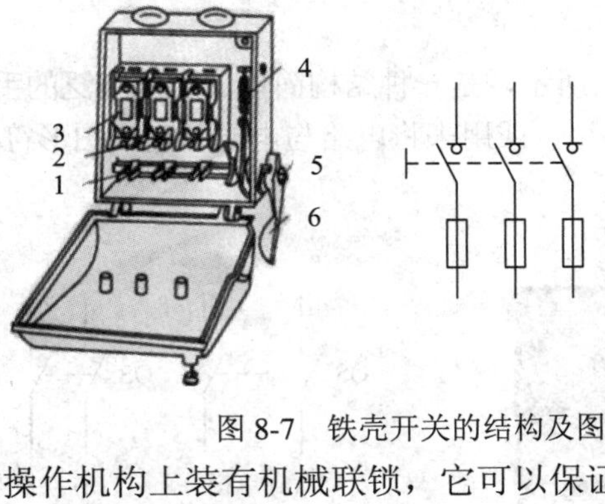

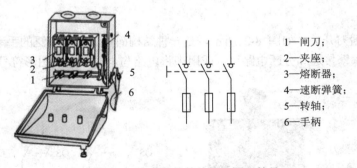

1—闸刀；
2—夹座；
3—熔断器；
4—速断弹簧；
5—转轴；
6—手柄

图 8-7 铁壳开关的结构及图形符号

铁壳开关的操作机构上装有机械联锁，它可以保证开关合闸时不能打开防护铁盖，而当打开防护铁盖时，不能将开关合闸。

铁壳开关采用储能合闸方式，使开关的分合速度与手柄操作速度无关。以此可改善开关的灭弧性能，又能防止触点停滞在中间位置，从而提高开关的通断能力，延长其使用寿命。由于铁壳开关外壳为金属，因此金属外壳要接地保护，防止发生漏电导致触电事故。

2. 组合开关

组合开关又称转换开关，常用于交流 50 Hz、380 V 以下及直流 220 V 以下的电气线路中，供手动不频繁的接通和分断电路、电源开关或控制 5 kW 以下小容量异步电动机的启动、停止和正反转。其结构及图形符号如图 8-8 所示。

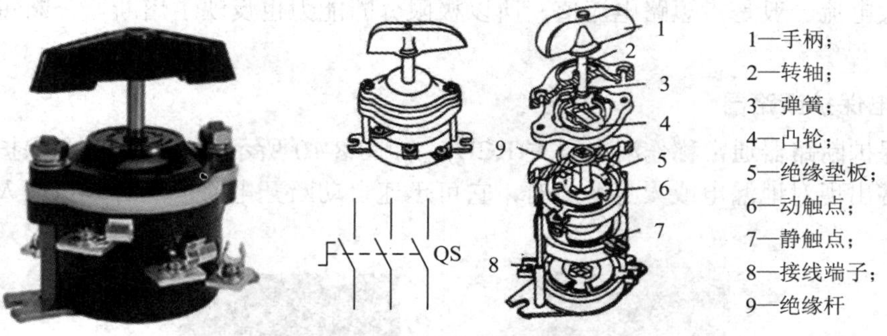

图 8-8　组合开关的结构及图形符号

组合开关与普通闸刀开关的区别在于：转换开关用动触片代替闸刀，操作手柄在平行于安装面的平面内可左右转动；普通闸刀开关的定位结构一般采用凸轮辐射型定位结构，能准确使动、静触点可靠接触，由于采用了扭簧储能，可使触点快速闭合或分断，从而提高了开关的通断能力。

3. 熔断器

熔断器在电动机控制电路中具有短路保护作用，在一般电路中具有短路和过载保护作用。熔体是熔断器的主要组成部分，铅、铅锡合金或锌等低熔点材料的熔体多用于小电流电路，银、铜等较高熔点的金属熔体多用于大电流电路。

熔断器的熔体串接于被保护的电路中，以其自身产生的热量使熔体熔断，从而自动切断电路，实现短路保护及过载保护。熔断器具有结构简单、体积小、重量轻、使用维护方便、价格低廉、分断能力较强、限流能力良好等优点，因此在电路中得到广泛应用。

熔断器串接于被保护电路中，电流通过熔体时产生的热量与电流平方和电流通过的时间成正比，电流越大，则熔体熔断时间越短，这种特性称为熔断器的反时限保护特性或安秒特性。更换熔断器熔体时要断开总电源，以防发生触电事故。RL6 系列螺旋式熔断器及图形符号如图 8-9 所示。

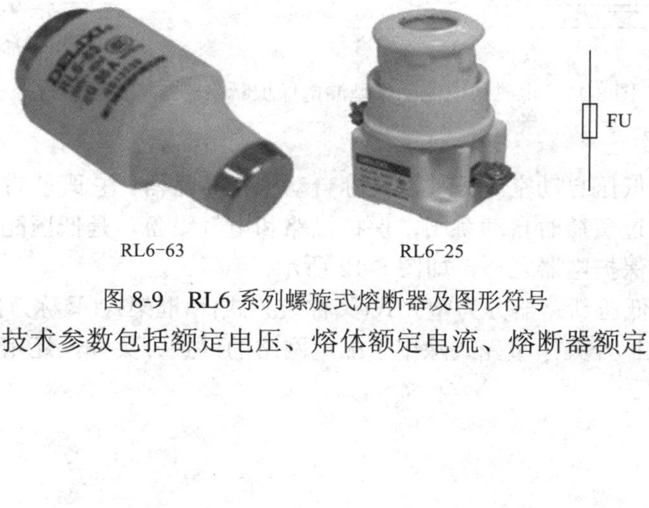

图 8-9　RL6 系列螺旋式熔断器及图形符号

熔断器的主要技术参数包括额定电压、熔体额定电流、熔断器额定电流和极限分断能力等。

(1) 额定电压：指保证熔断器能长期正常工作的电压。

(2) 熔体额定电流：指熔体长期通过而不会熔断的电流。

(3) 熔断器额定电流：指保证熔断器能长期正常工作的电流。

(4) 极限分断能力：指熔断器在额定电压下所能开断的最大短路电流。因为在电路中出现的最大电流一般是指短路电流值，所以极限分断能力也反映了熔断器分断短路电流的能力。

4. 漏电保护断路器

漏电保护断路器通常称作漏电开关(RCD)，如图 8-10 所示，是一种安全保护电器。在线路或设备出现对地漏电或人身触电时，它可迅速自动断开电路，能有效保证人体和线路的安全。

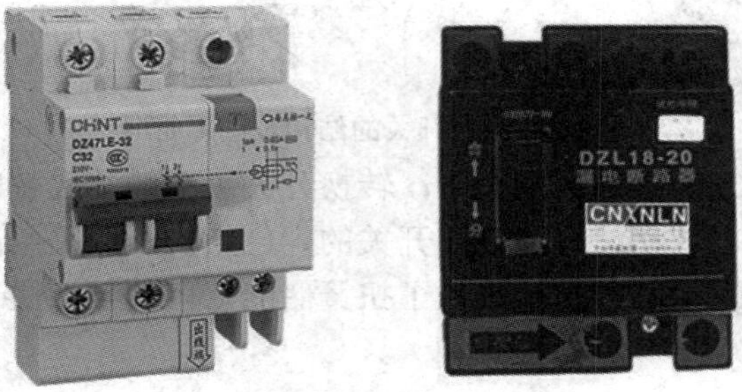

图 8-10　漏电保护断路器

如图 8-11 所示为电磁式电流动作型漏电保护断路器结构及图形符号。漏电保护断路器通过零序电流互感器检测零序电流，当发生对地漏电或人触电后，剩余电流会升高，当电流值达到 RCD 动作值，漏电脱扣器动作，断开电源。RCD 动作电流为 30 mA，为高灵敏度漏电保护器。

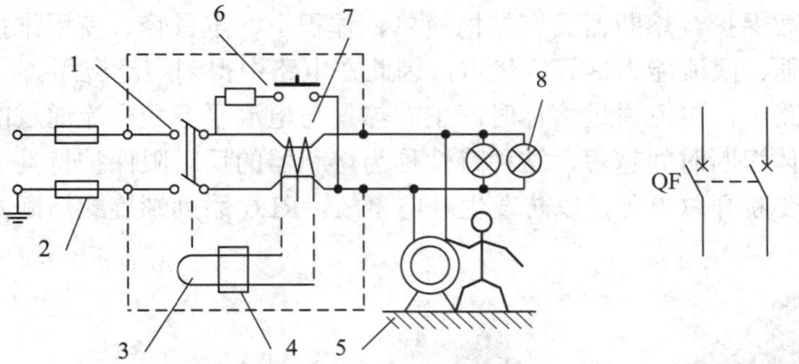

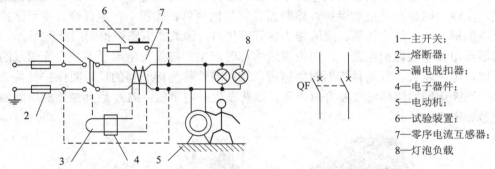

1—主开关；
2—熔断器；
3—漏电脱扣器；
4—电子器件；
5—电动机；
6—试验装置；
7—零序电流互感器；
8—灯泡负载

图 8-11　电磁式电流动作型漏电保护断路器结构及图形符号

5. 低压断路器

低压断路器即低压自动空气开关，又称自动空气断路器。它既能带负荷通断电路，又能在失压、短路和过负荷时自动跳闸，保护线路和电气设备，是低压配电网络和电力拖动系统中常用的重要保护电器之一，如图 8-12 所示。

按结构形式，低压断路器分为塑壳式(又称装置式)和框架式(又称万能式)，框架式主要用于配电网络的保护开关，塑壳式除用于配电网络的保护开关外，还用于电动机、照明线路的控制开关。

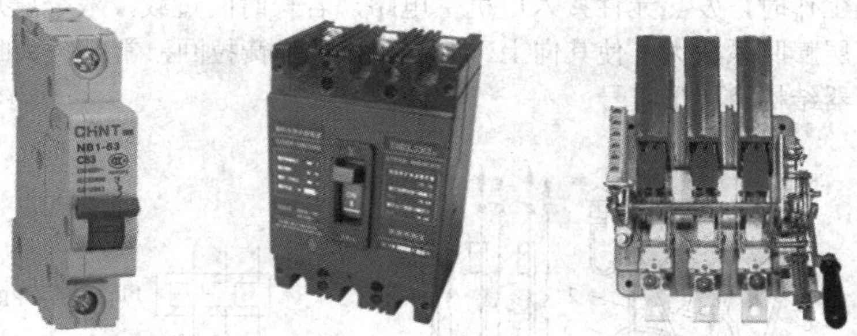

(a) 小型断路器　　(b) 塑壳式　　(c) 框架式

图 8-12　低压断路器

断路器主要由 3 个基本部分组成，即触头、灭弧系统和各种脱扣器，其中脱扣器包括过电流脱扣器、失压(欠电压)脱扣器、热脱扣器、分励脱扣器和自由脱扣器。

如图 8-13 所示为低压断路器工作原理示意图及图形符号。低压断路器开关是靠操作机构手动或电动合闸的，触头闭合后，自由脱扣机构将触头锁在合闸位置上。当电路发生故障时，通过各自的脱扣器使自由脱扣机构动作，自动跳闸以实现保护作用。分励脱扣器则作为远距离控制分断电路之用。

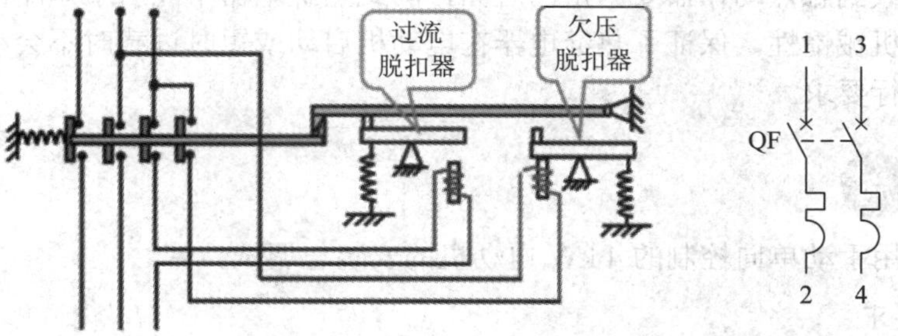

图 8-13　低压断路器工作原理示意图及图形符号

过电流脱扣器用于线路的短路和过电流保护，当线路的电流大于额定的电流值时，过电流脱扣器所产生的电磁力使挂钩脱扣，动触点在弹簧的拉力下迅速断开，实现短路器的跳闸功能。

6. 热继电器

热继电器主要用于电动机的过载保护、断相保护、三相电流不平衡运行的保护及其他电气设备发热状态的控制，如图 8-14 所示。

图 8-14　热继电器

热继电器工作时，发热元件接入电机主电路，若长时间过载，双金属片则被加热。因双金属片的下层膨胀系数大，使其向上弯曲，扣板被弹簧拉回，常闭触头断开。如图 8-15 所示为热继电器结构及图形符号。

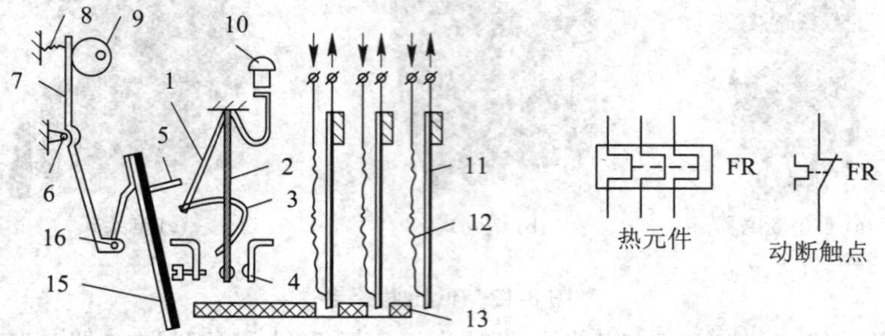

1，2—片簧；3—弓簧；4—触点；5—推杆；6—固定转轴；7—杠杆；8—压簧；9—凸轮；10—手动复位按钮；11—主双金属片；12—热元件；13—导板；14—调节螺钉；15—补偿双金属片；16—轴

图 8-15 热继电器结构及图形符号

由于热继电器主双金属片受热膨胀的热惯性及动作机构传递信号的惰性原因，热继电器从电动机过载到触点动作需要一定的时间，因此热继电器不能用于短路保护。但也正是这个热惯性和机械惰性，保证了热继电器在电动机启动或短时过载时不会动作，从而满足了电动机的运行要求。

任务实施

完成一台用手动单向控制的 4 kW 电动机的安装与调试。

1. 目的要求

掌握组合开关控制电动机线路的安装。

2. 工具、仪表及器材

(1) 工具：测电笔、螺钉旋具、尖嘴钳、斜口钳、剥线钳、电工刀等。

(2) 仪表：兆欧表、钳形电流表、万用表。

(3) 器材：

① 控制板一块(500 mm × 400 mm × 20 mm)。

② 导线规格：主电路采用 BV 1.5 mm^2 和 BVR 1.5 mm^2(黑色)；控制电路采用 BVR 1 mm^2(红色)；按钮线采用 BVR 0.75 mm^2(红色)；接地线采用 BVR 1.5 mm^2(黄绿双色)。导线数量由教师根据实际情况确定。国家标准 GB/T5226.1—2019《工业机械电气设备第一部分：通用技术条件》规定：虽然 1 类导线主要用于固定的、不移动的部件之间，但它们也可用于出现极小弯曲的场合，条件是截面积小于 0.5 mm^2。易遭受频繁运动(如机械工作每小时运动一次)的所有导线，均应采用 5 类或 6 类绞合软线。对导线的颜色在初级阶段训练时，除接地线外，可不必强求，但应使主电路与控制电路有明显区别。

③ 紧固体和编码套管按实际需要提供，简单线路可不用编码套管。

④ 电器元件见表 8-1。

表 8-1 元件明细表

代号	名称	型号	规 格	数量
M	三相异步电动机	Y112M-4	4 kW、380 V、A 接法、818 A、1440 r/min	1
QS	组合开关	HZ10-25/3	三极、额定电流 25A	1
FUl	螺旋式熔断器	RLl-60/25	500 V、60 A、配熔体额定电流 25 A	3
FU2	螺旋式熔断器	RLl-15/2	500 V、15 A、配熔体额定电流 2 A	2
KM	交流接触器	CJ10-20	20 A、线圈电压 380 V	1
XT	端子板	JX2-1015	10 A、15 节、380 V	1

3. 实践操作

绘制手动单向异步电动机控制原理图与接线图。

4. 评分标准

评分标准如表 8-2 所示。

表 8-2 评 分 标 准

项目内容	配分	评 分 标 准		扣分
装前检查	5	电器元件漏检或错检，每处扣 1 分		
安装元件	15	(1) 不按布置图安装扣 15 分 (2) 元件安装不牢固，每只扣 4 分 (3) 元件安装不整齐、不匀称、不合理，每只扣 3 分 (4) 损坏元件扣 15 分		
布线	40	(1) 不按电路图接线扣 25 分 (2) 布线不符合要求：主电路，每根扣 4 分；控制电路，每根扣 2 分 (3) 接点不符合要求，每个接点扣 1 分 (4) 损伤导线绝缘或线芯，每根扣 5 分 (5) 漏接接地线扣 10 分		
通电前检测	10	检测相间绝缘电阻，未检查不得分		
通电试车	10	(1) 第一次试车不成功扣 20 分 (2) 第二次试车不成功扣 30 分 (3) 第三次试车不成功扣 40 分		
团队协作	10	团队配合紧密，沟通顺畅，任务明确，存在一处不合理扣 2 分		
6S 标准	10	在工作中与工作结束严格按照 6S 标准操作，违反一处扣 2 分		
备注	除定额时间外，各项目最高扣分不应超过配分数		成绩	
开始时间			结束时间	

8.2 低压控制电器

学习目标

1. 了解低压控制电器的种类。
2. 掌握低压控制电器的结构与工作原理。

课堂讨论

大家认识如图 8-16 所示的元器件吗？它们用在哪些地方？其功能有什么不同？

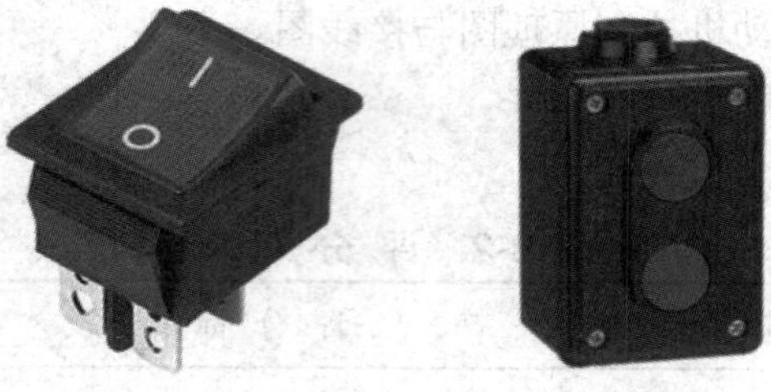

(a) 开关　(b) 按钮

图 8-16　开关电器

开关、按钮在电气设备上应用广泛，它们都可以实现电气设备通电与断电，但工作原理不同。开关主要控制设备的电源通断，开和关是处于保持状态；而按钮只有按下才能改变工作状态，当按压消除后，内部触电又恢复初始状态。

工作任务

通过自主学习低压控制电器的知识，完成三相异步电动机点动控制的安装调试，如图 8-17 所示。

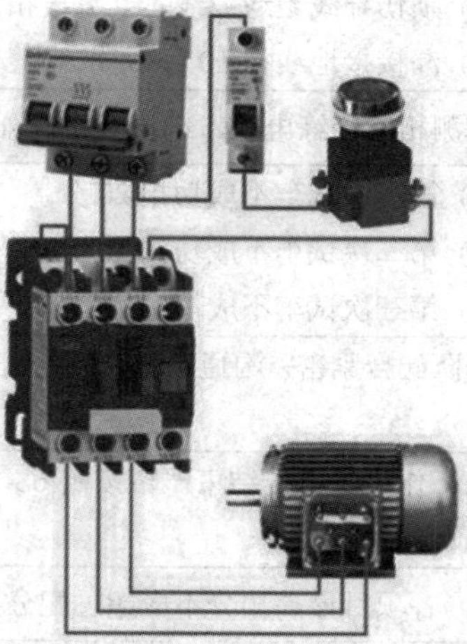

图 8-17　三相异步电动机点动控制

知识链接

低压控制电器主要用于电气传动系统中。要求寿命长，体积小，重量轻且动作迅速、准确、可靠。常用的控制电器有接触器、继电器、启动器、主令电器和电磁铁等。

一、主令电器

主令电器主要用于接通或断开控制电路以发出指令或信号，达到对电力拖动系统的控制。主令电器主要有按钮开关、位置开关和万能转换开关等，如图 8-18 所示。

图 8-18　主令电器

1. 按钮开关

按钮开关是一种用人力(一般为手指或手掌)操作，并具有储能(弹簧)复位的一种控制开关。按钮的触点允许通过的电流较小，一般不超过 5 A。一般情况下它不直接控制主电路，而是在控制电路中发出指令或信号去控制接触器、继电器等电器，再由它们去控制主电路的通断、功能转换或电气联锁。如图 8-19 所示是 LA10 系列按钮及图形符号。

关于按钮的图形符号要遵循左开右闭的原则来绘制。复合按钮常开、常闭要通过虚线连接。

按钮在动作过程中，常闭触点先断开，常开触点再闭合，内部弹簧作为反力机构，实现自动复位。如图 8-20 所示为按钮内部结构。

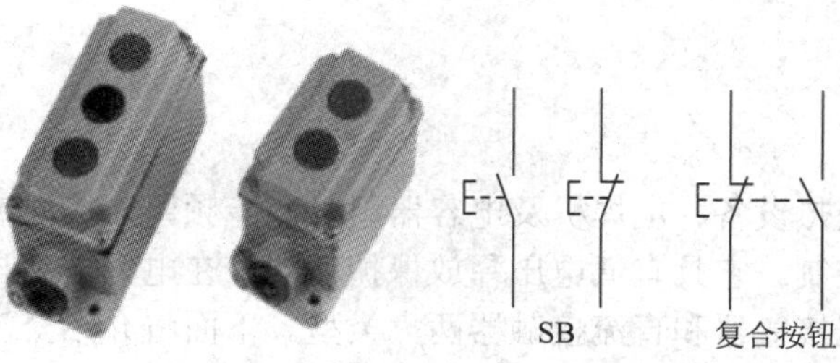

图 8-19　LA10 系列按钮及图形符号

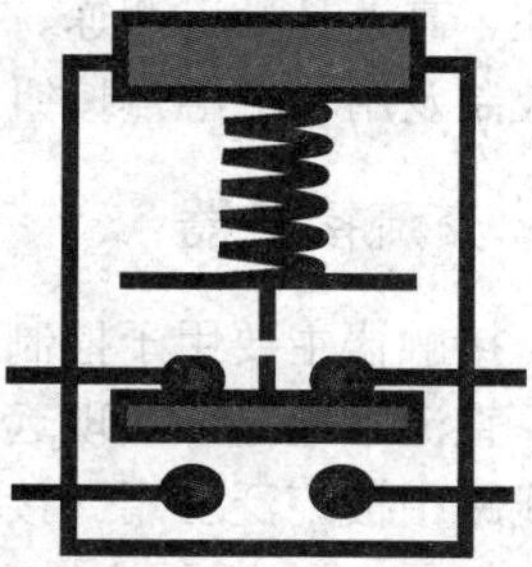

图 8-20　按钮内部结构

2. 位置开关

位置开关是主要用于位置检测的开关电器，按照用途分为行程开关(限位开关)和接近开关。

(1) 行程开关。

行程开关是用以反应工作机械的行程，发出命令以控制其运动方向和行程大小的开关，主要用于机床、自动生产线和其他机械的限位及程序控制。

行程开关结构与按钮类似，但其动作要由机械撞击，结构如图 8-21 所示，图形符号与文字符号如图 8-22 所示。

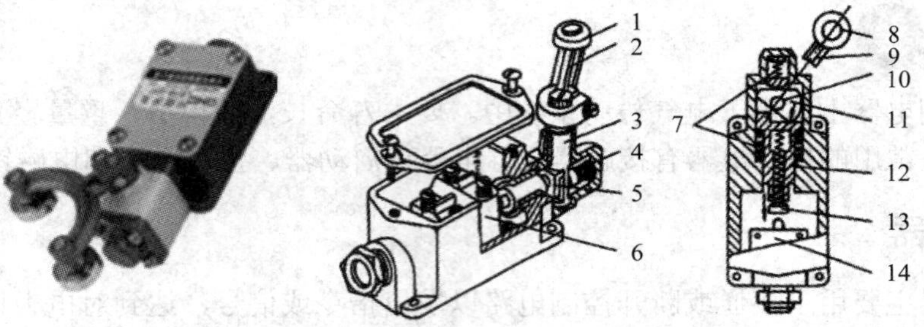

1—滚轮；2—杠杆；3—转轴；4—复位弹簧；5—撞块；6—微动开关；7—复位弹簧；
8—滚轮；9—杠杆；10—转轴；11—凸轮；12—撞块；13—调节螺钉；14—微动开关

图 8-21 行程开关的结构

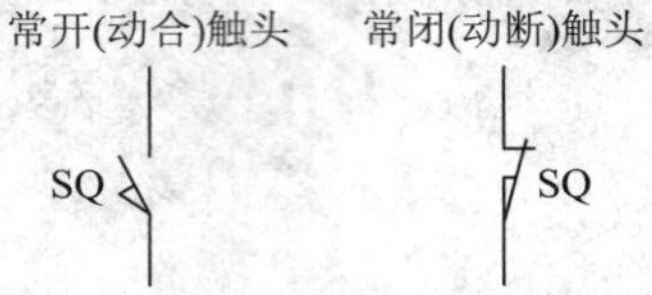

图 8-22 行程开关的图形符号与文字符号

(2) 接近开关。

接近开关又称为无触点位置开关，是一种非接触型检测开关，如图 8-23 所示。

图 8-23 接近开关

接近开关是通过其感辨头与被测物体间介质能量的变化来取得信号。当运动的物体靠近开关到一定位置时，开关发出信号，达到行程控制、计数及自动控制的作用。其采用无触点电子结构形式，可克服有触点位置开关可靠性差、使用寿命短和操作频率低的缺点。

接近开关除了行程控制和限位保护外，还可用于检测金属体的存在、高速计数、测速、定位、变换运动方向、检测零件尺寸、液面控制及用作无触点按钮等。

二、交流接触器

接触器主要用于控制电动机、电热设备、电焊机及电容器组等，能频繁地接通或断开交、直流主电路，实现远距离自动控制。它具有低电压释放保护功能，在电力拖动自动控制线路中被广泛应用。接触器有交流接触器和直流接触器两大类型。下面将介绍交流接触器，如图 8-24 所示为 CJX2 系列交流接触器及图形符号。

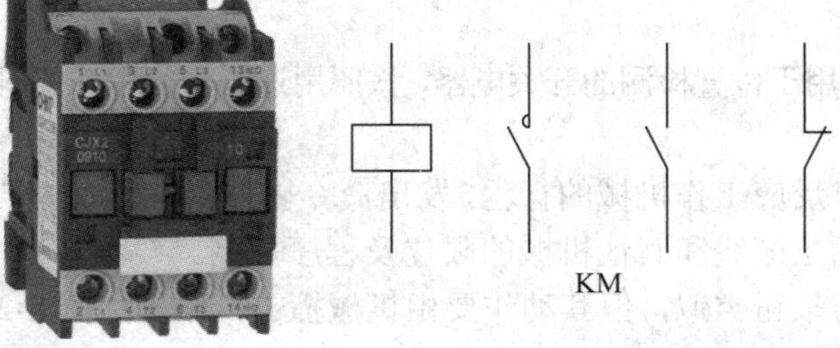

图 8-24 CJX2 系列交流接触器及图形符号

1. 交流接触器的组成

CJX2 系列交流接触器组成如图 8-25 所示。

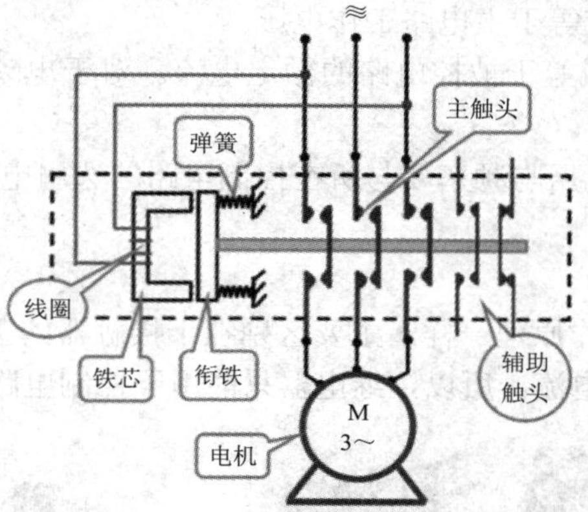

图 8-25　CJX2 系列交流接触器组成

(1) 电磁机构。电磁机构由线圈、动铁芯(衔铁)和静铁芯组成。

(2) 触头系统。交流接触器的触头系统包括主触头和辅助触头。主触头用于通断主电路，有 3 对或 4 对常开触头；辅助触头用于控制电路，起电气联锁或控制作用，通常有两对常开触头和两对常闭触头。

(3) 灭弧装置。容量在 10 A 以上的接触器都有灭弧装置。对于小容量的接触器，常采用双断口桥形触头以利于灭弧；对于大容量的接触器，常采用纵缝灭弧罩及栅片灭弧结构。

(4) 其他部件。包括反作用弹簧、缓冲弹簧、触头压力弹簧、传动机构及外壳等。

接触器的控制原理很简单，当线圈接通额定电压时，产生电磁力，克服弹簧反力，吸引动铁芯向下运动，动铁芯带动绝缘连杆和动触头向下运动使常开触头闭合，常闭触头断开。当线圈失电或电压低于释放电压时，电磁力小于弹簧反力，常开触头断开，常闭触头闭合。

2. 接触器的主要技术参数和类型

(1) 额定电压。接触器的额定电压是指主触头的额定电压。交流主要有 220 V、380 V 和 660 V，在特殊场合应用的额定电压高达 1140 V；直流主要有 110 V、220 V 和 440 V。

(2) 额定电流。接触器的额定电流是指主触头的额定工作电流。它是在一定的条件(额定电压、使用类别和操作频率等)下规定的，目前常用的电流等级为 10～800 A。

(3) 吸引线圈的额定电压。交流主要有 36 V、127 V、220 V 和 380 V，直流主要有 24 V、48 V、220 V 和 440 V。

(4) 机械寿命和电气寿命。接触器是频繁操作电器，应有较高的机械和电气寿命，其机械寿命为电气寿命的 20 倍左右，一般机械寿命在不带负载的情况下可达 600 到 1000 万次，该指标是衡量产品质量的重要指标之一。

(5) 额定操作频率。接触器的额定操作频率是指每小时允许的操作次数，一般为 300 次/小时、600 次/小时和 1200 次/小时。

(6) 动作值。动作值是指接触器的吸合电压和释放电压。规定接触器的吸合电压大于线圈额定电压的 85% 时应可靠吸合，释放电压不高于线圈额定电压的 70%。

常用的交流接触器有 CJ10、CJ12、CJ10X、CJ20、CJX1、CJX2、3TB 和 3TD 等系列。

3. 接触器的选择

(1) 根据负载性质选择接触器的类型。

(2) 额定电压应大于或等于主电路工作电压。

(3) 额定电流应大于或等于被控电路的额定电流。对于电动机负载，还应根据其运行方式适当增大或减小。

(4) 吸引线圈的额定电压与频率要与所在控制电路的选用电压和频率相一致。

三、继电器

继电器和接触器的工作原理一样。主要区别在于接触器的主触头可以通过大电流，而继电器的触头只能通过小电流。所以，继电器只能用于控制电路中，如图 8-26 所示。

图 8-26 继电器

继电器主要用于电路的逻辑控制。继电器具有逻辑记忆功能，能组成复杂的逻辑控制电路，可用于将某种电量(如电压、电流)或非电量(如温度、压力、转速、时间等)的变化量转换为开关量，以实现对电路的自动控制功能。

继电器的种类很多，按输入量可分为电压继电器、电流继电器、时间继电器、速度继电器和压力继电器等；按工作原理可分为电磁式继电器、感应式继电器、电动式继电器和电子式继电器等；按用途可分为控制继电器和保护继电器等；按输入量变化形式可分为有无继电器和量度继电器。

继电器可根据输入量的有或无来动作，无输入量时继电器不动作，有输入量时继电器动作，如中间继电器、通用继电器和时间继电器等。

继电器也可根据输入量的变化来动作，工作时其输入量是一直存在的，只有当输入量达到一定值时继电器才动作，如电流继电器、电压继电器、热继电器、速度继电器、压力继电器和液位继电器等。

继电器具有触点分断能力小、结构简单、体积、重量轻、反应灵敏、动作准确、工作可靠等特点。

1. 电流继电器

电流继电器是根据继电器线圈中电流的大小而接通或断开电路的继电器。其线圈的匝数少，导线粗，阻抗小。使用时，电流继电器的线圈串联在被测电路中。电流继电器分为过电流继电器和欠电流继电器两种。

(1) 过电流继电器。

过电流继电器是指当继电器中的电流超过预定值时，引起开关电器有延时或无延时动作的继电器。如图 8-27 所示为 JT4 系列过流继电器的结构。过电流继电器主要用于频繁启动和重载启动的场合，作为电动机和主电路的过载和短路保护。其图形符号如图 8-28 所示。

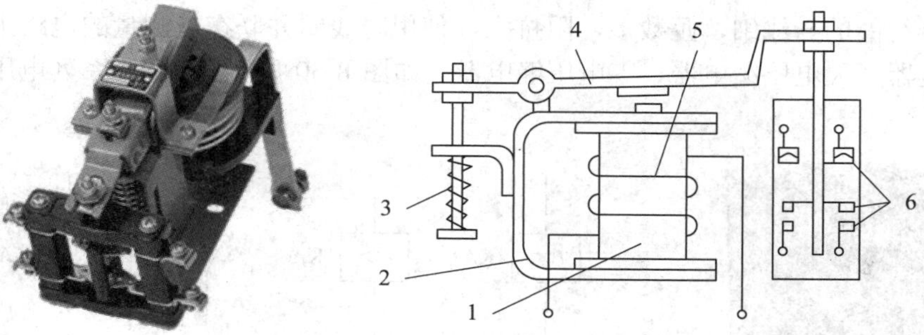

1—铁芯；2—磁轭；3—反作用弹簧；4—衔铁；5—线圈；6—触点

图 8-27　JT4 系列过流继电器的结构

图 8-28　过流继电器的图形符号

调整反作用弹簧的作用力，可整定继电器的动作电流值。当线圈通过的电流超过整定值时，$f_{\text{弹簧}} > f_{\text{反作用力}}$，铁芯吸引衔铁动作，带动动断触点断开，动合触点闭合。当线圈通过的电流为额定值时，它所产生的$f_{\text{电磁吸力}} < f_{\text{弹簧}}$，此时衔铁不动作。

JT4 系列过电流继电器为交流通用继电器，在这种继电器的磁系统上装设不同的线圈，便可制成过电流、欠电流、过电压或欠电压等继电器。JT4 系列过电流继电器都是瞬动型过电流继电器，主要用于电动机的短路保护。

(2) 欠电流继电器。

欠电流继电器是指当通过继电器的电流减小到低于其整定值时动作的继电器。这种继电器在线圈电流正常时的衔铁与铁芯是吸合的，常用于直流电动机励磁电路和电磁吸盘的弱磁保护。

如图 8-29 所示为 JL14-Q 系列欠流继电器及图形符号，其结构与工作原理和 JT4 系列继电器相似。动作电流为线圈额定电流的 30%～65%，释放电流为线圈额定电流的 10%～20%。

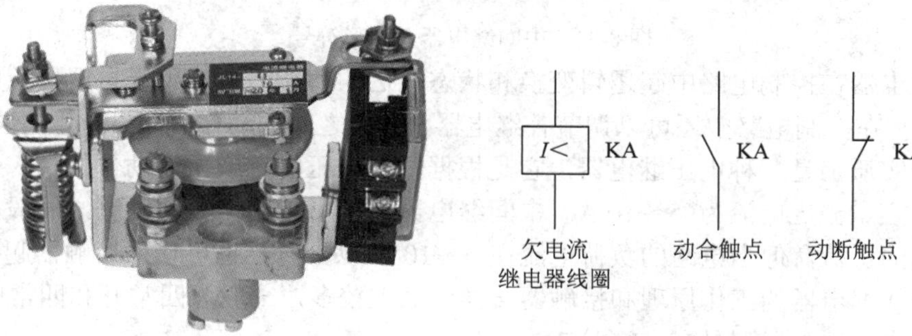

图 8-29　JL14-Q 系列欠流继电器及图形符号

2. 电压继电器

输入量为电压的继电器称电压继电器。根据线圈两端电压的大小而接通或断开电路。电压继电器线圈的导线细，匝数多，阻抗大，使用时线圈并联在被测量的电路中，可分为过电压继电器、欠电压继电器、零电压继电器。如图 8-30 所示为 JL14 系列电压继电器及图形符号。

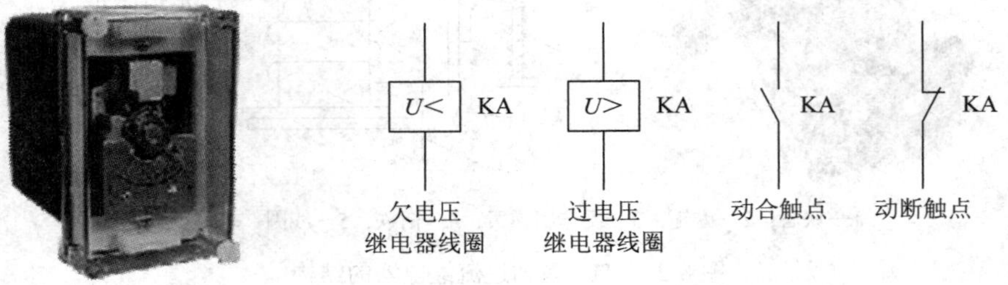

图 8-30 JL14 系列电压继电器及图形符号

过电压继电器是指当电压大于其整定值时动作的电压继电器，主要用于对电路或设备进行过电压保护。常用的过电压继电器为 JT4-A 系列，其动作电压可在 105%～120%额定电压范围内调整。

零电压继电器是欠电压继电器的一种特殊形式，当继电器的端电压降至 0 或接近消失时才动作。

常用型号为 JT4-P 系列。欠电压继电器的释放电压为额定电压的 40%～70%。

零电压继电器的释放电压为额定电压的 10%～35%。

3. 中间继电器

中间继电器是最常用的继电器之一，它的结构和接触器基本相同，如图 8-31(a)所示，其图形符号如图 8-31(b)所示。

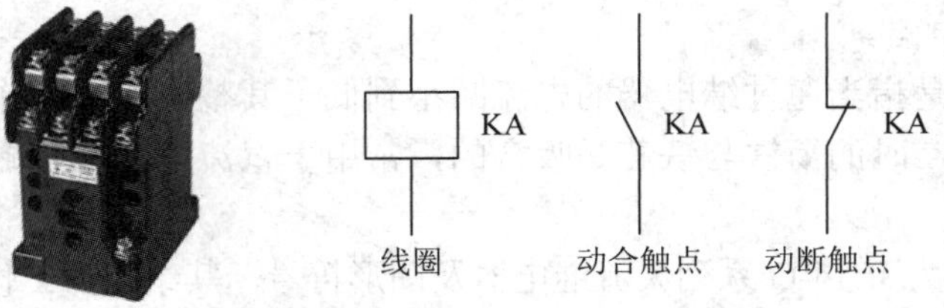

(a) 中间继电器　　(b) 中间继电器图形符号

图 8-31 中间继电器及图形符号

中间继电器在控制电路中起逻辑变换和状态记忆的功能，还可用于扩展接点的容量和数量。另外，在控制电路中还可以调节各继电器、开关之间的动作时间，防止电路误动作。中间继电器实质上是一种电压继电器，它是根据输入电压的有或无而动作的，一般触点对数多，触点容量额定电流为 5～10 A。中间继电器体积小，动作灵敏度高，一般不用于直接控制电路的负荷，但当电路的负荷电流在 5～10 A 以下时，也可代替接触器起控制负荷的作用。中间继电器的工作原理和接触器一样，触点较多，一般为四常开和四常闭触点。

常用的中间继电器型号有 JZ7、JZ14 系列等。

4. 时间继电器

时间继电器是一种利用电磁原理或机械动作原理实现触点延时接通和断开的自动控制继电器。它广泛用于需要按时间顺序进行控制的电气控制线路中。

时间继电器在控制电路中用于时间的控制。其种类很多，按其动作原理可分为电磁式、空气阻尼式、电动式和电子式等；按延时方式可分为通电延时型和断电延时型。下面以 JS7 型空气阻尼式时间继电器为例说明其工作原理。

空气阻尼式时间继电器是利用空气阻尼原理获得延时的，它由电磁机构、延时机构和触头系统三部分组成。电磁机构为直动式双 E 型铁芯，延时机构采用气囊式阻尼器，触头系统借用 LX5 型微动开关。

空气阻尼式时间继电器可以做成通电延时型，也可改成断电延时型，另外，电磁机构可以是直流的，也可以是交流的。如图 8-32 所示为空气阻尼式时间继电器示意图及图形符号(通电延时型继电器)。

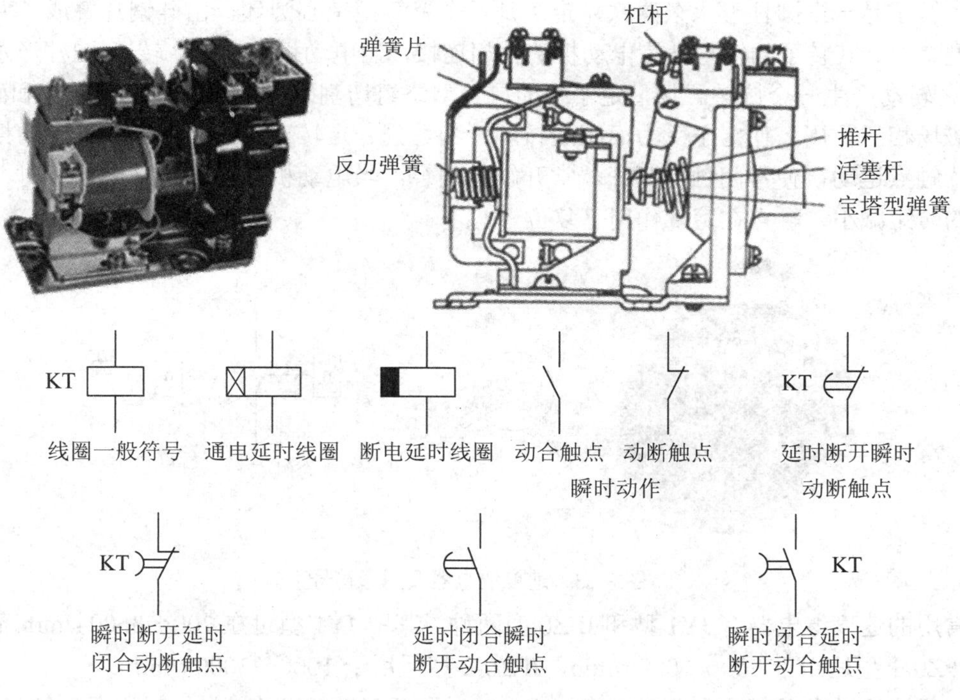

图 8-32　空气阻尼式时间继电器示意图及图形符号

现以通电延时型时间继电器为例介绍其工作原理。

图 8-32 中通电延时型时间继电器为线圈不通电时的情况。当线圈通电后，动铁芯吸合，带动 L 型传动杆向右运动，使瞬动触点受压，其触点瞬时动作。活塞杆在塔形弹簧的作用下，带动橡皮膜向右移动，弱弹簧将橡皮膜压在活塞上，使橡皮膜左方的空气不能进入气室，形成负压，从而只能通过进气孔进气，因此活塞杆只能缓慢地向右移动，其移动的速度和进气孔的大小有关(通过延时调节螺丝调节进气孔的大小可改变延时时间)。经过一定的延时后，活塞杆移动到右端，通过杠杆压动微动开关(通电延时触点)，使其常闭触头断开，常开触头闭合，起到通电延时作用。

当线圈断电时，电磁吸力消失，动铁芯在反力弹簧的作用下释放，并通过活塞杆将活塞推向左端，这时气室内中的空气通过橡皮膜和活塞杆之间的缝隙排掉，瞬动触点和延时触点迅速复位，无延时。

如果将通电延时型时间继电器的电磁机构反向安装，就可以改为断电延时型时间继电器。当线圈不通电时，塔形弹簧将橡皮膜和活塞杆推向右侧，杠杆将延时触点压下(注意，原来通电延时的常开触点变成了断电延时的常闭触点，而原来通电延时的常闭触点变成了断电延时的常开触点)。当线圈通电时，动铁芯带动 L 型传动杆向左运动，使瞬动触点瞬时动作，同时推动活塞杆向左运动，如前所述，活塞杆向左运动不延时，延时触点瞬时动作。线圈失电时动铁芯在反力弹簧的作用下返回，瞬动触点瞬时动作，延时触点延时动作。

5. 速度继电器

速度继电器又称为反接制动继电器，主要用于三相笼型异步电动机的反接制动控制。如图 8-33 所示为速度继电器的原理示意图及图形符号，它主要由转子、定子和触头三部分组成。转子是一个圆柱形永久磁铁，定子是一个鼠笼型空心圆环，由硅钢片叠成，并装有鼠笼型绕组。其转子的轴与被控电动机的轴相连接，当电动机转动时，转子(圆柱形永久磁铁)随之转动产生一个旋转磁场，定子中的鼠笼型绕组切割磁力线而产生感应电流和磁场，两个磁场相互作用，使定子受力而跟随转动，当达到一定转速时，装在定子轴上的摆锤推动簧片触点运动，使常闭触点断开，常开触点闭合。当电动机转速低于某一数值时，定子产生的转矩减小，触点在簧片作用下复位。

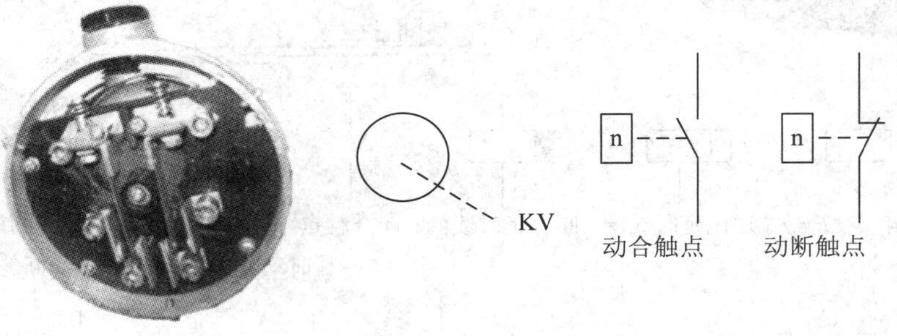

图 8-33 速度继电器及图形符号

常用的速度继电器有 JY1 型和 JFZ0 型两种。其中 JY1 型可在 700～3600 r/min 范围工作，JFZ0-1 型适用于 300～1000 r/min，JFZ0-2 型适用于 1000～3000 r/min。

一般速度继电器都具有两对转换触点，一对用于正转时动作，另一对用于反转时动作。触点额定电压为 380 V，额定电流为 2 A。通常速度继电器动作转速为 130 r/min，复位转速在 100 r/min 以下。

任务实施

完成一台用低压控制电器点动控制的 4 kW 电动机的安装与调试。

1. 目的要求

掌握低压控制电器点动控制电动机线路的安装。

2. 工具、仪表及器材

(1) 工具：测电笔、螺钉旋具、尖嘴钳、斜口钳、剥线钳、电工刀等。

(2) 仪表：兆欧表、钳形电流表、万用表。

(3) 器材：低压控制电器点动正转控制线路板一块，三相异步电动机一台(型号：Y112M-4；规格：4 kW、380 V、△接法、8.8 A、1440 r/min)，导线，紧固体及编码套管若干。

(4) 电器元件如表 8-3 所示。

表 8-3 元件明细表

代号	名称	型号	规 格	数量
M	三相异步电动机	Y112M-4	4 kW、380 V、A 接法、818 A、1440 r/min	1
QS	组合开关	HZ10-25/3	三极、额定电流 25 A	1
FU1	螺旋式熔断器	RL1-60/25	500 V、60 A、配熔体额定电流 25 A	3
FU2	螺旋式熔断器	RL1-15/2	500 V、15 A、配熔体额定电流 2 A	2
KM	交流接触器	CJ10-20	20 A、线圈电压 380 V	1
SB	按钮	LA10-3H	保护式、按钮数 3(代用)	1
XT	端子板	JX2-1015	10 A、15 节、380 V	1

3. 实践操作

绘制三相电动机点动控制原理图与接线图。

(1) 三相电动机点动控制原理图。

(2) 三相电动机点动控制电气接线图。

4. 评分标准(见表 8-4)

评分标准如表 8-4 所示。

表 8-4 评 分 标 准

项目内容	配分	评 分 标 准	扣分
装前检查	5	电器元件漏检或错检，每处扣 1 分	
安装元件	15	(1) 不按布置图安装扣 15 分 (2) 元件安装不牢固，每只扣 4 分 (3) 元件安装不整齐、不匀称、不合理，每只扣 3 分 (4) 损坏元件扣 15 分	
布线	40	(1) 不按电路图接线扣 25 分 (2) 布线不符合要求：主电路，每根扣 4 分；控制电路，每根扣 2 分 (3) 接点不符合要求，每个接点扣 1 分 (4) 损伤导线绝缘或线芯，每根扣 5 分 (5) 漏接接地线扣 10 分	
通电前检测	10	检测相间绝缘电阻，未检查不得分	

续表

项目内容	配分	评分标准	扣分
通电试车	10	(1) 第一次试车不成功扣 20 分 (2) 第二次试车不成功扣 30 分 (3) 第三次试车不成功扣 40 分	
团队协作	10	团队配合紧密，沟通顺畅，任务明确，存在一处不合理扣 2 分	
6S 标准	10	在工作中与工作结束严格按照 6S 标准操作，违反一处扣 2 分	
备注	除定额时间外，各项目最高扣分不应超过配分数	成绩	
开始时间		结束时间	

8.3　低压带电作业要求

学习目标

1. 理解低压带电作业方式。
2. 理解带电作业工作原理。
3. 了解低压设备和线路带电作业安全要求。

课堂讨论

如图 8-34 所示为低压带电作业现场场景。在电气维修过程中可以带电操作吗？你认为哪些检测可以带电操作？

图 8-34　低压带电作业现场

低压电是指交流 1000 V 以下，直流 1500 V 以下的电压。如果在带电操作中没有按照操作规范施工，将会对人体有致命的伤害。

工作任务

通过学习低压带电操作规范知识，完成日光灯照明线路的带电诊断排查与维修任务，其线路图如图 8-35 所示。

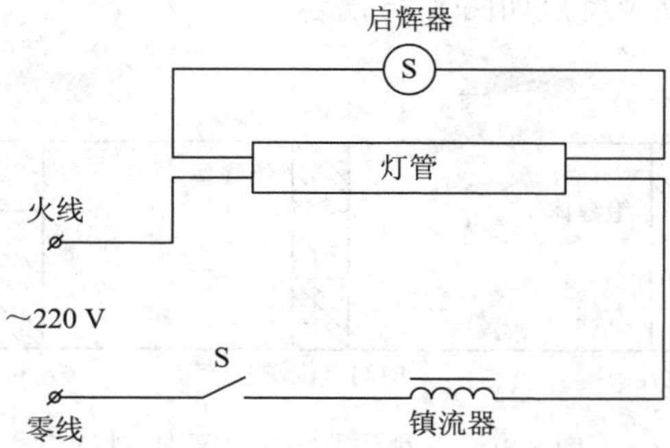

图 8-35 日光灯照明线路图

知识链接

低压带电作业是指在不停电的低压设备或低压线路上的工作，或者是在距带电部位很近的情况下进行不带电工作，都视为带电作业。对于一些可以不停电的工作，没有偶然触及带电部分的危险工作，或作业人员使用绝缘辅助安全用具直接接触带电体及在带电设备外壳上的工作，均可进行低压带电作业。作业人员应严格遵守低压带电作业有关要求和注意事项。

一、低压带电作业范围

500 V 以下带电作业均属低压带电作业，应采取必要的组织措施和技术措施。电工低压带电作业范围包括：

(1) 带电作业如使用验电笔、220 V 试灯、仪表，带电查找故障原因时。

(2) 在不停电或部分停电的线路设备上工作。如在配电柜内更换 RTO 熔断器；在带电的线路上断接导线；在带电的控制柜内调整元件参数；控制柜内有多路供电线路，只停下其中一路的电源进行检修工作而其他线路继续供电；在低压配电室内检修已停电的配电柜，但是配电柜上面的母线带电，而且距离操作人较近时。

(3) 对电气设备或线路进行电气试验时，如耐压试验，相序试验，漏电试验，短路试验等。

(4) 对有电容器及电缆的线路或设备进行试验的前后进行放电工作，以及在停电线路上封挂地线的操作。

(5) 上杆工作时，上面横担线路有电的情况。

二、低压带电作业方式

低压带电作业按人与带电体的相对位置来划分，可分为间接作业与直接作业两种方式；按作业人员的自身电位来划分，可分为地电位作业、中间电位作业、等电位作业三种方式。

地电位作业时人体与带电体的关系是：大地(杆塔)人→绝缘工具→带电体。

中间电位作业时人体与带电体的关系是：大地(杆塔)→绝缘体→人体→绝缘工具→带电体。

等电位作业时人体与带电体的关系是：带电体(人体)→绝缘体→大地(杆塔)。

三种作业方式的区别及特点如图 8-36 所示。

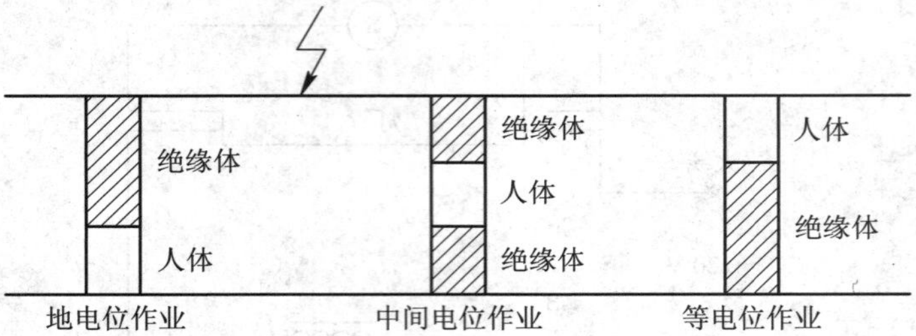

图 8-36 三种作业方式的区别及特点

根据作业人员采用的绝缘工具来划分作业方式也是一种常用的划分方法，如绝缘杆作业法，绝缘手套作业法等。

三、带电作业工作原理

1. 地电位作业工作原理

地电位作业的位置示意图及等效电路如图 8-37 所示。

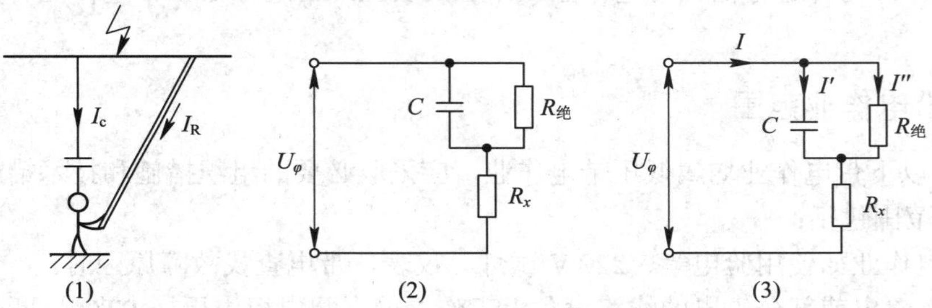

图 8-37 地电位作业的位置示意图及等效电路

2. 中间电位工作原理

中间电位作业的位置示意图及等效电路如图 8-38 所示。

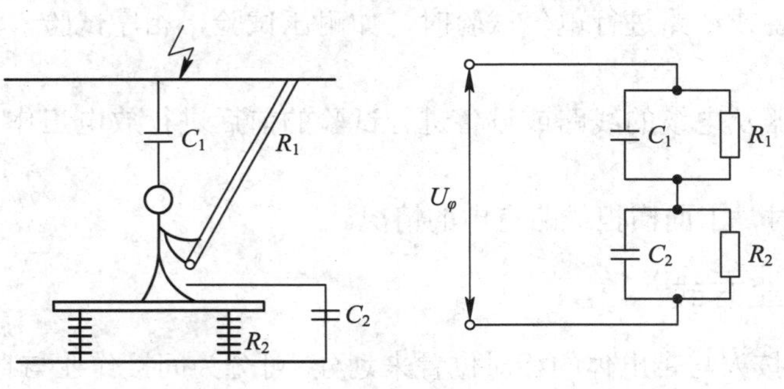

图 8-38 中间电位作业的位置示意图及等效电路

3. 等电位作业的原理

在实现人体与带电体等电位的过程中，将发生较大的暂态电容放电电流，其等电位作业位置示意图及等效电路如图 8-39 所示。

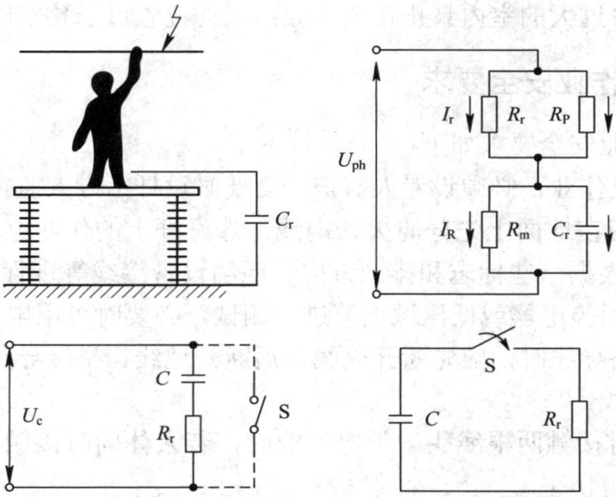

图 8-39 等电位作业位置示意图及等效电路

四、低压带电作业危险点及预控措施

1. 低压触电

低压触电预控措施为：使用合格的工器具；戴干燥清洁的绝缘手套；穿绝缘鞋；人体不得直接触及导线；使用的梯子等应绝缘良好。

2. 电弧灼伤

电弧灼伤预控措施为：应采取有效的措施，防止相间短路或带负荷拆、接引线。

3. 高空坠落

高空坠落预控措施为：登杆前应检查登杆工具是否完好，登杆后应系好安全带；操作人、监护人戴好安全帽；使用梯子应有专人扶持。

五、低压设备带电作业安全要求

低压设备带电作业安全要求如下：

(1) 低压带电作业时，必须有专人监护。带电作业时由于作业场地、空间狭小，带电体之间、带电体与地之间绝缘距离小，或由于作业时的错误动作，均可能引起触电事故。因此，带电作业时，必须有专人监护；监护人应始终在工作现场，并对作业人员进行认真监护，随时纠正不正确的动作。

(2) 在带电的低压设备上工作，应使用有绝缘柄的工具，工作时应站在干燥的绝缘垫、绝缘站台或其他绝缘物上进行，严禁使用锉刀、金属尺和带有金属物的毛刷、毛掸等工具。

(3) 在带电的低压设备上工作时，作业人员应穿合格的绝缘鞋、长袖全棉质工作服，且袖口应扣好，并戴手套(帆布、低压杜邦手套)、护目镜和安全帽。

(4) 在带电的低压盘上工作时，应采取防止相间短路和单相接地短路的绝缘隔离措施，以免作业过程中引起短路事故。

(5) 严禁雷、雨、雪天气及六级以上大风天气在户外带电作业，也不应在雷电天气进行室内带电作业。

(6) 在潮湿和潮气过大的室内禁止带电作业；工作位置过于狭窄时，禁止带电作业。

六、低压线路带电作业安全要求

低压线路带电作业安全要求如下：

(1) 低压线路带电作业，必须设专人监护，必要时设杆上专人监护。

(2) 在登杆前，应在地面上先分清火、地线，选好杆上的作业位置和角度。在地面辨别火、地线时，一般根据一些标志和排列方向、照明设备接线等进行辨认。初步确定火、地线后，可在登杆后用验电器或低压试电笔进行测试，必要时可用电压表进行测量。

(3) 断开低压线路导线时，应先断开火线，后断开地线。搭接导线时的顺序与之相反，即先接零线，后接火线。

(4) 人体不得同时接触两根线头。带电作业时，若人体同时接触两根线头，则人体串入电流易造成人体触电伤害。

(5) 严禁雷、雨、雪天气及六级以上大风天气在户外低压线路上带电作业。

(6) 高、低压线路同杆架设时，应采取防止误碰带电高压线路的措施。

七、低压带电作业注意事项

低压带电作业注意事项如下：

(1) 低压带电工作应设专人监护，即至少两人作业，其中一人监护，一人操作。

(2) 严禁穿背心、短裤、穿拖鞋带电作业。

(3) 带电作业使用的工具应合格，绝缘工具应试验合格。

(4) 低压带电作业时，人体对地必须保持可靠的绝缘。

(5) 在低压配电盘上工作时，必须装设防止短路事故发生的隔离措施。

(6) 只能在作业人员的一侧带电，若其他侧还有带电部分而又无法采取安全措施，则必须将其他侧电源切断。

(7) 带电作业时，若已接触一相火线，要特别注意不要再接触其他火线或地线(或接地部分)。

(8) 在低压带电导线未采取绝缘措施时，作业人员不准穿越导线；在带电低压配电装置上工作时，应采取防止相间短路、单相接地的绝缘隔离措施。

(9) 带电作业时间不宜过长。

任务实施

完成日光灯照明线路故障诊断、排查与维修。

1. 目的要求

掌握日光灯照明线路故障诊断、排查与维护方法。

2. 工具、仪表及器材

六角扳手、螺丝刀、验电笔、万用表、故障电动机一台、短路测试器、220 V/36 V 降压变压器、36 V 低压校验灯、兆欧表、与被修电动机相同的绝缘材料及电磁线、电工工具、嵌线工具等。

3. 实践操作

(1) 做好工作步骤记录。

(2) 注意事项。

在检测日光灯电路时，即至少两人作业，其中一人监护，一人操作；使用的工具应合格，绝缘工具应试验合格，人体对地必须保持可靠的绝缘；带电作业时，若已接触一相火线，要特别注意不要再接触其他火线或地线(或接地部分)；严格按照带电作业规范进行施工作业。

4. 评分标准

评分标准如表 8-5 所示。

表 8-5 评 分 标 准

项目内容	配分	评 分 标 准		扣分
现场检查	5	电器元件漏检或错检，每处扣 1 分		
故障分析	15	根据故障现象，分析故障原因，列出可疑故障点，每漏一处扣 1 分		
故障检测	40	正确使用电工仪表，操作不正确扣 5 分；按照带电操作规范进行检测，不符合要求扣 20 分		
故障排除	10	排除故障，未排除不得分		
通电验证	10	(1) 第一次验证不成功扣 3 分 (2) 第二次验证不成功扣 5 分 (3) 第三次验证不成功扣 10 分		
团队协作	10	团队配合紧密，沟通顺畅，任务明确，存在一处不合理扣 2 分		
6S 标准	10	在工作中与工作结束严格按照 6S 标准操作，违反一处扣 2 分		
备注	除定额时间外，各项目最高扣分不应超过配分数		成绩	
开始时间			结束时间	

8.4 低压电器的选用与安装

学习目标

1. 理解常用低压电器的选用原则。
2. 掌握安装低压电器的方法。
3. 掌握低压电器布局要求以及安装规范。

课堂讨论

如图 8-40 所示的低压电气柜安装规范吗？你认为哪些地方不规范？

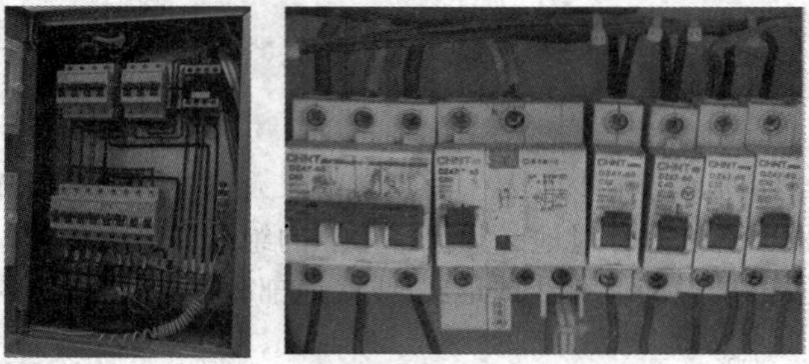

图 8-40　低压电气柜

低压电器要严格按照实际需求选择，首先要考虑安全可靠，其次考虑经济性，且在安装过程中按照规范进行布局与接线，不可麻痹大意。

工作任务

通过自主学习，完成车间动力电气柜的安装与调试，如图 8-41 所示。

图 8-41　动力电气柜

知识链接

一、断路器的选型与安装

断路器在电路中起过载、短路、欠电压保护作用，如图 8-42 所示。

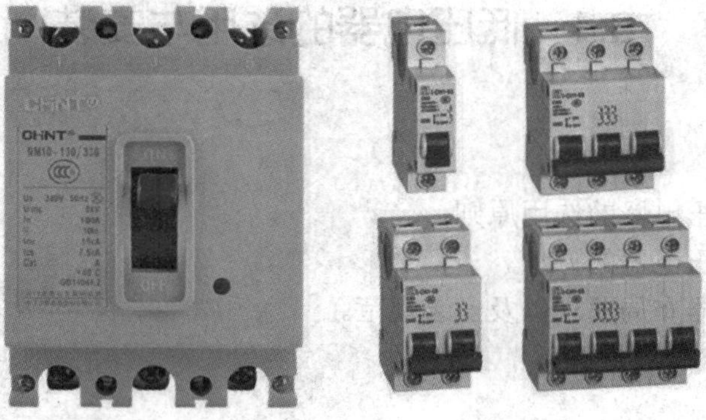

图 8-42　低压断路器

1. 在一般电路的选型原则

(1) 断路器额定电压不小于线路额定电压。

(2) 断路器额定电流不小于线路计算负荷电流。

(3) 断路器脱扣器额定电流不小于线路计算负荷电流。

(4) 断路器极限通断能力不小于线路中最大短路电流。

(5) 线路末端单相对地短路电流不小于 1.25 倍的自动开关瞬时(或短延时)脱扣整定电流。

(6) 断路器欠电压脱扣器额定电压等于线路额定电压。

(7) 断路器用于照明电路时，电磁脱扣器的瞬时整定电流一般取负载电流的 6 倍。如有短延时时，则瞬时电流整定值不小于 1.1 倍的下级开关进线端短路电流值。

2. 动力电路配电用断路器的选型原则

(1) 长延时动作电流整定为导线允许载流量的 0.8～1 倍。

(2) 3 倍长延时动作电流整定值的可返回时间不小于线路中最大启动电流的电动机的启动时间。

(3) 短延时动作电流整定值不小于 $1.1\times(I_{jx}+1.35kI_{edm})$。$I_{jx}$ 为线路计算负荷电流；k 为电动机启动电流倍数，I_{edm} 为最大一台电动机额定电流。

(4) 短延时时间按被保护对象的热稳定校验。

(5) 无短延时时，瞬时电流整定值不小于 $1.1\times(I_{jx}+1.35k_1kI_{edm})$。$k_1$ 为电动机启动电流的冲击系数，取值为 1.7～2。

应根据不同用途和控制对象选择不同型号和规格的低压断路器，对不同容量的设备应选择合适的整定电流，否则不能起到应有的保护作用，具体参数选择可参考表 8-6 所示的 ZM 型低压断路器规格与技术参数。

表 8-6　ZM 型低压断路器的规格和技术参数(部分)

型号	额定电流/A	极数	额定绝缘电压/V	额定工作电压/V	额定冲击耐受电压/V	极限短路分断能力/kA	运行短路分断能力/kA
ZM40-63C	6、10、16、20、25、32、40、50、63	100	AC800	AC400	6000	20	12
ZM40-63S						35	25
ZM40-63R						50	35
ZM40-100C	10、16、20、25、32、40、50、63、80、100				8000	35	25
ZM40-100S						40	—
ZM40-100R						65	—
ZM40-160C	100、125、140、160、180、200、225					35	25
ZM40-160S						40	—
ZM40-160R						65	—

3. 低压断路器的安装技术要求

(1) 低压断路器一般应垂直安装，但也可根据产品允许情况横装。

(2) 低压断路器必须符合上进下出的原则，无特殊情况，不允许倒进线，以免发生触电事故。

(3) 低压断路器上、下、左、右的距离应满足有关规定，有利于散热，保证开关的正常工作。

4. 低压断路器使用注意事项

(1) 低压断路器的整定脱扣电流一般指的是在常温下的动作电流，在高温或低温时会有相应的变化。

(2) 有欠压脱扣器的断路器应使欠压脱扣器通以额定电压，否则会损坏。

(3) 断路器手柄可以处于三个位置，分别表示合闸，断开、脱扣三种状态，当手柄处于脱扣位置时，应向下扳动手柄，使断路器再扣，然后合闸。

二、低压负荷开关的选型与安装

低压负荷开关常用的有 HK 系列胶盖闸刀开关和 HH 系列封闭式负荷开关两种。低压负荷开关可作为电源隔离开关，也可接通或分断小容量负荷。

1. 胶盖闸刀开关的规格及选用

胶盖闸刀开关按极数可分为单极、两极和三极。两极闸刀开关的额定电压为 250 V，三极闸刀开关的额定电压为 500 V，常用瓷底胶盖闸刀开关的额定电流为 10～60 A，产品型号主要有 HK1、HK2 系列。

1) HK1 系列瓷底胶盖闸刀开关的基本技术参数

HK1 系列瓷底胶盖闸刀开关的基本技术参数如表 8-7 所示。

表 8-7 HK1 系列瓷底胶盖闸刀开关的基本技术参数

型号	极数	额定电流/A	额定电压/V	熔体线径/mm
HK1-10	2	10	220	1.45～1.59
HK1-15	2	15	220	2.30～2.75
HK1-30	2	30	220	3.36～4.00

2) 瓷底胶盖闸刀开关的选用

(1) 对于普通负载：瓷底胶盖闸刀开关额定电压大于或等于线路的额定电压；额定电流等于或稍大于线路的额定电流。

(2) 对于电动机：瓷底胶盖闸刀开关额定电压大于或等于线路的额定电压；额定电流可为电动机额定电流的 3 倍左右。

2. 胶盖闸刀开关的安装技术要求

(1) 胶盖闸刀开关必须垂直安装，在开关接通状态时，瓷质手柄应朝上，不能在其他方向，否则容易产生误操作。

(2) 电源进线应接入规定的进线座，即上端静端子，出线应接入规定的出线座，即下端动端子，不得接反，否则易引发触电事故。

3. 胶盖闸刀开关使用注意事项

(1) 不宜频繁带负载操作胶盖闸刀开关，因为其触头的负载能力有限。

(2) 合、分胶盖闸刀开关时动作应迅速，以免电弧灼损触头和灼伤人的手。如在断开闸刀时出现电弧，应快速拉开刀闸，防止电弧灼伤。

4. 铁壳开关的注意事项

HH 系列封闭式负荷开关俗称铁壳开关。这种开关的闸刀和熔丝都装在一个铁壳里，手柄和铁壳有机械联锁装置，在不拉开闸刀时不能打开铁壳。当铁壳打开时，开关不能合闸，保证了操作和更换熔体的安全。

安装铁壳开关时，应注意以下事项：

(1) 铁壳开关必须垂直安装，安装高度要符合设计要求，若设计无要求，操作手柄中心距地面高度应为 1.2～1.5 m。

(2) 铁壳开关的外壳应可靠接地或接零。

(3) 铁壳开关进出线孔的绝缘圈(橡皮、塑料)应齐全。

(4) 采用金属管配线时，管子应穿入进出线孔内，并用管螺帽拧紧。如果电线管不能进入进出线孔内，则可在接近开关的一段用金属软管(蛇皮管)与铁壳开关相连，且金属软管两端均应采用管接头固定。

(5) 外壳完好无损，机械联锁正常，绝缘操作连杆固定可靠，可动触片固定良好，接触紧密。

三、熔断器的选型与安装

熔断器俗称保险丝，使用时其串联在所保护的电路中，当该电路发生严重过载或短路故障时，通过熔断器的电流达到或超过了某一规定值，以其自身产生的热量使熔体熔断而自动切断电路，起到保护作用。

熔断器的优点有：选择性好，上级熔断体额定电流不小于下级熔断体额定电流的 1.6 倍，就视为上下级能有选择性的断开故障电流；限流特性好，分段能力高；相对尺寸小，价格便宜。

缺点有：故障熔断后必须更换熔断体，保护功能单一，且只有一段反时限保护特性；发生一相熔断时，将导致三相电动机两相运行，需用带发报警信号的熔断器弥补；不能远程操作，需要与电动刀开关、负荷开关组合使用。

1. 熔断器的选择

熔断器的额定电流与熔体的额定电流是不同的，某一额定电流等级的熔断器可以装入几个不同额定电流等级的熔体，所以选择熔断器做线路和设备的保护时，首先要明确所选用熔体的规格，然后再根据熔体去选定熔断器。详细可参考如表 8-8 所示常用螺旋式熔断器型号和规格。

熔断器的选择：

(1) 良好的配合，使其在整个曲线范围内获得可靠的保护。

(2) 熔断器的极限分断电流应大于或等于所保护电路可能出现的短路冲击电流的有效值，否则就不能获得可靠的短路保护。

(3) 由于熔断器的保护特性是不稳定的，因此在配电系统中，各级熔断器必须相互配合以实现选择性，一般要求前一级熔体比后一级熔体的额定电流大 1.6 倍以上，或者上一级熔断器根据标准特性曲线查出的熔断时间至少应为后一级熔断器根据标准特性曲线查出的熔断时间的3倍以上，这样才能避免因发生越级动作而扩大停电范围。

表8-8 常用螺旋式熔断器型号和规格

类别	型号	额定电压/V	额定电流/A	熔体额定电流等级/A	极限分断能力/kA
螺旋式熔断器	RL1	500	15	2，4，6，10，15	2
			60	20，25，30，40，50，60	3.5
			100	60，80，100	20
			200	100，125，150，200	50
	RL2	500	25	2，4，6，10，15，20，25	1
			60	25，35，50，60	2
			100	80，100	3.5

熔断器熔体电流的选择：

(1) 照明电路要求熔断器熔体额定电流大于等于被保护电路上所有照明电器工作电流之和。

(2) 动力电路电流要求：单台直接启动电动机要求熔体额定电流 = (1.5～2.5) × 电动机额定电流；多台直接启动电动机要求总保护熔断器熔体额定电流 = (1.5～2.5) × 各台电动机电流之和；降压启动电动机要求熔断器熔体额定电流 = (1.5～2) × 电动机额定电流；绕线式电动机要求熔断器熔体额定电流 = (1.2～1.5) × 电动机额定电流。

(3) 配电变压器低压侧要求熔断器熔体额定电流 = (1.0～1.5) × 变压器低压侧额定电流。

(4) 并联电容器组要求熔断器熔体额定电流 = (1.43～1.55) × 电容器组额定电流。

2. 螺旋式熔断器安装技术要求

(1) 确定熔断器规格后，要根据负载情况选用合适的熔体。

(2) 熔断器的进电源线应接在中心舌片的端子上，出电源线应接在螺纹的端子上，切勿接反。

(3) 熔体的熔断指示端应置于熔断器的可见端，以便及时发现熔体的熔断情况。

(4) 瓷帽瓷套连接平整、紧密。

3. 螺旋式熔断器的使用注意事项

(1) 熔断器的熔体熔断后，应先查明故障原因，排除故障后方可换上原规格的熔体，不能随意更改熔体规格，更不能用铜丝代替熔体。

(2) 在配电系统中，选择各级熔断器时要互相配合，以实现选择性。

(3) 对于动力负载，因其启动电流大，熔断器主要起短路保护作用，故其过载保护应选用热继电器。

四、漏电保护器的选型与安装

漏电保护器用于人体触电和设备绝缘破坏等接地漏电故障的保护。漏电保护除采用漏电保护器外，还可采用漏电附件和漏电断路器。漏电附件与相应断路器配合使用，除了具有漏电保护作用外，还具有断路和过载保护作用，同时具有拆卸方便，使用灵活的优点。漏电断路器也是一种同时具有两种保护功能的电器，同样具有双重保护功能。

1. 漏电保护器的选用

(1) 根据使用场合选择合适的漏电保护器。

(2) 根据保护对象不同，按规范选择适当的漏电动作电流和动作时间(动作电流 0.03 A 为高灵敏度漏电保护器，0.3 A 为中灵敏度漏电保护器，大于 1 A 为低灵敏度漏电保护器)。

2. 漏电保护器的安装技术要求

(1) 安装在干燥、无尘的场所，安装位置应垂直，各方向倾斜度不应超过规定值。

(2) 对于电子式漏电附件，电子端与负载端不能接反，否则将损坏漏电附件。

(3) 安装场所附近的外磁场在任何方向不应超过地磁场的 5 倍。

3. 漏电保护器的使用注意事项

(1) 通常正常工作电流的相线和零线接在漏电保护器上，而保护接地线绝不能接在漏电保护器上。若相线与设备外壳搭接时，故障电流会通过保护线流过漏电保护器，零序电流互感器则检测不出故障电流，即零序电流仍为零，漏电保护器就不会动作。

(2) 在使用漏电保护器时，用电设备侧的零线与保护线也不可接错。若误把保护线当零线用，则漏电保护器无法合闸。

(3) 当选用断路器加漏电附件作为漏电保护时，若发生断路或过载时，小型断路器的把手动作，漏电附件把手不动作；若发生漏电现象时，漏电附件把手和断路器把手同时动作；复位时，必须先复位漏电附件把手。

(4) 漏电测试按钮应每月测试一次，以检验漏电保护器功能是否正常。

五、单相电度表的选型与安装

单相电度表俗称电表，是一种计量用户电量的仪表。电表有单相、三相之分，单相电度表是专门为家庭使用而设计的，如图 8-43 所示。

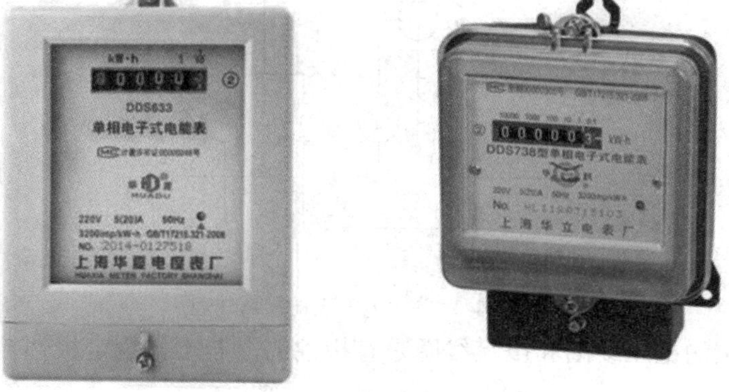

图 8-43　单相电度表

感应式电度表主要由驱动元件、转动元件、制动元件及计数器等组成。当交流电流通过感应式电度表的电流线圈和电压线圈时，在铝盘上会感应出涡流，这些涡流与交变磁通相互产生磁力，使铝盘转动，显示用电量。

单相电度表的规格很多，不同的厂家有不同的产品，但工作原理是一样的。DD862-4型电度表规格如表 8-9 所示。

表 8-9 DD862-4 型电度表规格

精 度	额定电压	基本电流
2.0	220 V	2.5(10)、5(20)、10(40)、20(80)、30(100)

1. 单相电度表的选用

(1) 单相电度表有感应式和电子式之分，在接线方面有直接式和经互感器式两种接线方式，应根据负荷容量进行选择。

(2) 使用负载的总容量不得超过电度表额定值的 25%，以免损坏内部元件，但也不得经常低于电度表额定值的 10%以下，以免影响计量的准确度。

(3) 采用经互感器的接线方法应选择合适的电度表和互感器。互感器按负载容量选择，电度表额定电流按互感器二次侧电流选择。

2. 单相电度表的安装技术要求

(1) 电度表不得安装过高，一般以距地面 1.8～2.2 m 为宜。

(2) 电度表不得倾斜，其垂直方向的偏移不大于 1°，否则会增大计量误差。

(3) 电度表应安装在室内通风、干燥、无振动的场所，其环境温度不可超出允许范围，湿度不超过 85%，否则会影响读数的准确性。

(4) 电度表的进线、出线应使用铜芯线，芯线截面不得小于 1 mm^2。接线要牢固，但不可焊接，裸露的线头部分不可露出接线盒。

(5) 电度表应按电度表接线盒上的电路接线。如单相电度表有 4 个接线桩头，从左到右按 1、2、3、4 顺序，通常是 1、3 进，2、4 出，且 1 应接入火线，3 接入地线，切不可接错。电度表接线示意图如图 8-44 所示。

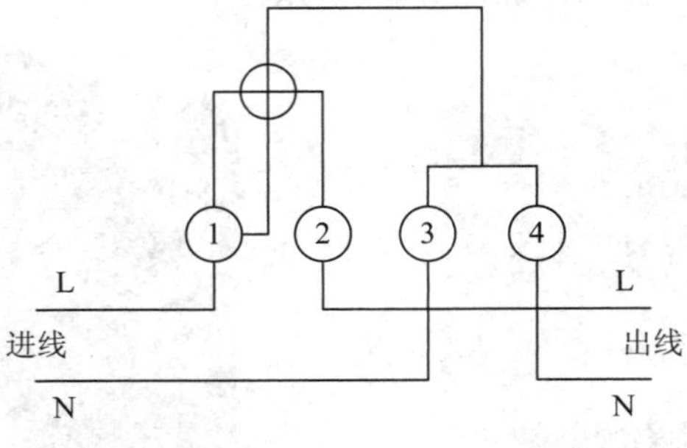

图 8-44 单相电度表的接线方法

(6) 电度表中的电压线圈和电流线圈是有极性的，若不按规定极性接线，电度表会反转，影响正常计量。

3. 电度表使用注意事项

(1) 电度表若作为总计量电度表，在使用前应交有资质的检验部门进行检验，合格后方可使用，并应定期复验。

(2) 发现电度表有异常现象，不得私自拆卸，必须通过有关部门进行妥善处理。

(3) 电度表正常工作时，由于电磁感应的作用，有时会发出轻微的“嗡嗡”响声，这是正常现象。

任务实施

完成车间动力电气柜的安装与调试。

1. 目的要求

掌握车间动力电气柜的安装与调试方法。

2. 工具

六角扳手、螺丝刀、验电笔、万用表等。

3. 实际操作

(1) 组装前首先看清图纸及技术要求。

(2) 查看产品型号、元器件型号、规格、数量等与图纸是否相符。

(3) 检查元器件有无损坏。

(4) 必须按图安装 (如果有图)。

(5) 元器件组装顺序应在电路板上从左至右，由上至下。

(6) 同一型号产品应保证组装一致性。

4. 评分标准

评分标准如表 8-10 所示。

表 8-10 评 分 标 准

项目内容	配分	评 分 标 准		扣分
检查元器件	5	电器元件漏检或错检，每处扣 1 分		
选择低压电器	15	根据要求合理选择低压电器，选错一个扣 5 分		
电器安装	40	正确安装低压电器，操作不正确扣 5 分；按照带电操作规范进行检测，不符合要求扣 20 分		
布线	10	布线美观、牢固可靠，不符合要求每处扣 1 分		
通电验证	10	(1) 第一次验证不成功扣 3 分 (2) 第二次验证不成功扣 5 分 (3) 第三次验证不成功扣 10 分		
团队协作	10	团队配合紧密，沟通顺畅，任务明确，存在一处不合理扣 2 分		
6S 标准	10	在工作中与工作结束严格按照 6S 标准操作，违反一处扣 2 分		
备注	除定额时间外，各项目的最高扣分不应超过配分数		成绩	
开始时间			结束时间	

本章知识点考题汇总

一、判断题

1. ( ) 组合开关在用于直接控制电机时，要求其额定电流可取电动机额定电流的 2～3 倍。

2. ( ) 按钮的文字符号为 SB。

3. ( ) 按钮根据使用场合，可选的种类有开启式、防水式、防腐式、保护式等。

4. ( ) 从过载角度出发，规定了熔断器的额定电压。

5. ( ) 额定电压为 380 V 的熔断器可用在 220 V 的线路中。

6. ( ) 分断电流能力是各类刀开关的主要技术参数之一。

7. ( ) 热继电器的双金属片是由一种热膨胀系数不同的金属材料辗压而成。

8. ( ) 行程开关的作用是将机械行走的长度用电信号传出。

9. ( ) 交流接触器常见的额定最高工作电压可达 6000 V。

10. ( ) 交流接触器的额定电流是在额定的工作条件下所决定的电流值。

11. ( ) 胶壳开关不适合用于直接控制 5.5 kW 以上的交流电动机。

12. ( ) 接触器的文字符号为 KM。

13. ( ) 目前我国生产的接触器额定电流一般大于或等于 630 A。

14. ( ) 频率的自动调节补偿是热继电器的一个功能。

15. ( ) 热继电器的保护特性在保护电动机时，应尽可能与电动机过载特性接近。

16. ( ) 热继电器的双金属片弯曲的速度与电流大小有关，电流越大，速度越快，这种特性称正比时限特性。

17. ( ) 热继电器是利用双金属片受热弯曲而推动触点动作的一种保护电器，它主要用于线路的速断保护。

18. ( ) 熔断器的特性是通过熔体的电压值越高，熔断时间则越短。

19. ( ) 为安全起见更换熔断器时最好断开负载。

20. ( ) 熔断器的文字符号为 FU。

21. ( ) 熔断器在所有电路中都能起到过载保护。

22. ( ) 熔体的额定电流不可大于熔断器的额定电流。

23. ( ) 在采用多级熔断器保护中，后级熔体的额定电流比前级大(以电源端为最前端)。

24. ( ) 时间继电器的文字符号为 KT。

25. ( ) 铁壳开关安装时外壳必须可靠接地。

26. ( ) 万能转换开关的定位结构一般采用滚轮卡转轴辐射型结构。

27. ( ) 为了有明显区别，并列安装的同型号开关应采用不同高度安装，错落有致。

28. ( ) 在电气原理图中，当触点图形垂直放置时，以“左开右闭”原则绘制。

29. ( ) 中间继电器实际上是一种动作与释放值可调节的电压继电器。

30. ( ) 自动开关属于手动电器。

31. ( ) 自动空气开关具有过载、短路和欠电压保护。

32. ( ) 自动切换电器是依靠本身参数的变化或外来信号而自动进行工作的。

33. ( ) 组合开关可直接启动 5 kW 以下的电动机。

二、选择题

1. 低压电器按其动作方式又可分为自动切换电器和( )电器。

A. 非电动　B. 非自动切换　C. 非机械

2. 非自动切换电器是依靠( )直接操作来进行工作的。

A. 电动　B. 外力(如手控)　C. 感应

3. 低压电器可归为低压配电电器和( )电器。

A. 低压控制　B. 电压控制　C. 低压电动

4. 断路器是通过手动或电动等操作机构使断路器合闸，通过( )装置使断路器自动跳闸，达到故障保护目的。

A. 活动　B. 自动　C. 脱扣

5. 更换熔体或熔管，必须在( )的情况下进行。

A. 不带电　B. 带电　C. 带负载

6. 更换熔体时，原则上新熔体与旧熔体的规格要( )。

A. 相同　B. 不同　C. 更新

7. 行程开关的组成包括有( )。

A. 线圈部分　B. 保护部分　C. 反力系统

8. 继电器是一种根据( )来控制电路接通或断开的一种自动电器。

A. 电信号

B. 外界输入信号(电信号或非电信号)

C. 非电信号

9. 建筑施工工地的用电机械设备( )安装漏电保护装置。

A. 应　B. 不应　C. 没规定

10. 交流接触器的电寿命约为机械寿命的( )倍。

A. 10　B. 1　C. 1/20

11. 交流接触器的额定工作电压是指在规定条件下能保证电器正常工作的( )电压。

A. 最高　B. 最低　C. 平均

12. 交流接触器的机械寿命是指在不带负载的操作次数，一般达( )。

A. 600 至 1000 万次　B. 10 万次以下　C. 10 000 万次以上

13. 胶壳刀开关在接线时，电源线接在( )。

A. 上端(静触点)　B. 下端(动触点)　C. 两端都可以

14. 具有反时限安秒特性的元件就具备短路保护和( )保护能力。

A. 机械　B. 温度　C. 过载

15. 利用交流接触器作欠压保护的原理是当电压不足时，线圈产生的( )不足，触头分断。

A. 磁力　B. 涡流　C. 热量

16. 组合开关用于电动机可逆控制时，( )允许反向接通。

A. 不必在电动机完全停转后就

B. 可在电动机停后就

C. 必须在电动机完全停转后才

17. 热继电器的保护特性与电动机过载特性接近，是为了充分发挥电机的(　　)能力。

A. 过载　　B. 控制　　C. 节流

18. 热继电器的整定电流为电动机额定电流的(　　)%。

A. 100　　B. 120　　C. 130

19. 热继电器具有一定的(　　)自动调节补偿功能。

A. 频率　　B. 时间　　C. 温度

20. 熔断器的保护特性又称为(　　)。

A. 安秒特性　　B. 灭弧特性　　C. 时间性

21. 熔断器的额定电流(　　)电动机的启动电流。

A. 大于　　B. 等于　　C. 小于

22. 熔断器在电动机的电路中起(　　)保护作用。

A. 过载　　B. 短路　　C. 过载和短路

23. 在采用多级熔断器保护中，后级的熔体额定电流比前级大，目的是防止熔断器越级熔断而(　　)。

A. 查障困难　　B. 减小停电范围　　C. 扩大停电范围

24. 一般线路中的熔断器有(　　)保护。

A. 过载　　B. 短路　　C. 过载和短路

25. 属于配电电器的有(　　)。

A. 熔断器　　B. 接触器　　C. 电阻器

26. 铁壳开关的电气图形为(　　)，文字符号为QS。

A. 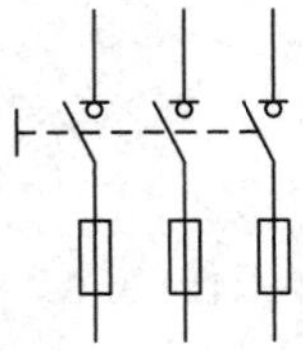　　B. 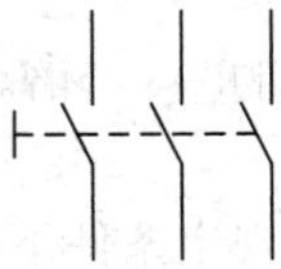　　C. 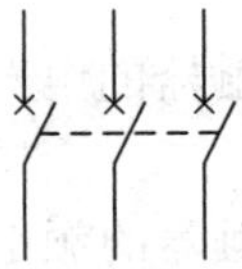

27. 铁壳开关在作控制电动机启动和停止时，要求额定电流要大于或等于(　　)倍电动机额定电流。

A. 两　　B. 一　　C. 三

第九章 电气线路

9.1 电气线路的种类及特点

学习目标

1. 了解电气线路的种类。
2. 掌握电气线路的特点。

课堂讨论

如图 9-1 所示的电气线路大家应该都见到过，想想它们有什么区别呢？

图 9-1 常见的电气线路

电气线路根据其不同负载对象和铺设方式分为多种类型。那么它们有什么区别呢？各有什么特点呢？本节我们就来学习电气供电线路的知识。

工作任务

通过查阅相关资料，根据低压供电线路架设要求，完成平原地区从变电站到三个厂房的架空线路设计图纸，如图 9-2 所示。

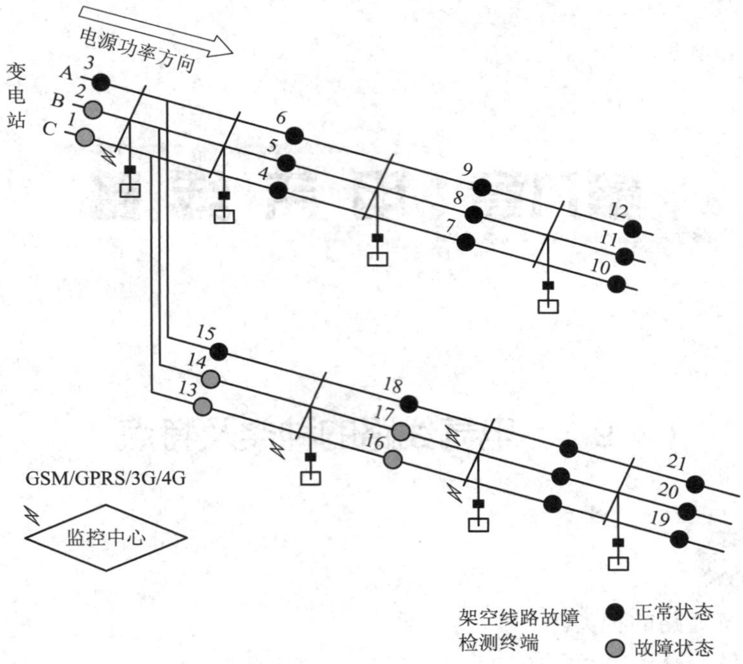

图 9-2 架空线路设计方案案例

知识链接

电气线路种类很多。按照敷设方式，分为架空线路、电缆线路、穿管线路等；按照导体的绝缘性质，分为塑料绝缘线、橡皮绝缘线、裸线等。

一、架空线路

架空线路是指档距超过 25 m，利用杆塔敷设的高、低压电力线路。档距是架空线路相邻两杆塔中心柱之间的水平距离。

架空线路主要由导线、杆塔、绝缘子、横担、金具、拉线及基础等组成。

架空线路的导线用以输送电流，多采用钢芯铝绞线、硬铜绞线、硬铝绞线和铝合金绞线。厂区内(特别是有火灾危险的场所)的低压架空线路宜采用绝缘导线。

1. 架空线路的杆塔

杆塔用以支撑导线及其附件，有钢筋混凝土杆、木杆和铁塔之分。按其功能，杆塔分为直线杆塔、耐张杆塔、跨越杆塔、转角杆塔、分支杆塔和终端杆塔等，如图 9-3 所示。

(1) 直线杆塔。

直线杆塔如图 9-3(a)所示，用于线路的直线段上，起支撑导线(横担、绝缘子、金具)之用。

(2) 耐张杆塔。

耐张杆塔如图 9-3(b)所示，在断线或紧线施工的情况下，能承受线路单方向的拉力，用于线路直线段的几座直线杆塔之间线段上。

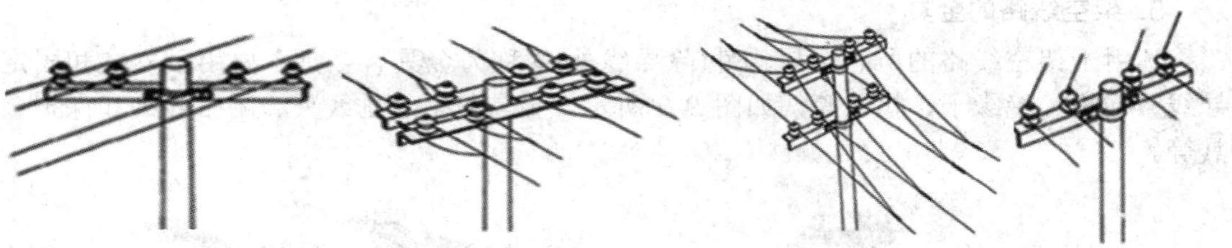

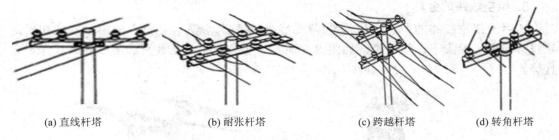

(a) 直线杆塔　(b) 耐张杆塔　(c) 跨越杆塔　(d) 转角杆塔

图 9-3　架空线路的部分杆塔种类

(3) 跨越杆塔。

跨越杆塔如图 9-3(c)所示，是一种高大、加强的耐张型杆塔，用于线路跨越铁路、公路、河流等处。

(4) 转角杆塔。

转角杆塔如图 9-3(d)所示，用于线路改变方向处，能承受线路两方向的合力。

(5) 分支杆塔。

分支杆塔用于线路分支处，能承受各方向线路的合力。

(6) 终端杆塔。

终端杆塔用于线路的终端，能承受线路全部导线拉力。

2. 架空线路的绝缘子

绝缘子又称瓷瓶，如图 9-4 所示，用于固定导线并使导线和电杆绝缘。绝缘子应有足够的电气绝缘强度和机械强度。

图 9-4　绝缘子

3. 架空线路的横担

横担是绝缘子的安装架，也是保持导线间距的排列架。常用的横担有角铁横担、木横担和陶瓷横担。

4. 架空线路的拉线

拉线用以平衡杆塔各方向受力，保持杆塔的稳定性，如图 9-5 所示。

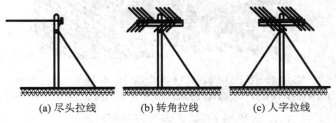

(a) 尽头拉线　(b) 转角拉线　(c) 人字拉线

图 9-5　架空线路的拉线

5. 架空线路的金具

凡用于架空线路的所有金属构件(除导线外)均称为金具。金具主要用于安装和固定导线、横担、绝缘子、拉线等，如图 9-6 所示。金具包括悬垂线夹、耐张线夹和保护金具等。

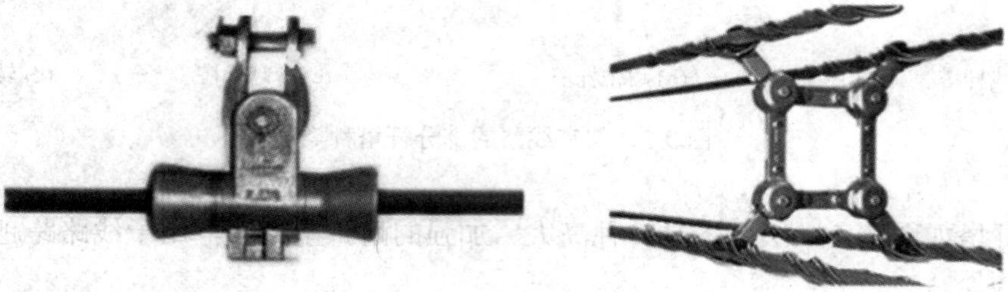

(a) 切线悬垂线夹　　(b) 耐张线夹

图 9-6　架空线路的金具

(1) 悬垂线夹：通过连接金具将导线悬挂在绝缘子上。

(2) 耐张线夹：用于固定导线，以承受导线张力，并将导线挂至杆塔的金具上。

(3) 保护金具：如防震锤，间隔棒等金具对电气性能或机械性能起保护作用。

架空线路的特点是造价低、施工和维修方便、机动性强。但架空线路容易受大气中各种有害因素的影响，妨碍交通和地面建设，而且容易与邻近的高大设施、设备或树木接触(或过分接近)造成触电、短路等事故。

二、电缆线路

1. 电力电缆线路

电力电缆线路主要由电力电缆、终端接头和中间接头组成。电力电缆分为油浸纸绝缘电缆、交联聚乙烯绝缘电缆和聚氯乙烯绝缘电缆。

电力电缆主要由缆芯导体、绝缘层和保护层组成。电缆缆芯导体分铜芯和铝芯两种。绝缘层有油浸纸绝缘、塑料绝缘、橡皮绝缘等几种。保护层分内护层和外护层。内护层又分铅包、铝包、聚氯乙烯护套、交联聚乙烯护套、橡套等几种。外护层包括黄麻衬垫、钢铠和防腐层。如图 9-7、9-8 所示分别为油浸纸绝缘电力电缆的结构和交联聚乙烯绝缘电缆的结构。

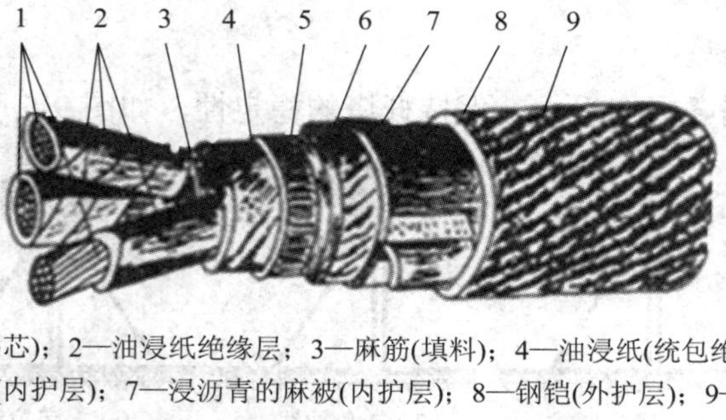

1—缆芯(铜芯或铝芯)；2—油浸纸绝缘层；3—麻筋(填料)；4—油浸纸(统包绝缘)；5—铅包；6—涂沥青的纸带(内护层)；7—浸沥青的麻被(内护层)；8—钢铠(外护层)；9—麻被(外护层)

图 9-7　油浸纸绝缘电力电缆的结构

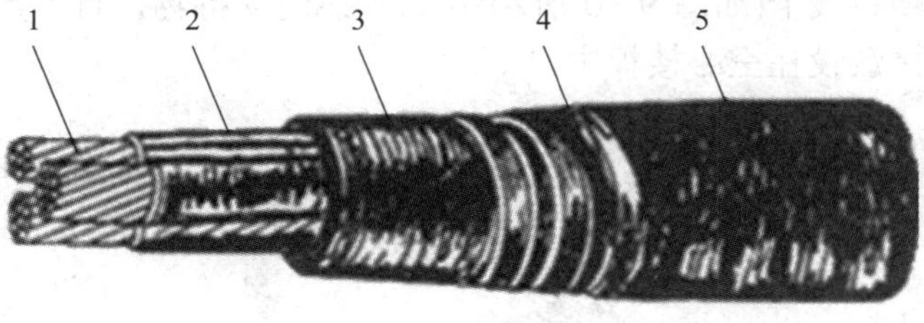

1—缆芯(铜芯或铝芯)；2—交联聚乙烯绝缘层；3—聚氯乙烯护套(内护层)；
4—钢铠或铝铠(外护层)；5—聚氯乙烯外套(外护层)

图 9-8 交联聚乙烯绝缘电缆的结构

2. 电缆终端接头

户外用电缆终端接头有铸铁外壳终端接头、瓷外壳终端接头和环氧树脂终端接头。户内用电缆终端接头常用环氧树脂终端接头和尼龙终端接头。电缆中间接头有环氧树脂中间接头、铅套中间接头和铸铁中间接头，如图 9-9 所示。

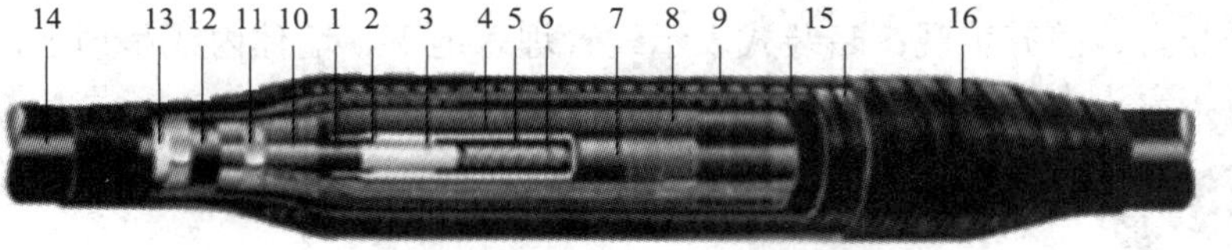

1—电缆芯绝缘屏蔽层；2—中间头应力锥(几何法)；3—电缆芯绝缘；4—中间接头绝缘层；
5—中间接头内屏蔽层；6—金属连接管；7—中间接头外屏蔽层；8—铜屏蔽网；9—钢铠过桥地线；
10—电缆铜屏蔽层；11—恒力弹簧；12—电缆内护层；13—电缆铠装层；14—电缆外护套；15—防水胶带层；16—装甲带

图 9-9 电缆中间接头结构示意图

据统计，电缆接头事故占电缆事故的 70%，可见其安全运行十分重要。

电缆线路的特点是造价高、不便分支、施工和维修难度大。但电缆线路不容易受大气中各种有害因素的影响，不妨碍交通和地面建设。现代化企业中，电缆线路得到了广泛的应用，特别是在有腐蚀性气体或蒸气、有爆炸火灾危险的场所，应用最为广泛。

三、室内配线

1. 室内配线的类型

室内配线是指敷设的室内用电器具和设备的供电和控制线路。室内配线有明线安装和暗线安装两种安装方法。明线安装是指导线沿墙壁、天花板、梁及柱子等表面敷设的安装方法。暗线安装是指导线穿管埋设在墙内、地下、顶棚里的安装方法。

2. 室内配线的主要方式

室内配线的主要方式通常有瓷(塑料)夹板配线、瓷瓶配线、槽板配线、塑料护套线配线、线管配线等。下面只对塑料护套线配线和线管配线进行介绍。

1) 塑料护套线配线

塑料护套线是一种将双芯或多芯绝缘导线并在一起，外加塑料保护层的双绝缘导线，具有防潮、耐酸、耐腐蚀及安装方便等优点，广泛用于家庭、办公等室内配线中。塑料护套线一般用铝片或塑料线卡(如图 9-10 所示)作为导线的支持物，直接敷设在建筑物的墙壁表面，有时也可直接敷设在空心楼板中。

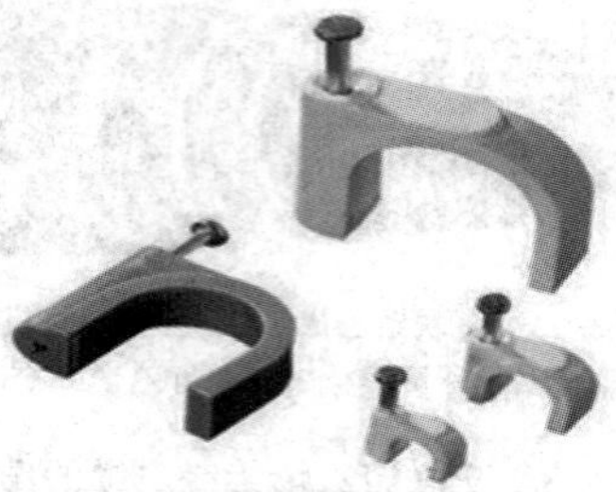

图 9-10 塑料线卡

2) 线管配线

把绝缘导线穿在管内敷设称为线管配线。线管配线有耐潮、耐腐、导线不易遭受机械损伤等优点，适用于室内、外照明和动力线路的配线。

线管配线有明装式和暗装式两种。明装式表示线管沿墙壁或其他支撑物表面敷设，要求线管横平竖直、整齐美观；暗装式表示线管埋入地下、墙体内或吊顶上，不为人所见，要求线管短、弯头少。

任务实施

根据低压供电线路架设要求，完成平原地区从变电站到三个厂房的架空线路设计图纸，如图 9-11 所示。

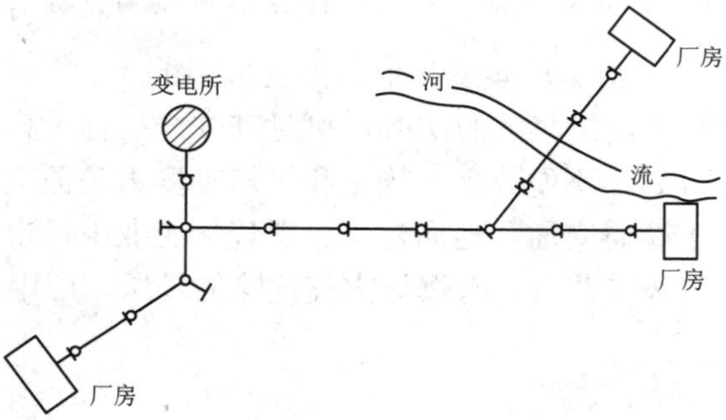

图 9-11 架空线路设计方案

1. 目的要求

掌握架空线路设计要求与设计步骤。

2. 工具、仪表及器材

(1) 铅笔、绘图工具等。

(2) CAD 软件。

3. 实践操作

(1) 总结在架空线路设计施工中的标准参数与规范要求。

(2) 列出架空线路所需要的物资清单。

(3) 绘制变电站到三个厂房的架空线路设计草图。

(4) 运用 CAD 计算机辅助设计软件完成架空线路设计图。

4. 评分标准

评分标准如表 9-1 所示。

表 9-1 评 分 标 准

项目内容	配分	评 分 标 准	扣分
标准总结	15	总结完善，否则每处扣 1 分	
物资清单	15	种类齐全，缺项扣 3 分 数量大体符合要求，出入过大扣 1 分	
手绘草图	20	(1) 不按规范绘制扣 10 分 (2) 布线不符合要求扣 5 分 (3) 设计不符合要求扣 5 分	
CAD 绘图	30	(1) 不按规范绘制扣 10 分 (2) 布线不符合要求扣 5 分 (3) 设计不符合要求扣 5 分	
团队协作	10	团队配合紧密，沟通顺畅，任务明确，存在一处不合理扣 2 分	
6S 标准	10	在工作中与工作结束严格按照 6S 标准操作，违反一处扣 2 分	
备注	除定额时间外，各项目最高扣分不应超过配分数	成绩	
开始时间		结束时间	

9.2 常用电工辅料及导线的连接

学习目标

1. 了解常用电工材料。
2. 掌握导线连接的方法。

课堂讨论

大家肯定见过如图 9-12 所示的电工辅料吧？它们在电路施工中起到什么作用呢？

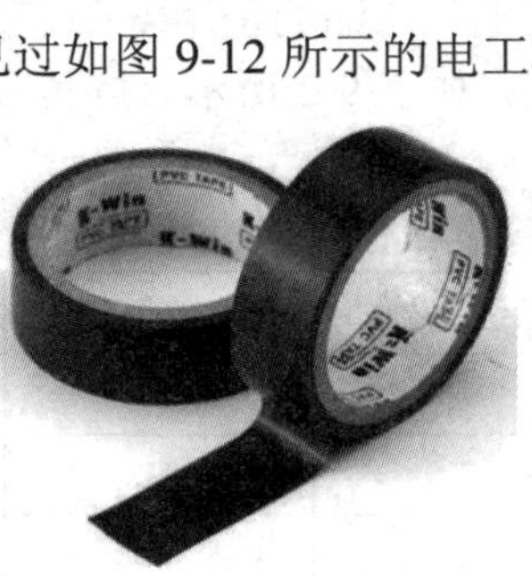

(a) 电工胶布

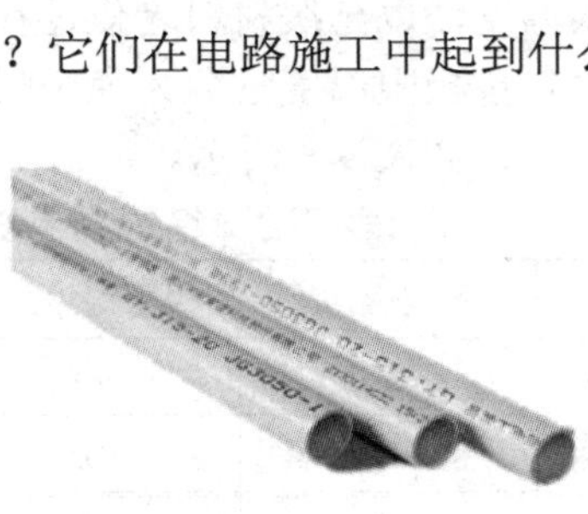

(b) 绝缘线管

图 9-12 电工辅料

在电路施工中需要对导线进行连接、绝缘、防腐、防水等处理。下面我们来学习电工辅料与导线接线的方法。

工作任务

通过自主学习电工辅料与导线的连接知识，完成不同类型导线的连接工作，如图 9-13 所示。

图 9-13 导线的连接

知识链接

一、常用电工材料

常用电工材料分为四类：绝缘材料、导电材料、电热材料和磁性材料。

1. 绝缘材料

绝缘材料的主要作用是隔离带电或是具有不同电位的导体，使电流只能沿导体流动。绝缘材料在使用过程中，由于各种因素的长期作用，会发生化学变化和物理变化，使其电气性能及机械性能下降，这种变化称绝缘老化。绝缘材料老化的因素很多，但主要是热因素。使用时温度过高会加速绝缘材料的老化过程，因此对各种绝缘材料都要规定它们在使用过程中的极限温度，以延缓材料老化过程，保证电气产品的使用寿命。

电工绝缘材料按极限温度划分为七个耐热等级，如表 9-2 所示。按其应用或工艺特征，则可划分为六大类，如表 9-3 所示。

表 9-2 绝缘材料的耐热等级和极限温度

等级代号	耐热等级	极限温度/℃	等级代号	耐热等级	极限温度/℃
0	Y	90	4	F	155
1	A	105	5	H	180
2	E	120	6	C	>180
3	B	130	—	—	—

表 9-3　绝缘材料的分类

分类代号	材料类别	材 料 示 例
1	漆、树脂和胶类	如 1030 醇酸漆、1052 硅有机漆等
2	浸渍纤维制品类	如 2432 醇酸玻璃漆布等
3	层压制品类	如 3240 环氧酚醛层压玻璃布板、3640 环氧酚醛层压玻璃布管等
4	压塑料类	如 4013 酚醛木粉压塑料
5	云母制品类	如 5438-1 环氧玻璃粉云母带、5450 硅有机粉带
6	薄膜、黏带和复合制品类	如 6020 聚酯薄膜、聚酰亚胺等

绝缘材料产品按 JB2197—1996 规定的统一命名原则进行分类和型号编制。其具体方法是：先按绝缘材料的应用或工艺特征分大类，大类中按使用范围及形态分小类，在小类中又按其主要成分和基本工艺分品种，再在品种中划分规格。产品型号由四位数字组成，必要时可增加附加代码(数字或字母)，但应尽量少用附加代码。

1) 绝缘漆

(1) 浸渍漆。浸渍漆主要用来浸渍电机、电器的线圈和绝缘零件，以填充其间隙和微孔，提高它们的电气及机械性能。常用的有 1030 醇酸浸渍漆和 1032 三聚氰胺醇酸浸渍漆。这两种都是烘干漆，均具有较好的耐油性及耐电弧性，且漆膜平滑有光泽。

(2) 覆盖漆。覆盖漆有清漆和磁漆两种，可用来涂覆经浸渍处理后的线圈和绝缘零部件，在其表面形成连续且均匀的漆膜作为绝缘保护层，以防止机械损伤和受大气、润滑油及化学药品的侵蚀。

常用的清漆是 1231 醇酸晾干漆。它干燥快，漆膜硬度高并有弹性，电气性能较好。

常用的磁漆有 1320 和 1321 醇酸灰漆。1320 是烘干漆，1321 是晾干漆。它们的漆膜均坚硬、光滑、强度高。

(3) 硅钢片漆。硅钢片漆是用来涂覆硅钢片表面的，它可降低铁芯的涡流损耗和增强防锈及耐腐蚀性能。

常用的是 1611 油性硅钢片漆。它附着力强，漆膜薄、坚硬、光滑、厚度均匀，且耐油和防潮性好。

2) 浸漆纤维制品

(1) 玻璃纤维布。玻璃纤维布主要用来制作电动机和电器的衬垫与线圈的绝缘。常用的是 2432 醇酸玻璃漆布。它的电气性能及耐油性、防潮性都较好，机械强度高，并具有一定的抗震性能，可用于油浸变压器及热带型电工产品。

(2) 漆管。漆管主要用来制作电动机和电器的引出线和连接线的外包绝缘管。常用的是 2730 醇酸玻璃漆管。它具有良好的电气性能及机械性能，耐油、耐潮性较好，但弹性较差，可用于电动机、电器和仪表等设备引出线和连接线的绝缘。

(3) 绑扎带。绑扎带主要用来绑扎变压器铁芯和代替合金钢丝绑扎电动机转子绕组端部。常用的是 B17 玻璃纤维无纬带。由于合金钢丝价格高，比重大，绑扎工艺复杂，钢丝箍内有感应电流会发热，且钢丝及线圈之间还要绝缘，而无纬带则完全没有这样的缺点，因此，无纬带在电动机工业中已得到广泛的应用。

3) 层压制品

常用的层压制品有 3240 层压玻璃布板、3640 层压玻璃布管和 3840 层压玻璃布棒三种。这三种层压制品适宜做电动机的绝缘结构零件，都具有很好的机械性能和电气性能，耐油，耐潮，加工方便。

4) 压塑料

常用的压塑料有 4013 酚醛木粉压塑料和 4330 酚醛玻璃纤维压塑料两种。它们都具有良好的电气性能和防潮性能，尺寸稳定，机械强度高，适宜做电动机和电器的绝缘零件。

5) 云母制品

(1) 柔软云母板。柔软云母板在室温时较柔软，可以弯曲，主要用于电动机的槽绝缘、匝间绝缘和相间绝缘。常用的有 5131 醇酸玻璃柔软云母板及 5131-1 醇酸玻璃柔软粉云母板。

(2) 塑料云母板。塑料云母板在室温时较硬，加热变软后可压塑成各种形状的绝缘零件，主要用来做直流电机换向器的 V 形环和其他绝缘零件。常用的有 5230 及 5235 醇酸塑料云母板，后者含胶量少，可用于温升较高及转速较高的电动机。

(3) 云母带。云母带在室温时较软，适用于电动机和电器线圈及连接线的绝缘。常用的有 5434 醇酸玻璃云母带、5438 环氧玻璃粉云母带和 5430 硅有机玻璃粉云母带。后者厚度均匀、柔软，固化后电气及机械性能良好，但它需低温保存。

(4) 换向器云母板。换向器云母板含胶量少，室温时很硬，厚度均匀，主要用来做直流电机换向器的片间绝缘。常用的有 5535 虫胶换向器云母板及 5536 环氧换向器粉云母板，后者仅用于中小型电动机。

(5) 衬垫云母板。衬垫云母板适宜于做电动机和电器的绝缘衬垫。常用的有 5730 醇酸衬垫云母板及 5737 环氧衬垫粉云母板。

6) 薄膜和薄膜复合制品

(1) 薄膜。电工用薄膜要求厚度薄、柔软，电气性能及机械强度高。常用的有 6020 聚酯薄膜，适用于电机的槽绝缘、匝间绝缘、相间绝缘，以及其他电器产品线圈的绝缘。

(2) 复合膜制品。复合膜制品要求电气性能好，机械强度高。常用的有 6520 聚酯薄膜绝缘纸复合箔及 6530 聚酯玻璃漆箔，适用于电动机的槽绝缘、匝间绝缘、相间绝缘，以及其他电工产品线圈的绝缘。

7) 其他绝缘材料

其他绝缘材料是指在电动机和电器中作为结构、补强、衬垫、包扎及保护作用的辅助绝缘材料。这类绝缘材料品种多，规格杂，有的无统一的型号。下面对一些常用品种做一简单介绍。

(1) 电话纸主要用于电信电缆的绝缘，也可以在电动机、电器中作为辅助绝缘材料。

(2) 绝缘纸板可在变压器油中使用。薄型的、不掺棉纤维的绝缘纸板通常称为青壳纸，主要用来作为绝缘保护和补强材料。

(3) 涤纶玻璃丝绳简称涤纶绳，它强度高，耐热性好，主要用来代替垫片和蜡线绑扎电动机定子绕组端部。用涤纶绳作为绝缘材料经浸漆、烘干处理后，可使电动机绕组端部形成整体，大大提高了电动机运行的可靠性，同时也简化了电动机制造工艺。

(4) 聚酰胺(尼龙)1010 是白色半透明体，在常温时具有较高的机械强度，耐油，耐磨，电气性能较好，吸水性小，尺寸稳定，适宜做绝缘套、插座、线圈骨架、接线板等绝缘零件，也可以用于制作齿轮等机械传动零件。

(5) 黑胶布带用于低压电线电缆接头的绝缘包扎。

2. 导电材料

1) 导电材料特点

导电材料大部分为金属，但不是所有的金属都可以作为导电材料，因为做导电材料的金属必须同时具备下列五个特点：

(1) 导电性能好(即电阻率小)。

(2) 有一定的机械强度。

(3) 不易氧化和腐蚀。

(4) 容易加工和焊接。

(5) 资源丰富，价格便宜。

铝的导电率仅次于铜，但铜的机械性能要大于铝。在改革开放之前由于我国缺乏铜材料，所以用铝线作为导线基本上可以符合上述要求。改革开放后我国科技不断增强，铜资源大量开采，因此铜是现在我们最常用的导电材料。架空线需要具有较高的机械强度，常选用铝镁硅合金；电热材料需要具有较大的电阻率，常选用镍铬合金或铁铬铝合金；熔丝需要具有易熔断特点，故选用铅锡合金；电光源灯丝要求熔点高，需选用钨丝做导电材料等。

2) 导电材料分类

电气设备用电线电缆的使用范围最广，品种也最多。按产品的使用特性可分为七类：

(1) 通用电线电缆。

(2) 电动机和电器用电线电缆。

(3) 仪器仪表用电线电缆。

(4) 地质勘探和采掘用电线电缆。

(5) 交通运输用电线电缆。

(6) 信号控制电线电缆。

(7) 直流高压软电缆。

电工常用的是前两类中的六个系列，如表 9-4 所示。由于使用条件和技术特性不同，因此产品结构差别较大，有些产品只有导电线芯和绝缘层，有些产品在绝缘层外面还有护层。

表 9-4　常用电气设备的电线电缆品种分类表

类　别	系 列 名 称	型号字母及含义
通用电线电缆	橡皮、塑料绝缘导线 橡皮、塑料绝缘软线 通用橡套电缆	B—绝缘布线 R—软线 Y—移动电缆
电动机和电器用电线电缆	电机电器引接线 电焊机用电缆 潜水电机用防水橡套电缆	B—电机引接线 VH—电焊机用的移动电缆 YHS—有防水橡套的移动电缆

3) 导电芯线

目前，移动使用的电线电缆主要用铜做导电线芯；固定敷设用的电线电缆，除特殊场合外，一般采用铝做导电线芯。随着铝合金品种的增多和铝线连接技术的提高，移动式电线电缆也大量采用铝做导电线芯，以减轻重量和节约用铜。电线电缆导电线芯的根数有单根、几根至几十根不等。各种电线电缆导电线芯的面积系列表如表 9-5。

表 9-5 电气设备用电线电缆导电线芯面积系列表(mm^2)

0.012	0.03	0.05	0.12	0.2	0.3	0.4	0.5
0.75	1.0	1.5	2.0	2.5	4	6	10
16	25	35	50	70	95	120	150
185	240	300	400	500	600	800	100

4) 绝缘层

电气设备用电线电缆绝缘层的主要作用是电绝缘，但对于没有护层和使用时经常移动的电线电缆，它还起到机械保护的作用。绝缘层大多数采用橡皮和塑料，它们的耐热等级决定电线电缆的允许工作温度。

5) 护层

护层主要起机械保护作用，它对电线电缆的使用寿命影响最大。大多数电气设备用电线电缆采用橡皮或塑料护套做护层，也有少数采用玻璃丝(或棉纱)来编织护层。

6) 常用导电材料

在电气设备用电线电缆的各种系列中，根据它们的特性以及导电线芯、绝缘层、护套层的材料可分为若干种。现将常用品种的名称、规格型号、特性及其用途分别介绍如下：

(1) B 系列橡皮、塑料电线。这种系列的电线结构简单，质量轻，价格低，电气和机械性能有较大的裕度，广泛应用于各种动力、配电和照明线路，并用做中小型电气设备的安装线。它们的交流工作电压为 500 V，直流工作电压为 1000 V。B 系列中常用的品种如表 9-6 所示。

表 9-6 B 系列橡皮、塑料电线常用品种

产品名称	型号		长期最高工作温度/℃	用途
	铜芯	铝芯		
橡皮绝缘电线	BX①	BLX	65	固定敷设于室内(明敷、暗敷或穿管)，可用于室外，也可做设备内部安装用线
氯丁橡皮绝缘电线	BXF②	BLXF	65	同 BX 型。耐气候性好，适用于室外
橡皮绝缘软电线	BXR	—	65	同 BX 型。仅用于安装时要求柔软的场合
橡皮绝缘和护套电线	BXHF③	BLXHF	65	BX 型。适用于较潮湿的场合和做室外进户线，可代替老产品铅包电线
聚氯乙烯绝缘电线	BV④	BLV	65	同 BX 型。且耐湿性和耐气候性较好
聚氯乙烯绝缘软导线	BVR	—	65	同 BX 型。仅用于安装时要求柔软的场合

续表

产品名称	型号		长期最高工作温度/℃	用途
	铜芯	铝芯		
聚氯乙烯绝缘和护套电线	BVV⑤	BLVV	65	同 BX 型。用于潮湿的机械防护要求较高的场合，可直接埋于土壤中
耐热聚氯乙烯绝缘电线	BV-105⑥	BLV-106	105	同 BX 型。用于 45℃及其以上高温环境中
耐热聚氯乙烯绝缘软电线	BVR-105	—	105	同 BX 型。用于 45℃及其以上高温环境中

注：① “X”表示橡皮绝缘；② “XF”表示氯丁橡皮绝缘；③ “HF”表示非燃性橡套；④ “V”表示聚氯乙烯绝缘；⑤ “VV”表示聚氯乙烯绝缘和护套；⑥ “105”表示耐温 105℃。

(2) R 系列橡皮、塑料软线。这种系列软线的线芯是用多根细铜线绞合而成的，它除了具备 B 系列电线的特点外，还比较柔软，大量用于日用电器、仪表及照明线路。R 系列中常用的品种如表 9-7 所示。

表 9-7 R 系列橡皮、塑料软线常用品种

产品名称	型号	工作电压/V	长期最高工作温度/℃	用途及使用条件
聚氯乙烯绝缘软线	RV RVB① RVS②	交流 250 直流 500	65	供各种移动电器、仪表、电信设备、自动化装置接线用，也可做内部安装线。安装时环境温度不低于 −15℃
耐热聚氯乙烯绝缘软线	RV-105	交流 250 直流 500	105	同 BX 型。用于 45℃及其以上高温环境中
聚氯乙烯绝缘和护套软线	RW	交流 250 直流 500	65	同 BV 型。用于潮湿和机械防护要求较高以及经常移动、弯曲的地方
丁腈聚氯乙烯复合物绝缘软线	RFB③ RFS	交流 250 直流 500	70	同 RVB、RVS 型。低温柔软性较好
棉纱编织橡皮绝缘双绞软线、棉纱纺织橡皮绝缘软线	RXB RX	交流 250 直流 500	65	室内日用电器、照明用电源线
棉纱纺织橡皮绝缘平型软线	RXB	交流 250 直流 500	65	室内日用电器、照明用电源线

注：① “B”表示两芯平型；② “S”表示两芯绞型；③ “F”表示复合物绝缘。

(3) Y 系列通用橡套电缆。这种系列的电缆适用于一般场合，可作为各种电气设备、电动工具、仪器和日用电器的移动电源线，所以也称为移动电缆。按其所承受的机械力大小分为轻、中、重三种类型。Y 系列中常用的品种如表 9-8 所示，它的最高工作温度为 65℃。

表 9-8 Y 系列通用橡套电缆品种表①

产品名称	型 号	交流工作电压/V	特点和用途
轻型橡套电缆	YQ①	250	轻型移动电气设备和日用电器电源线
	YQW②		轻型移动电气设备和日用电器电源线，且具有耐气候性和一定的耐油性
中型橡套电缆	YZ③	500	各种移动电气设备和农用机械电源线
	YZW		各种移动电气设备和农用机械电源线，且具有耐气候性和一定的耐油性
重型橡套电缆	YC④	500	同 YZ 型。能承受一定的机械外力
	YCW		同 YZ 型。能承受一定的机械外力，且具有耐气候性和一定的耐油性

注：① “Q”表示轻型；② “W”表示户外型；③ “Z”表示中型；④ “C”表示重型。

(4) 电线电缆的允许载流量。电线电缆的允许载流量是指在不超过它们最高工作温度的条件下，允许长期通过的最大电流值，也称安全电流。这是电线电缆的一个重要参数。单根 RV、RVB、RVS、RVV 和 BLVV 型电线在空中敷设时的允许载流量(环境温度为+25℃)如表 9-9 所示。

表 9-9 单根电线长期允许载流量

标称截面积/mm²	长期连续负荷允许载流量/A			
	一 芯		两 芯	
	铜芯	铝芯	铜芯	铝芯
0.3	9	—	7	—
0.4	11	—	8.5	—
0.5	12.5	—	9.5	—
0.75	16	—	12.5	—
1.0	19	—	15	—
1.5	24	—	19	—
2.0	28	—	22	—
2.5	32	25	26	20
4	42	34	36	26
6	55	43	47	33

3. 电热材料

电热材料用来制造各种电阻加热设备中的发热元件，可作为电阻接到电路中，把电能转变为热能，使加热设备的温度升高。对电热材料的基本要求是电阻率高，加工性能好，在高温时具有足够的机械强度和良好的抗氧化能力。常用的电热材料是镍铬合金和铁铬铝合金，其品种、工作温度、特点和用途如表 9-10 所示。

表 9-10　电热材料品种表

品　种		工作温度(℃)		特点和用途
		常用	最高	
镍铬合金	CrNi80	1000～1050	1150	电阻率高，加工性能好，高温时机械强度较好，用后不变脆。适用于移动设备上
	Cr20Ni50	900～950	1050	
铁铬铝合金	Cr13A14	900～950	1300	抗干扰性能比镍铬合金好，电阻率比镍铬合金高，价格较便宜，但高温时机械强度较差，用后会变脆。适用于固定设备上
	Cr13A16Mo2	1050～1200	1300	
	Cr25A15	1050～1200	1300	
	Cr27A17Mo2	1200～1300	1400	

4. 电阻合金

电阻合金是制造电阻元件的重要材料之一，广泛用于电动机、电器、仪表及电子等工业。电阻合金除了必须具备电热材料的基本要求外，还要求温度系数低，阻值稳定。电阻合金按其主要用途可分为调节元件用、电位器用、精密元件用及传感器用电阻合金四种。这里仅介绍前两种。

1) 调节元件用电阻合金

这类合金主要用于制造调节电流(电压)的电阻器与控制元件的绕组，常用的有康铜、新康铜、镍铬铝等。它们都具有机械强度高、抗氧化性能好及工作温度高等特点。

2) 电位器用电阻合金

这类合金主要用于各种电位器及滑线电阻，一般采用康铜、镍铬合金和滑线锰铜。滑线锰铜具有抗氧化、焊接性能好、电阻温度系数低等特点。

对于精度要求不高的电阻器，也可以用铸铁制造的电阻元件，它的优点是价格便宜，加工方便；其缺点是性脆易断，电阻率较低，电阻温度系数高，因此体积和质量较大。

二、导线的连接、焊接及绝缘的恢复

1. 导线线径和截面积

1) 导线直径的测量

单股导线直径可用游标卡尺和千分尺测量。

2) 导线截面积的计算

(1) 单股导线截面积的计算。

单股导线截面积可用下式计算，即

$$S=0.785D^2$$

式中：S 为导线的截面积，单位为 mm^2；D 为导线的直径，单位为 mm。

(2) 多股绞线截面积的计算。

多股导线截面积可按下式计算，即

$$S=0.785nd^2$$

式中：n 为绞线股数；d 为导线每股直径，单位为 mm。

2. 导线绝缘层的剖削

导线线头的绝缘层必须剖削除去，以便芯线连接，电工必须学会用电工刀或剥线钳来剖削绝缘层。

1) 塑料硬线绝缘层的剖削

对于芯线截面积为 4 mm^2 及其以下的塑料硬线，一般可用剥线钳进行剖削。其方法如图 9-14(a)所示，步骤如下：

(1) 选择比导线直径稍大的钳口直径。

(2) 然后用手握住剥线钳用力向外勒出塑料绝缘层。

(3) 剖削出的芯线应保持完整无损，如损伤较大应重新剖削。

对于芯线截面积大于 4 mm^2 的塑料导线，可用电工刀来剖削绝缘层。其方法如图 9-14(b)所示，步骤如下：

(1) 根据所需的长度用电工刀以倾斜 45° 角切入塑料层。

(2) 刀面与芯线保持 25° 角左右，用力向线端推削，但不可切入芯线，只需削去上面的塑料绝缘层。

(3) 将下面塑料绝缘层向后扳翻，最后用电工刀齐根切去。

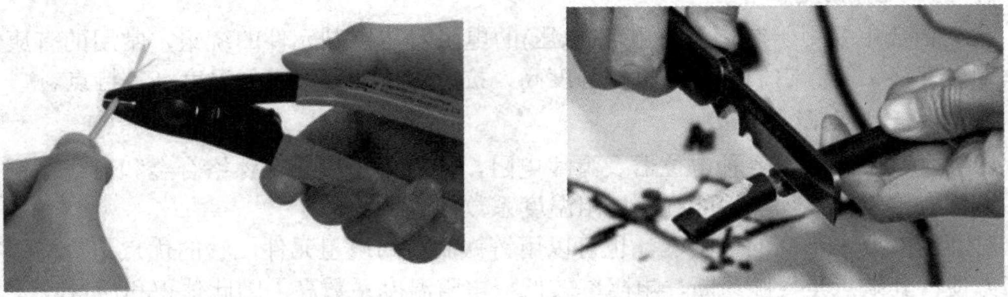

(a) 剥线钳去除绝缘层　　(b) 电工刀剖切绝缘层

图 9-14　导线绝缘层的剖削

2) 塑料软线绝缘层的剖削

塑料软线绝缘层只能用剥线钳或钢丝钳剖削，不可用电工刀剖削。其剖削方法同塑料硬线绝缘层的剖削相同。

3) 塑料护套线绝缘层的剖削

塑料护套线的绝缘层必须用电工刀来剖削，剖削方法如下：

(1) 按所需长度用刀尖对准芯线缝隙划开护套层。

(2) 向后扳翻护套层，用刀齐根切去。

(3) 在距离护套层 5～10 mm 处用电工刀以倾斜 45° 角切入绝缘层。其他剖削方法同塑料硬线绝缘层的剖削。

4) 橡皮线绝缘层的剖削方法

橡皮线绝缘层的剖削方法如下：

(1) 把橡皮线纺织保护层用电工刀尖划开，下一步操作与剖削护套线护套层的方法类同。

(2) 用与剖削塑料线绝缘层相同的方法剖去橡胶层。

(3) 将松散的棉纱层集中到根部，用电工刀切去。

5) 花线绝缘层的剖削

花线绝缘层的剖削方法如下：

(1) 在所需长度处用电工刀在棉纱纺织物保护层四周切割一圈后拉去切下部分。

(2) 先在距棉纱纺织物保护层末端 10 mm 处用钢丝钳刀口切割橡胶绝缘层，不能损伤芯线；然后右手握住钳头，左手把花线用力抽拉，用钳刀口勒出橡胶绝缘层。

(3) 把包裹芯线的棉纱层松散开来，用电工刀割去。

3. 铜芯导线的连接

1) 铜芯导线的连接

当导线不够长或要分接支路时，就要进行导线与导线的连接。常用导线的线芯有单股、7 股和 11 股等多种，连接方法随芯线的股数不同而异。

(1) 单股铜芯线的直线连接。

① 绝缘剖削长度为芯线直径的 70 倍左右，去掉氧化层。

② 把两线头的芯线成 X 形相交，互相绞接 2～3 圈。

③ 扳直两线头。

④ 将每个线头在芯线上紧贴并缠绕 6 圈，用钢丝钳切去余下的芯线，并钳平芯线末端。单股铜芯线的直线连接如图 9-15 所示。

(2) 单股铜芯线的分支连接。

① 将分支芯线的线头与干线芯线十字相交，使支路芯线根部留出约 3～5 mm，然后按顺时针方向缠绕支路芯线。缠绕 6～8 圈后，用钢丝钳切去余下的芯线，并钳平芯线末端，如图 9-16 所示。

图 9-15　单股铜芯线的直线连接

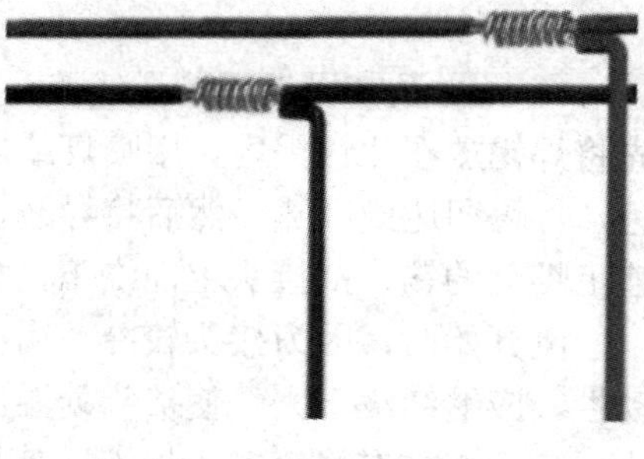

图 9-16　单段铜芯导线的分支连接

② 较小截面积芯线可先环绕成结状，然后再把支路芯线线头抽紧扳直，紧密地缠绕 6～8 圈，剪去多余芯线，钳平切口毛刺。

(3) 多股铜芯导线的直线连接。

① 绝缘剖削长度应为导线直径的 21 倍左右。

② 先把剖去绝缘层的芯线散开并拉直，把靠近根部的 1/3 线段的芯线绞紧，然后把余下的 2/3 芯线头分散成伞形，并把每根芯线拉直。

③ 把两个伞形芯线线头隔根对叉，并拉平两端芯线。

④ 把一端多股芯线按 2、2、3 根分成三组，接着把第一组两根芯线扳起，垂直于芯线，并按顺时针方向缠绕，如图 9-17 所示。

图 9-17 多股导线的直线连接

⑤ 缠绕两圈后，余下的芯线向右扳直，再把下边第二组的两根芯线向上扳直，也按顺时针方向紧紧压着前两根扳直的芯线缠绕两圈。

⑥ 将余下的芯线向右扳直，再把下边第三组的 3 根芯线向上扳直，按顺时针方向紧紧压着前 4 根扳直的芯线向右缠绕 3 圈。

⑦ 切去每组多余的芯线，钳平线端。

⑧ 用同样的方法再缠绕另一端芯线。

(4) 多股铜芯线的分支连接。

① 把分支芯线散开钳直，线端剖开长度为 L，接着把近绝缘层 $L/8$ 的芯线绞紧，再把分支线头的 $7L/8$ 的芯线分成两组，一组 4 根，另一组 3 根，并排齐。然后用旋凿把干线芯线撬分两组，再把支线成排插入缝隙间，如图 9-18 所示。

图 9-18 多股铜芯线的分支连接

② 把插入缝隙间的 7 根线头分成两组，一组 3 根，另一组 4 根，分别按顺时针方向和逆时针方向缠绕 3～4 圈后钳平线端。

2) 铜芯导线接头处的锡焊

(1) 电烙铁锡焊。

对于 10 mm^2 及其以下的铜芯导线接头可用 150 W 电烙铁进行锡焊。锡焊前，接头上均须涂一层无酸焊锡膏，待烙铁烧热后即可锡焊。

(2) 浇焊。

16 mm^2 及其以上铜芯导线接头应用浇焊法。浇焊时，首先将焊锡放在化锡锅内，用喷灯或电炉熔化，使表面呈磷黄色，焊锡即达到高热。然后将导线接头放在锡锅上面，用勺盛上熔化的锡，从接头上面浇下，如图 9-19 所示。

刚开始时，因为接头较冷，锡在接头上不会有很好的流动性，应继续浇下去，使接头处温度升高，直到全部焊牢为止。最后用抹布轻轻擦去焊渣，使接头表面光滑。

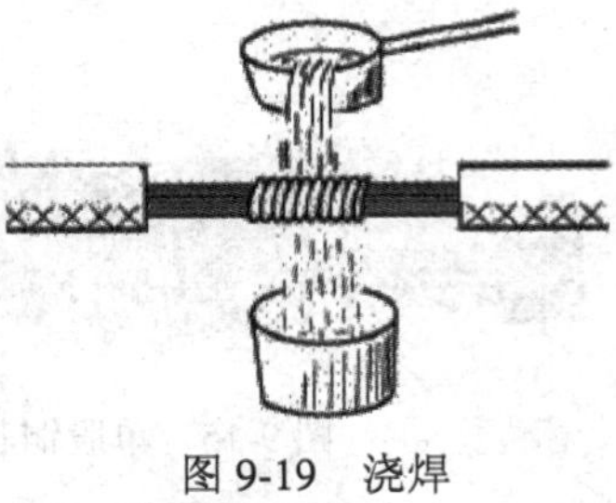

图 9-19 浇焊

4. 铝芯导线的连接

由于铝极易氧化，且铝氧化膜的电阻率很高，所以铝芯导线不宜采用铜芯导线的方法进行连接。铝芯导线常采用螺钉压接法和压接管压接法连接。

1) 螺钉压接法连接

螺钉压接法适用于负荷较小的单股铝芯导线的连接，其步骤如下：

(1) 把削去绝缘层的铝芯线头用钢丝刷刷去表面的铝氧化膜，并涂上中性凡士林。

(2) 做直线连接时，先把每根铝芯导线在接近线端处卷 2～3 圈，以备线头断裂后再次连接用。然后把四个线头两两相对地插入两只瓷接头(又称接线桥)的四个接线桩上，最后旋紧接线桩上的螺钉。

(3) 若要做分路连接时，要把支路导线的两个芯线头分别插入两个瓷接头的两个接线桩上，最后旋紧螺钉，如图 9-20 所示。

(4) 在瓷接头上加罩铁皮盒盖或木罩盒盖。

如果连接处是在插座或熔断器附近，则不必用瓷接头，可用插座或熔断器上的接线桩进行过渡连接。

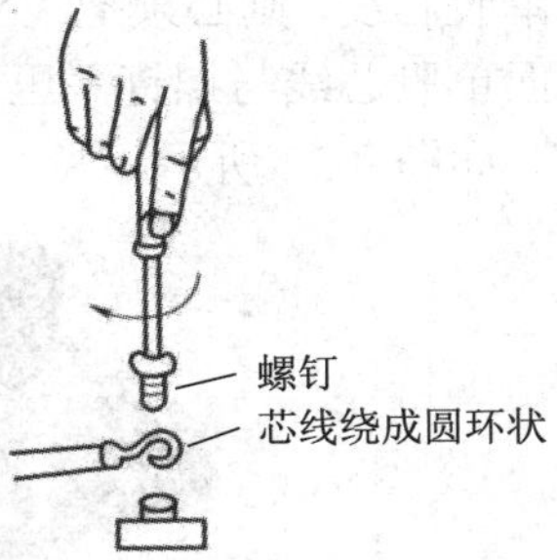

图 9-20 单股导线螺钉压接法连接

2) 压接管压接法连接

压接管压接法适用于较大负荷的多根铝芯导线的直线连接。常用手动冷挤压接钳和压接管(又称钳接管)进行连接，如图 9-21 所示。

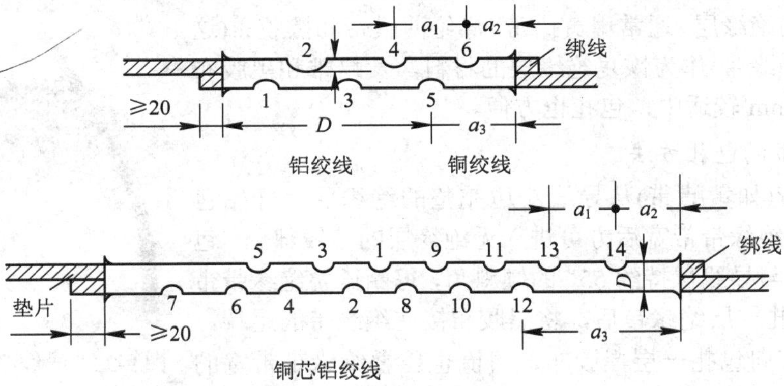

图 9-21 压接钳与压接管

具体连接步骤如下：

(1) 根据多股铝芯导线规格选择合适的铝压接管。

(2) 用钢丝刷清除铝芯线表面和压接管内壁的铝氧化层，涂上一层中性凡士林。

(3) 把两根铝芯导线线端相对穿入压接管，并使线端穿出压接管 25～30 mm。

(4) 进行压接。压接时，第一道压坑应在铝芯线端一侧，不可压反，压接坑的距离和数量应符合技术要求。

3) 线头与接线桩的连接

在各种电器或电气装置上均有连接导线的接线桩。常用的接线桩有针孔式和螺钉平压式两种。

(1) 线头与针孔式接线桩头的连接。在针孔式接线桩头上接线时，如果单股芯线与接线桩插线孔大小适宜，只要把芯线插入针孔，旋紧螺钉即可。如果单股芯线较细，则要把芯线折成双根，再插入针孔。如果是多根细丝的软线芯线，必须先绞紧，再插入针孔，切不可有细丝露在外面，以免发生短路事故。

(2) 线头与螺钉平压式接线桩头的连接。在螺钉平压式接线桩头上接线时，如果是较小截面单股芯线，则必须把线头弯成羊眼圈，羊眼圈弯曲的方向应与螺钉拧紧的方向一致。较大截面单股芯线与螺钉平压式接线桩头连接时，线头必须装上接线耳，由接线耳与接线桩连接，如图 9-22 所示。

图 9-22 线头与接线桩的连接

5. 导线绝缘层的恢复

导线绝缘层破损后必须恢复绝缘，导线连接后，也须恢复绝缘。恢复后的绝缘强度不应低于原来的绝缘层。通常用黄蜡带、涤纶薄膜带和黑胶布(这三者也称为绝缘带)作为恢复绝缘层的材料，黄蜡带和黑胶布一般宽为 20 mm 较适中，包扎也方便。

1) 绝缘带的包扎方法

将绝缘带(如黄蜡带)从导线左边完整的绝缘层上开始包扎，包扎两倍绝缘带带宽后方可进入无绝缘层的芯线部分，包扎时，绝缘带与导线保持约 55° 的倾斜角，每圈压叠绝缘带带宽的 1/2。包扎一层绝缘带后，将黑胶布接在绝缘带的尾端，按另一斜叠方向包扎一层黑胶布，每圈也压叠绝缘带带宽的 1/2，如图 9-23 所示。

图 9-23 导线绝缘层的包扎

2) 注意事项

(1) 在 380 V 线路上恢复导线绝缘时，必须先包扎 1～2 层黄蜡带，然后再包一层黑胶布。

(2) 在 220 V 线路上恢复导线绝缘时，先包扎一层黄蜡带，然后再包一层黑胶布，或者只包 2 层黑胶布。

(3) 绝缘带包扎时，各包层之间应紧密相接，不能稀疏，更不能露出芯线。

(4) 存放绝缘带时，不可放在温度很高的地方，也不可被油类浸染。

任务实施

通过自主学习电工辅料与导线的连接知识，完成不同类型导线的连接工作。

1. 目的要求

掌握不同导线材料的连接方法。

2. 工具、仪表及器材

(1) 绝缘胶布、压线钳、尖嘴钳、斜口钳、剥线钳、电工刀等。

(2) 仪表兆欧表、钳形电流表、万用表。

3. 实践操作

针对不同类型导线进行连接。

(1) 单股铜线的直接连接。

(2) 单股铜线的分支连接。

(3) 多股铜线的直接连接。

(4) 多股铜线的分支连接。

4. 评分标准

评分标准如表 9-11 所示。

表 9-11　评 分 标 准

项目内容	配分	评 分 标 准		扣分
工具的选择	5	工具选择不符合规范，每处扣 1 分		
剥线操作	15	剥线操作不规范，每处扣 2 分		
导线的连接	40	导线连接方法不正确，每处扣 10 分		
绝缘检测	10	检测相间绝缘电阻，未检查不得分		
抗拉强度检测	10	(1) 第一次试车不成功扣 5 分 (2) 第二次试车不成功扣 10 分		
团队协作	10	团队配合紧密，沟通顺畅，任务明确，存在一处不合理扣 2 分		
6S 标准	10	在工作中与工作结束严格按照 6S 标准操作，违反一处扣 2 分		
备注	除定额时间外，各项目最高扣分不应超过配分数		成绩	
开始时间			结束时间	

9.3　电气线路的运行维护

学习目标

1. 理解架空线路的维护检查。
2. 理解电缆线路的维护检查。
3. 了解低压线路的巡视内容。

课堂讨论

如图 9-24 所示为架空线路的维护作业场景。电气线路需要定期进行维护，维护内容有哪些项目呢？

图 9-24 架空线路的维护作业

电力输送方式主要包括架空线路和电缆线路。本节主要学习这两种方式的维护内容。

工作任务

通过学习电气线路的维护知识，完成对实训场所电气线路的维护工作。如图 9-25 所示为室内低压电气柜线路板。

图 9-25 室内低压电气柜线路板

知识链接

为了掌握线路及其设备的运行情况和及时发现并消除缺陷与安全隐患，必须定期进行巡视与检查，确保配电线路的安全、可靠、经济运行。电力线路根据架设方式不同可以分为架空线路和电缆线路两种，由于其架设方式不同造成其运行维护的方式也不尽相同，所以我们将电力线路的运行维护分为两部分来分别阐述。

一、架空线路的维护作业

架空线路采用杆塔支持或悬吊导线，是户外使用的一种线路。

1. 线路的特点

(1) 由于低压架空线路通常都采有多股绞合的裸导线来架设，导线的散热条件很好，因此导线的载流量要比同截面的绝缘导线高出30%～40%，从而降低了线路成本。

(2) 架空线路采用杆塔支持，具有结构简单，安装和维修方便等特点。

(3) 架空线路易受自然灾害影响，如大风、大雨、大雪和洪水等都会威胁架空线路的安全运行。如果安全管理和维护不善也容易造成人畜触电事故。

2. 线路的种类

(1) 三相四线线路：应用在工矿企业内部的低压配电、城镇区域的低压配电、农村低压配电。

(2) 单相两线线路：应用在工矿企业内部生活区的低压配电、城镇和农村居民区的低压配电。

(3) 高、低压同杆架空线路：应用在需电量较大、高能、高压用电设备或设有变电室的工矿企业的高低压配电以及城镇中负荷密度较大区域的低压配电。

(4) 电力线路与照明线路同杆架空线路：应用在工矿企业内部的架空线路、沿街道的配电线路。

(5) 电力、通信同杆架空线路：工矿企业内部低压配电。

3. 架空线路的维护

1) 设备标志

在一个大型工厂企业中，为了便于管理与保证安全，应对各条线路给以命名，对每一基电杆予以编号。

由工厂总降压变电所至主要车间的线路部分称为干线。给线路命名时，为了便于工作，一般应按车间名称来命名。

每条配电线路的基电杆编号的一般方法是：单独分别对干线、支线编号，由电源端起为1号；对于由两个以上电源供电的线路，可定一个电源点为基准进行编号。

将线路名称、电杆号码直接写在电杆上，或印制在特制的牌子上(称为杆号牌)，再固定于电杆上，设在距地面2 m高处。

工厂、企业配电线路常采用环形供电方式，所以相序是很关键的问题。为了不致接错线，要求在变电所的出口终端杆、转角、分支、耐张杆上作出相序的标志。常用的方法是在横担上对应导线的相序涂以黄、绿、红色，分别表示 U(A)、V(B)、W(C)相的颜色，也可在特制的牌子上写上U(A)、V(B)、W(C)(称相序牌)，然后将对应导线的相序固定在横担上。

为了防止有人误登电杆造成事故，在变压器台、学校附近或认为必要的某些电杆上要挂上“高压危险，切勿攀登”告示牌。

2) 线路的巡视

线路巡视也称为巡查或巡线，如图9-26所示，即指巡线人员较为系统和有序地查看线路及其设备。线路巡视是线路及其设备管理工作的重要环节和内容，是保证线路及其设备安全运行最基本的工作，其目的是为了及时了解和掌握线路健康状况、运行环境，以及检查线路有无缺陷或安全隐患，同时为线路及其设备的检修、维护计划提供科学的依据。

图 9-26 架空线路巡视作业

(1) 巡线人员的职责。

巡线人员是线路及其设备的卫士和侦察兵，要有责任心及一定的技术水平。巡线人员要熟悉线路及其设备的施工、检修工艺和质量标准，熟悉安全规程、运行规程及防护规程，能及时发现存在的设备缺陷及对安全运行有威胁的问题，做好保杆护线工作，保障配电线路的安全运行。

巡线员具体承担以下主要职责：

① 负责管辖设备的安全可靠运行，按照规程要求及时对线路及其设备进行巡视、检查和测试。

② 负责管辖设备的缺陷处理，发现缺陷及时做好记录并提出处理意见。发现重大缺陷和危及安全运行的情况，要立即向班长和部门领导汇报。

③ 负责管辖设备的维护，在班长和部门领导下，积极参加故障巡查及故障处理。当线路发生故障时，巡线人员接到寻找与排除故障点的任务后，要迅速投入到故障巡查及故障处理工作中。

④ 负责管辖设备的绝缘监督、油化监督、负荷监督和防雷防污监督等现场的日常监督工作。负责建立健全管辖设备的各项技术资料，做到及时、清楚、准确。

(2) 巡视的种类。

线路巡视可以分为定期巡视、特殊巡视、夜间巡视、故障巡视和监察性巡视等。

① 定期巡视。

相关规程规定定期巡视周期为：城镇公用电网及专线每月巡视一次；郊区及农村线路每季至少一次。巡视人员应按照规定的周期和要求对线路及其设备巡视检查，查看架空配电线路各类部件的状况，沿线情况以及有无异常等，要全面掌握线路及其沿线情况。巡视的周期可根据线路及其设备实际情况、不同季节气候特点以及不同时期负荷情况来确定，但不得少于规定的周期。

配电线路巡视的季节性较强，各个时期在全面巡视的基础上有不同的侧重点。例如：雷雨季节到来之前，应检查处理绝缘子缺陷，检查并试验安装好防雷装置，检查维护接地装置；高温季节到来之前，应重点检查导线接头、导线弧垂、交叉跨越导线间的距离，必要时进行调整，防止安全距离不满足要求；严冬季节注意检查弧垂和导线覆冰情况，防止断线；大风季节到来之前，应在线路两侧剪除树枝和清理线路附近杂物等，检查加固杆塔基础及拉线；雨季前应对易受洪水冲刷或因挖地动土的杆塔基础进行加固；在易发生污闪事故的季节到来之前，应加强对线路绝缘子的测试、清扫和缺陷处理工作。

② 特殊巡视(根据需要进行)。

特殊巡视是指在有保供电等特殊任务或气候骤变、自然灾害等严重影响线路安全运行时所进行的线路巡视。特殊巡视不一定对全线路都进行检查，只是对特殊线路或线路的特殊地段进行检查，以便发现异常现象并采取相应措施。特殊巡视的周期不做规定，可根据实际情况随时进行。大风巡线时应沿着线路上风侧前进，以免触及断线的导线。

③ 夜间巡视(每年至少冬、夏季节各进行一次)。

在高峰负荷或阴雨天气时，应检查导线各种连接点是否存在发热、打火现象，绝缘子有无闪络现象。因为这两种情况的出现夜间最容易观察到，所以要进行夜间巡视。夜间巡线应沿着线路外侧进行。

④ 故障巡视(根据需要进行)。

故障巡视是指巡视检查线路发生故障的地点及原因。无论线路断路器重合闸是否成功，均应在故障跳闸或发生接地后立即进行巡视。故障巡线时，应始终认为线路是带电的，即使明知该线路已经停电，亦应认为线路随时有恢复送电的可能。巡线人员发现导线断落地面或悬吊在空中时，应该设法防止行人靠近断线地点 8 m 以内，并应迅速报告领导，等候处理。

⑤ 监察性巡视(每年至少一次)。

监察性巡视是对重要线路和事故多的线路进行巡视。监察性巡视的巡视人员由部门领导和线路专责技术人员组成，以了解线路和沿线情况，并检查巡线员的工作质量和指导巡线员的工作。监察性巡视可结合春、秋季节安全大检查或高峰负荷期间进行，可全面巡视也可以抽巡。

(3) 巡视管理。

为了提高巡视质量和落实巡视维护责任，应设立巡视维护责任段和对应的责任人，责任人专责负责某个责任段的巡视与维护。

线路及其设备的巡视必须设有巡视卡，巡视完毕后应及时做好记录。巡视卡是检查巡视工作质量的重要依据，应由巡视人员认真负责填写，并由班长和部门领导签名同意。检查出的线路及其设备缺陷应认真记录，分类整理，制订方案，明确治理时间，及时安排人员消除线路及其设备缺陷(即执行设备缺陷闭环管理)。此外，巡线员应有巡线手册(专用记事本)，随时记录线路运行状况及时发现的设备缺陷。

(4) 线路的巡视内容。

① 木电杆的根部有无腐烂；混凝土有无脱落现象；电杆是否倾斜；横担有无倾斜、腐蚀、生锈；构件有无变形、缺少等问题。

② 拉线有无松驰、破股、锈蚀等现象；拉线金具是否齐全，是否缺螺丝；地锚有无变形；地锚及电杆附近有无挖坑取土及基坑土质沉陷危及安全运行的现象。

③ 运行人员应掌握各条线路的负荷大小，特别注意不要使线路过负荷运行，要注意导线有无金钩、断股、弧光放电的痕迹；雷雨季节应特别注意绝缘子闪络放电的情况；各种杂物有无悬挂在导线上；导线接头，有无过热变色、变形等现象，特别是铜铝接头氧化等；弧垂大小有无明显的变化，三相是否平衡，符合设计要求；导线对其他工程设施的交叉间隙是否合乎规程规定；春、秋两季风比较大，应特别注意导线弧垂过大或不平衡，防止混线。

④ 绝缘子有无裂纹、掉碴、脏污、弧光放电的痕迹；雷雨季节应特别注意绝缘子闪络放电的情况，北方 3～4 月份应注意防止粘雪使线路发生污闪，沿海地区的雾季也应特别注意；螺丝是否松脱、歪斜；耐张悬式绝缘子串的销针有无变形、缺少和未劈开的现象；绑线及耐张线夹是否紧固等。

⑤ 线路上安装的各种开关是否牢固，有无变形，指示标志是否明显、正确；瓷件有无裂纹、掉碴及放电的痕迹，各部引线之间，对地的距离是否合乎规定。

⑥ 沿线路附近的其他工程有无防碍或危及线路安全运行；线路附近的树木、树枝对导线的距离是否符合规定。

⑦ 防雷及接地装置是否完整无损，避雷器的瓷套有无裂纹、掉碴、放电痕迹；接地引线是否破损折断，接地装置有无被水冲刷，或取土外露，连引线是否齐全；特别是防雷间隙有无变形，间距是否合乎要求。

3) 线路的维护

(1) 污秽的产生和防污。

架空线路的绝缘子，特别在化工企业和沿海工厂企业的架空线路的绝缘子表面黏附着污秽物质，它们一般均有一定的导电性和吸湿性。在湿度较大条件下，会大大降低绝缘子的绝缘性能，从而增加绝缘子表面泄漏电流概率，以致在工作电压下也可能发生绝缘子闪络事故。这种由于污秽引起的闪络事故，称为污秽事故。

污秽事故与气候条件密切相关。一般来讲，在空气湿度大的季节里容易发生。例如毛毛雨、小雪、大雾和雨雪交加的天气。在这些天气时，空气中湿度比较均匀，由于各种污秽物质的吸潮性不一样，导电性不一样，从而导致泄漏电流集中，引起污闪事故。

防污的主要技术措施有以下几项：

① 作好绝缘子的定期清扫。绝缘子的清扫周期一般是每年一次，但还应根据绝缘子的污秽情况来确定清扫次数。清扫要在停电后进行，一般用抹布擦拭，如遇到用干抹布擦不掉的污垢时，可用水湿抹布擦拭，也可用蘸有汽油的布擦，或用肥皂水擦，但必须用干净的水来冲洗，最后用干净的布再擦一次。

② 定期检查和及时更换不良绝缘子。若在巡视中发现不良甚至有闪络的绝缘子，检修时应及时更换。

③ 提高线路绝缘子绝缘性能。在污秽严重的工厂企业中，可提高线路绝缘性能以增加绝缘子的泄漏距离。对于针式绝缘子，具体办法是提高其一级电压等级。

④ 采用防污绝缘子。采用特制的防污绝缘子或在绝缘子表面涂上一层涂料或半导体釉。防污绝缘子和普通绝缘子不同在于前者具有较大的泄漏路径。涂料大致有两种：一种是有机硅类，例如有机硅油、有机硅蜡等；另一种是蜡类，即由地蜡、凡士林、黄油、石蜡、松香等按一定比例配制成的。涂料本身是一种绝缘体，同时又有良好的斥水性，因此空气中的水分在涂料表面只能形成一个孤立的微粒，而不能形成导电通路。

(2) 线路覆冰及其消除的措施。

架空线路的覆冰是初冬和初春时节，气温在 –5℃左右，或者是在降雪或雨雪交加的天气里极易产生的一种现象。如图 9-27 所示，导线覆冰后，增加了导线的荷重，可能引起导线断线。如果在直线杆某一侧导线断线后，另一侧覆冰的导线形成较大的张力，则会出现倒杆事故。导线出现扇形覆冰后，会使导线发生扭转，对金具和绝缘子威胁最大。绝缘子覆冰后，降低了绝缘子的绝缘性能，会引起闪络接地事故，甚至烧坏绝缘子。

图 9-27 线路覆冰消除作业

当线路出现覆冰时，应及时清除。清除应在停电时进行，通常采用从地面向导线抛扔短木棒的方法使覆冰脱落；也可用细竹竿来敲打或用木制的套圈套在导线上，并用绳子顺导线拉动以清除覆冰。

在冬季结冰时，位于低洼地的电杆由于冰冷胀的原因，地基体积增大，电杆被推向土坡的上部，即发生冻鼓现象。冻鼓轻则可使电杆在次年解冻后倾斜，冻鼓严重则会因电杆埋深不够而引起其倾倒，所以对这类电杆的埋深应加强监视，监视其埋深的变化。一般方法是在电杆距地面 1 m 以内的某一尺寸处画一标记，便于辨认埋深的变化。埋深不够的处理办法是给电杆培土或将地基的土壤换成石头。若在施工之前就能确定地下水位较高易产生冻鼓时，可将电杆的埋深增加，使电杆的下端在冰层以下一段距离，亦可防止冻鼓现象。

(3) 防风和其他维护工作。

春、秋两季风大，当风力超过了电杆的机械强度，电杆就会发生倾斜或歪倒；风力过大也会使导线发生不同期摆动，从而引起导线之间互相碰撞，造成相间短路事故。此外，大风把树枝等杂物刮到导线上也能引起停电事故。因此，应对导线的弧垂加以调整和对电杆进行补强，并对线路两侧的树木进行修剪或砍伐，以使树木与线路之间保持一定的安全距离。

工厂道路边的电杆很可能被车辆碰撞而发生断裂、混凝土脱落甚至倾斜。在条件许可下可对这些电杆进行移位，不能移位的应设置车挡，即埋设一个桩子作为车挡。车挡在地面以上高度不宜低于 1.5 m，埋深不得少于 1 m。运行中的电杆由于外力作用和地基沉陷等原因往往会发生倾斜，特别是终端杆、转角杆、分支杆。因此必须对倾斜的电杆进行扶正，并对基坑的土质进行夯实。

线路上的金具和金属构件由于常年风吹日晒而生锈，强度降低，有条件的可逐年有计划地进行更换，也可在运行中涂漆防锈。

二、电缆线路的维护

1. 电缆的巡视

为保证电缆及设备的安全可靠运行，除严格执行已颁布的运行规程外，还应制定电缆现场运行规程和电缆管沟运行规程，并结合地区的实际情况采取相应措施。如图 9-28 所示为电缆线路的维护作业场景。

图 9-28　电缆线路的维护作业场景

1) 巡视类别

(1) 定期巡视：掌握线路基本的运行状况，以及检查电缆本体及附件、构筑物等是否正常运行。

(2) 特殊巡视：在气候恶劣(及大雾等异常天气)情况下对电缆线路进行特殊巡视，从而查出在正常天气很难发现的缺陷。

(3) 夜间巡视：在线路负荷高峰或阴雾易闪络天气进行，检查接点有无发热，电缆头、绝缘子有无爬闪。

(4) 故障巡视：查找电缆线路的故障和原因。

(5) 监察性巡视：对有缺陷而又可监视运行的线路、保电线路等进行的加强性巡视。

2) 巡视注意事项

(1) 电缆线路上不应堆置瓦砾、矿渣、建筑材料、笨重物件、酸碱性排泄物或砌堆石灰坑等。

(2) 对于通过桥梁的电缆，应检查桥堍两端电缆是否拖拉过紧，保护管或保护槽有无脱开或锈烂现象。

(3) 检查户外与架空线连接的电缆和终端头是否完整，引出线的接点有无发热现象和电缆铅包有无龟裂、漏油，靠近地面一段电缆是否被车辆碰撞等。

(4) 检查隧道内的电缆位置是否正常，接头有无变形、漏油，温度是否正常，构筑物是否失落，通风、排水、照明等设施是否完整，特别要注意防火设施是否完善。

2. 电缆的技术资料管理

技术资料管理是运行部门非常重要的日常工作，通过长期积累的运行技术资料可作为修订运行检修规程、制订技术原则、提供设计修订的依据。因此应高度重视该项工作，并设专人来整理和维护技术资料。电缆技术资料应包括下列资料：

(1) 原始资料，主要包括工程计划任务书、线路规划批复文件、线路设计书、电缆及附件出厂质量保证书，以及有关施工协议等。

(2) 施工、检修资料，主要包括电缆线路图、电缆接头和终端的装配图、插拔头装配图、分支箱环网柜原理图，安装和检修记录、竣工试验报告。

(3) 电缆敷设后详细的电缆线路走向图，必须标明各条线路的相对位置，并绘出地下管线剖面图，注明穿管敷设位置。

(4) 电缆线路的原始装置情况和简要历史，以及图纸编号等。原始装置情况包括电缆长度、截面积、额定电压、型号、安装日期、制造厂名、线路参数、接头和终端型号、编号和装置日期。简要历史情况包括线路检修记录以及电缆线路大修、更改情况等。

(5) 运行资料，即电缆线路在运行期间逐年积累的各种技术资料称为运行资料，主要包括运行维护记录，预防性试验报告，电缆路径变化情况，周围是否有危及电缆运行的热源油库、气源、污水、故障修理记录，电缆线路巡视以及发现缺陷记录等。

(6) 技术资料，主要包括电缆线路总图、电缆网络系统接线图、电缆断面图、电缆接头和终端的装配图、电缆线路土建设施的工程结构图、分支箱环网柜说明书等。

任务实施

完成对实训场所电气线路的维护工作。

1. 目的要求

掌握实训场所电气线路的维护工作。

2. 工具、仪表及器材

六角扳手、螺丝刀、验电笔、万用表等。

3. 实践操作

1) 操作内容

(1) 完成对实训场所线路的绝缘、防护检查。

(2) 完成对实训场所低压电气控制柜的检查。

2) 注意事项

(1) 在检测过程中严禁带电作业，正确使用万用表、兆欧表等电工仪表。

(2) 对检测项目进行记录，检查核对项目实施是否符合安全标准。

4. 评分标准

评分标准如表 9-12 所示。

表 9-12 评 分 标 准

项目内容	配分	评 分 标 准		扣分
仪表检测	10	漏检或错检，每处扣 1 分		
线路检测	20	检测项目包括虚接、绝缘检测，每漏一处扣 1 分		
电气柜检查	40	正确使用电工仪表，操作不正确扣 5 分 按照带电操作规范进行检测，不符合要求扣 20 分		
项目记录	10	未记录，不得分		
团队协作	10	团队配合紧密，沟通顺畅，任务明确，存在一处不合理扣 2 分		
6S 标准	10	在工作中与工作结束严格按照 6S 标准操作，违反一处扣 2 分		
备注	除定额时间外，各项目最高扣分不应超过配分数		成绩	
开始时间			结束时间	

9.4 电气线路的安全保护

学习目标

1. 理解低压电气线路安全保护的措施。
2. 掌握低压电气线路过电流的保护方式。
3. 掌握低压电气线路绝缘防护措施。

课堂讨论

如图 9-29 所示为低压电气控制柜实物照片。大家讨论一下如果用电设备出现短路故障，如何保证电气线路的安全呢？

图 9-29 低压电气控制柜

在低压电气线路中安全防护措施要考虑周全，保护可靠，避免发生电气安全事故。

工作任务

完成车间电气线路的安全保护的检查(如图 9-30 所示)，并做好检查记录。

图 9-30 电气线路的安全检查

知识链接

低压电气线路施工中要考虑线路过电流的安全保护以及接地故障的电气火灾防护。下面我们重点来学习这两方面的电气线路保护措施。

一、过电流保护

依据 GB50054－2011《低压配电设计规范》，低压配电线路应装设短路保护、过负荷保护，保护电器应能在故障造成危害之前切断供电电源或发出报警信号。

1. 短路保护

1) 对短路保护电器动作特性的要求

短路保护电器一般采用断路器或熔断器进行保护。其动作特性的要求为：短路保护电器的动作要及时可靠，以保证绝缘导体、电缆、母线的短路热稳定满足要求，且应能分断其安装处的预期最大短路电流；短路保护电器要有足够的灵敏性，应能在规定时间内可靠切断被保护线路末端的最小短路电流。如图 9-31 所示为短路保护电器的特性曲线。

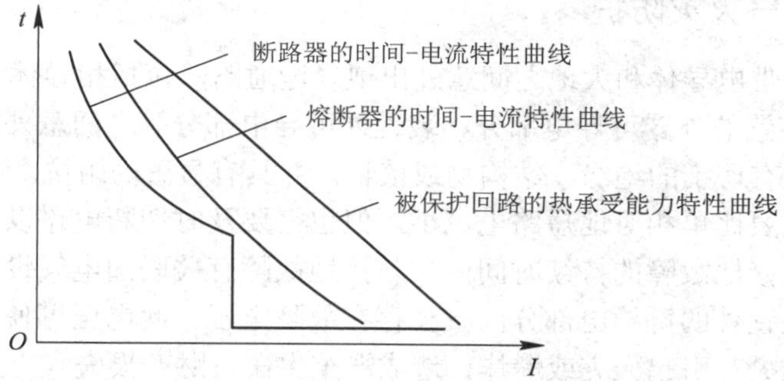

图 9-31　短路保护电器的特性曲线

2) 短路保护电器的装设

短路保护电器应装设在回路首端和回路导体载流量因截面、材料、敷设方式等发生变化而减小的地方，以及低压配电线路不接地的各相上。

3) 并联导体的短路保护

对于多根并联导体组成的线路，其中任一根导体在最不利的位置处发生短路故障时，短路保护电器应能及时切断短路故障。

若在线路首端采用一台保护电器，则应尽量避免在并联区段内发生短路的可能性。

4) 可不设短路保护的线路

由主干线路保护电器保护的短距离分支线路可不设短路保护。

2. 过负荷保护

过负荷保护的目的在于防止长时间的过负荷对线路绝缘造成的不良影响。

1) 对过负荷保护电器动作特性的要求

过负荷保护电器应采用反时限特性的保护电器，如 g 类熔断器、断路器的长延时动作脱扣器等。

突然断电造成的损失比过负荷而造成的损失更大的线路(如消防水泵、消防电梯等线路)，其过负荷保护应作用于信号而不应作用于切断电路。

配电线路宜采用同一保护电器做短路保护与过负荷保护。

2) 过负荷保护电器的装设

过负荷保护电器应装设在回路首端和回路导体载流量因截面、材料、敷设方式等发生变化而减小的地方。

3) 并联导体的过负荷保护

大电流线路尽量采用多芯电缆并联，做到各并联导体允许持续载流量相等和导体阻抗相等，以使电流分配均衡。可采用一台保护电器保护所有导体。

4) 中性导体的过负荷保护

对于 TT 系统和 TN 系统，当电气装置中存在大量谐波电流时，会引起相导体及中性导体的过负荷，而中性导体的过负荷是最常见的。此时，中性导体应根据其载流量检测过电流，当检测到过电流时可动作切断相导体，但不必切断中性导体。

二、接地故障电气火灾防护

接地故障是指带电导体和大地之间意外出现导电通路，包括相导体与大地、PE 导体、PEN 导体、电气装置的外露可导电部分、装置外可导电部分等之间意外出现的导电通路。导电路径可能通过有瑕疵的绝缘、结构物或植物，并具有显著的阻抗。

接地故障电流要比单相对地短路电流小，但也需要及时切断电路以保证线路过电流时的热稳定。在发生接地故障的持续时间内，与接地故障有关联的电气设备和管道的外露可导电部分对地和装置外的可导电部分间就会存在故障电压。此电压可使人身遭受电击，也可因对地的电弧或火花引起火灾或爆炸，造成严重生命、财产损失。

接地故障电弧引起的火灾是短路性火灾的一种，其发生几率远高于带电导体间的短路火灾，是导致火灾的最大隐患。研究表明，接地电弧电流只要达到 300 mA 以上就能引起火灾，显然过电流保护器是不能满足接地故障电气火灾防护灵敏性要求的，因而应采用高灵敏性的剩余电流保护器。

剩余电流(动作)保护器(RCD)是一种在规定条件下，当剩余电流达到或超过整定值时能自动分断电路的机械开关的电器或组合电器。剩余电流保护器也可以由用来检测和判别剩余电流以及接通和分断电流的各种独立元件组成。

常用的剩余电流保护器(RCD)按其功能分为剩余电流断路器、剩余电流动作保护继电器；按其故障脱扣原理分为电磁式和电子式两种，如图 9-32 所示。

电磁式 RCD 靠剩余电流自身能量使 RCD 动作，动作功能与电源电压无关；电子式 RCD 则借 RCD 所在回路处的故障残压提供的能量来使 RCD 动作，动作功能与电源电压有关。

为了防止线路绝缘损坏引起接地电弧火灾，至少应在建筑物电源进线处设置剩余电流保护器，剩余电流保护器动作于信号或切断电源。设置在火灾危险场所(加工、生产、储存可燃物质以及多粉尘的场所)的剩余电流保护器其动作电流不应大于 300 mA，一般场所可不受此值限制。

JGJ16－2008《民用建筑电气设计规范》规定了需要安装剩余电流动作报警器的场所。

GB50016－2014《建筑设计防火规范》规定了诸如一类工程民用建筑，人员密集的电影院、剧场、体育馆、商店和展览建筑，重要的广播电视、电信和财贸金融建筑等火灾危险大的建筑和场所的非消防用电负荷宜设置剩余电流动作电气火灾监控系统。

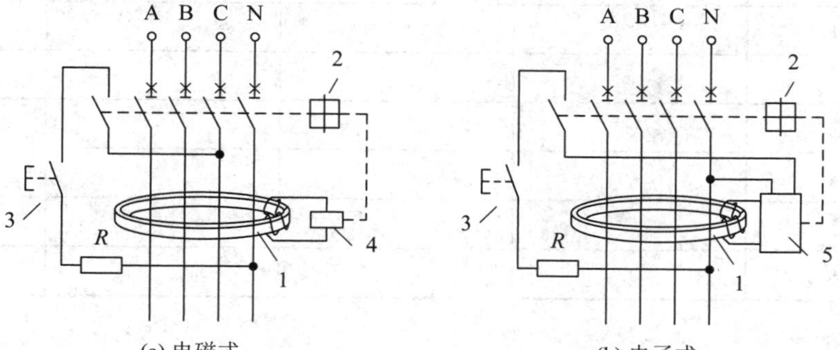

(a) 电磁式　　(b) 电子式

1－剩余电流互感器；2－脱扣器；3－试验按钮；4－电磁元件；5－电子元件

图 9-32　剩余电流保护器(RCD)的故障脱扣原理

任务实施

完成车间电气线路的安全保护检查，并做好检查记录。

1. 目的要求

学会对车间电气线路的安全保护进行检查。

2. 工具、仪表及器材

验电笔、万用表、钳形电流表等。

3. 实践操作

(1) 检查线路过电流保护措施。

(2) 检查接地故障电气火灾防护措施。

(3) 检查电气线路有无损坏。

(4) 检查电压、电流参数。

(5) 检查记录表。

线路保护电器记录表和线路工作状态记录表分别如表 9-13 和表 9-14 所示。

表 9-13　线路保护电器记录表

名　称	型　号	作　用	性　能	备　注

表 9-14 线路工作状态记录表

线 路	电 压	电 流	工作情况	备 注
主电路				
支路 1				
支路 2				
支路 3				
支路 4				
支路 5				
支路 6				

4. 评分标准

评分标准如表 9-15 所示。

表 9-15 评 分 标 准

项目内容	配分	评 分 标 准		扣分
检查元器件	20	电器元件漏检或错检，每处扣 5 分		
检查线路	20	检查线路有无破损，每处未检查扣 5 分		
电压检测	20	正确使用万用表，操作不正确扣 5 分 按照带电操作规范进行检测，不符合要求扣 20 分		
电流检测	10	正确使用钳形电流表，操作不正确扣 5 分 按照带电操作规范进行检测，不符合要求扣 20 分		
检查记录	10	检查数据要记录详细，每漏一项扣 2 分		
团队协作	10	团队配合紧密，沟通顺畅，任务明确，存在一处不合理扣 2 分		
6S 标准	10	在工作中与工作结束严格按照 6S 标准操作，违反一处扣 2 分		
备注	除定额时间外，各项目最高扣分不应超过配分数		成绩	
开始时间			结束时间	

本章知识点考题汇总

一、判断题

1. ( ) RCD 的额定动作电流是指能使 RCD 动作的最大电流。
2. ( ) RCD 的选择必须考虑用电设备和电路正常泄漏电流的影响。
3. ( ) RCD 后的中性线可以接地。
4. ( ) 剩余电流动作保护装置主要用于 1000 V 以下的低压系统。
5. ( ) 剩余动作电流小于或等于 0.3 A 的 RCD 属于高灵敏度 RCD。
6. ( ) 单相 220 V 电源供电的电气设备，应选用三极式漏电保护装置。

7. ( ) 刀开关在作隔离开关选用时，要求刀开关的额定电流要大于或等于线路实际的故障电流。

8. ( ) 导线的工作电压应大于其额定电压。

9. ( ) 导线接头的抗拉强度必须与原导线的抗拉强度相同。

10. ( ) 导线接头位置应尽量在绝缘子固定处，以方便统一扎线。

11. ( ) 导线连接后接头与绝缘层的距离越小越好。

12. ( ) 导线连接时必须注意做好防腐措施。

13. ( ) 低压断路器是一种重要的控制和保护电器，断路器都装有灭弧装置，因此可以安全地带负荷合、分闸。

14. ( ) 低压配电屏是按一定的接线方案将有关低压一、二次设备组装起来，每个主电路方案对应一个或多个辅助方案，从而简化了工程设计。

15. ( ) 电缆保护层的作用是保护电缆。

16. ( ) 电力线路敷设时严禁采用突然剪断导线的办法松线。

17. ( ) 断路器可分为框架式和塑料外壳式。

18. ( ) 改革开放前我国强调以铝代铜作导线，以减轻导线的重量。

19. ( ) 隔离开关是指承担接通和断开电流任务将电路与电源隔开。

20. ( ) 在供配电系统和设备自动系统中，刀开关通常用于电源隔离。

21. ( ) 接了漏电开关之后，设备外壳就不需要再接地或接零了。

22. ( ) 截面积较小的单股导线平接时可采用绞接法。

23. ( ) 在选择导线时必须考虑线路投资，但导线截面积不能太小。

24. ( ) 为了安全可靠，所有开关均应同时控制相线和零线。

二、选择题

1. 当空气开关动作后，用手触摸其外壳，发现开关外壳较热，则动作的可能是(　　)。

A. 短路　　B. 过载　　C. 欠压

2. 在民用建筑物的配电系统中，一般采用(　　)断路器。

A. 电动式　　B. 框架式　　C. 漏电保护

3. 低压断路器也称为(　　)。

A. 闸刀　　B. 总开关　　C. 自动空气开关

4. 低压线路中的零线采用的颜色是(　　)。

A. 淡蓝色　　B. 深蓝色　　C. 黄绿双色

5. 拉开闸刀时，如果出现电弧，应(　　)。

A. 立即合闸　　B. 迅速拉开　　C. 缓慢拉开

6. 漏电保护断路器在设备正常工作时，电路电流的相量和(　　)，开关保持闭合状态。

A. 为负　　B. 为正　　C. 为零

7. 导线接头要求应接触紧密和(　　)等。

A. 牢固可靠　　B. 拉不断　　C. 不会发热

8. 一般照明场所的线路允许电压损失为额定电压的(　　)。

A. +5%　　B. ±10%　　C. ±15%

9. 应装设报警式漏电保护器而不自动切断电源的是(　　)。

A. 招待所插座回路　　B. 生产用的电气设备　　C. 消防用电梯

10. 使用剥线钳时应选用比导线直径(　　)的刃口。

A. 稍大　　B. 相同　　C. 较大

11. 导线的中间接头采用铰接时，先在中间互绞(　　)圈。

A. 1　　B. 2　　C. 3

12. 导线接头缠绝缘胶布时，后一圈压在前一圈胶布宽度的(　　)。

A. 1/3　　B. 1/2　　C. 1

13. 导线接头的机械强度不小于原导线机械强度的(　　)%。

A. 80　　B. 90　　C. 95

14. 导线接头的绝缘强度应(　　)原导线的绝缘强度。

A. 大于　　B. 等于　　C. 小于

15. 导线接头电阻要足够小，与同长度同截面导线的电阻比不大于(　　)。

A. 1　　B. 1.5　　C. 2

16. 导线接头连接不紧密，会造成接头(　　)。

A. 绝缘不够　　B. 发热　　C. 不导电

17. 在铝绞线中加入钢芯的作用是(　　)。

A. 增大导线面积　　B. 提高导电能力　　C. 提高机械强度

18. 接地线应用多股软裸铜线，其截面积不得小于(　　)mm^2。

A. 10　　B. 6　　C. 25

第十章 电动机基本控制电路

10.1 三相异步电动机点动与自锁控制

学习目标

1. 了解电路图的种类与特点。
2. 掌握三相异步电动机点动、自锁控制的原理。
3. 掌握三相异步电动机点动，自锁控制的安装、接线、调试。

课堂讨论

如图 10-1 所示的是在机械生产和汽车维修中用到的电动设备，你还能说出电动机控制的其他设备吗？它们有什么功能呢？

图 10-1 电动机点动控制的应用

电动机给人们的生产、生活提供了很多的便利，减轻了人们的劳动强度。本节介绍三相异步电动机点动和自锁控制原理与安装。

工作任务

通过查阅相关资料，根据三相电动机控制原理，完成自锁电路的元器件安装、接线与调试，如图 10-2 所示。

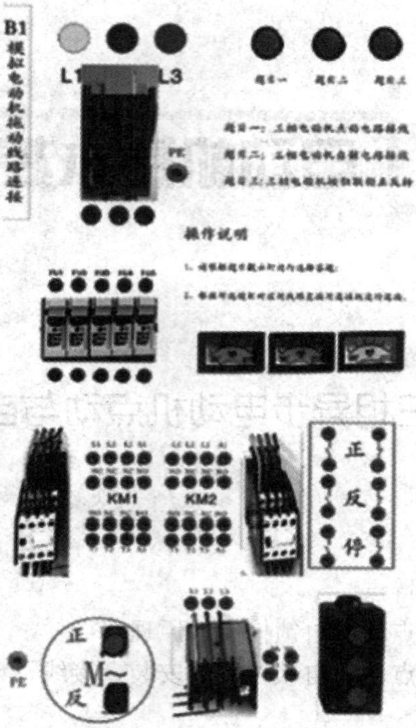

图 10-2 三相电动机控制接线模块

知识链接

各种生产机械的工作性质和加工工艺不同，使得它们对电动机的控制要求也不同。要使电动机按照生产机械的要求正常安全地运转，必须为生产机械配备一定的电器，组成一定的控制线路才能达到目的。在生产实践中，一台生产机械的控制线路可能比较简单，也可能相当复杂，但任何复杂的控制线路总是由一些基本控制线路有机地组合起来的。电动机常见的基本控制线路有以下几种：点动控制线路、正转控制线路、正反转控制线路、位置控制线路、顺序控制线路、多地控制线路、降压启动控制线路、调速控制线路和制动控制线路等。

一、绘制、识读电气控制线路图的原则

生产机械电气控制线路常用电路图、接线图和布置图来表示。

1. 电路图

电路图是根据生产机械运动形式对电气控制系统的要求，采用国家统一规定的电气图形符号和文字符号，按照电气设备和电器的工作顺序，详细表示电路、设备或成套装置的全部基本组成和连接关系，而不考虑其实际位置的一种简图。

电路图能充分表达电气设备和电器的用途、作用和工作原理，是电气线路安装、调试和维修的理论依据。

绘制、识读电路图时应遵循以下原则：

(1) 电路图一般分电源电路、主电路和辅助电路三部分绘制。

① 电源电路画成水平线，三相交流电源相序 L1、L2、L3 自上而下依次画出，中线 N 和保护地线 PE 依次画在相线之下。直流电源的“+”端画在上边，“-”端在下边画出。电源开关要水平画出。

② 主电路是指电气设备的动力装置及控制、保护电器的支路等，它是由主熔断器、接触器的主触头、热继电器的热元件以及电动机等组成的。主电路通过的电流是电动机的工作电流，电流较大。主电路图要画在电路图的左侧并垂直于电源电路。

③ 辅助电路一般包括控制主电路工作状态的控制电路、显示主电路工作状态的指示电路、提供机床设备局部照明的照明电路等。它是由主令电器的触头、接触器线圈及辅助触头、继电器线圈及触头、指示灯和照明灯等组成的。辅助电路通过的电流都较小，一般不超过 5 A。画辅助电路图时，辅助电路要跨接在两相电源线之间，一般按照控制电路、指示电路和照明电路的顺序依次垂直画在主电路图的右侧，且电路中与下边电源线相连的耗能元件(如接触器和继电器的线圈、指示灯、照明灯等)要画在电路图的下方，而电器的触头要画在耗能元件与上边电源线之间。为读图方便，一般应按照自左至右、自上而下的排列来表示操作顺序。

(2) 电路图中，各电器的触头位置都按电路未通电或电器未受外力作用时的常态位置画出。分析原理时，应从触头的常态位置出发。

(3) 电路图中，不画各电器元件实际的外形图，而采用国家统一规定的电气图形符号。

(4) 电路图中，同一电器的各元件不按它们的实际位置画在一起，而是按其在线路中所起的作用分画在不同电路中，但它们的动作却是相互关联的，因此，必须标注相同的文字符号。若图中相同的电器较多时，需要在电器文字符号后面加注不同的数字，以示区别，如 KM1、KM2 等。

(5) 画电路图时，应尽可能减少线条和避免线条交叉。对有直接电联系的交叉导线连接点要用小黑圆点表示；无直接电联系的交叉导线则不画小黑圆点。

(6) 电路图采用电路编号法，即对电路中的各个接点用字母或数字编号。

① 首先主电路在电源开关的出线端按相序依次编号为 U11、V11、W11。然后按从上至下、从左至右的顺序，每经过一个电器元件后，编号要递增，如 U12、V12、W12；U13、V13、W13……单台三相交流电动机(或设备)的三根引出线按相序依次编号为 U、V、W。对于多台电动机引出线的编号，为了不致引起误解和混淆，可在字母前用不同的数字加以区别，如 1U、1V、1W；2U、2V、2W……

② 辅助电路编号按“等电位”原则，按从上至下、从左至右的顺序用数字依次编号，每经过一个电器元件后，编号要依次递增。控制电路编号的起始数字必须是 1，其他辅助电路编号的起始数字依次递增 100，如照明电路编号从 101 开始；指示电路编号从 201 开始等。

2. 接线图

接线图是根据电气设备和电器元件的实际位置和安装情况绘制的，只用来表示电气设备和电器元件的位置、配线方式和接线方式，而不明显表示电气动作原理，主要用于安装接线、线路的检查维修和故障处理。

绘制、识读接线图应遵循以下原则：

(1) 接线图中一般示出如下内容：电气设备和电器元件的相对位置、文字符号、端子号、导线号、导线类型、导线截面积、屏蔽和导线绞合等。

(2) 所有的电气设备和电器元件都按其所在的实际位置绘制在图纸上，且同一电器的各元件根据其实际结构、使用，与电路图相同的图形符号画在一起，并用点画线框上，其文字符号以及接线端子的编号应与电路图中的标注一致，以便对照检查接线。

(3) 接线图中的导线有单根导线、导线组(或线扎)、电缆等之分，可用连续线和中断线来表示。凡导线走向相同的可以合并，用线束来表示，到达接线端子板或电器元件的连接点时再分别画出。在用线束来表示导线组、电缆等时可用加粗的线条表示，在不引起误解的情况下也可采用部分加粗。另外，导线及管子的型号、根数和规格应标注清楚。

3. 布置图

布置图是根据电器元件在控制板上的实际安装位置，采用简化的外形符号(如正方形、矩形、圆形等)而绘制的一种简图。它不表达各电器的具体结构、作用、接线情况以及工作原理，主要用于电器元件的布置和安装。图中各电器的文字符号必须与电路图和接线图的标注相一致。

在实际中，电路图、接线图和布置图要结合起来使用。

二、电动机基本控制线路的安装步骤

电动机基本控制线路的安装一般应按以下步骤进行：

(1) 识读电路图，明确线路所用电器元件及其作用，熟悉线路的工作原理。

(2) 根据电路图或元件明细表配齐电器元件，并进行检验。

(3) 根据电器元件选配安装工具和控制板。

(4) 根据电路图绘制布置图和接线图，然后按要求在控制板上固装电器元件(电动机除外)，并贴上醒目的文字符号。

(5) 根据电动机容量选配主电路导线的截面。控制电路导线一般采用截面为 1 mm^2 的铜芯线(BVR)；按钮线一般采用截面为 0.75 mm^2 的铜芯线(BVR)；接地线一般采用截面不小于 1.5 mm^2 的铜芯线(BVR)。

(6) 根据接线图布线，同时将剥去绝缘层的两端线头套上标有与电路图相一致编号的编码套管。

(7) 安装电动机。

(8) 连接电动机和所有电器元件金属外壳的保护接地线。

(9) 连接电源、电动机等控制板外部的导线。

(10) 自检。

(11) 交验。

(12) 通电试车。

三、点动正转控制线路

点动正转控制线路是用按钮、接触器来控制电动机运转的最简单的正转控制线路，如

图 10-3 所示。

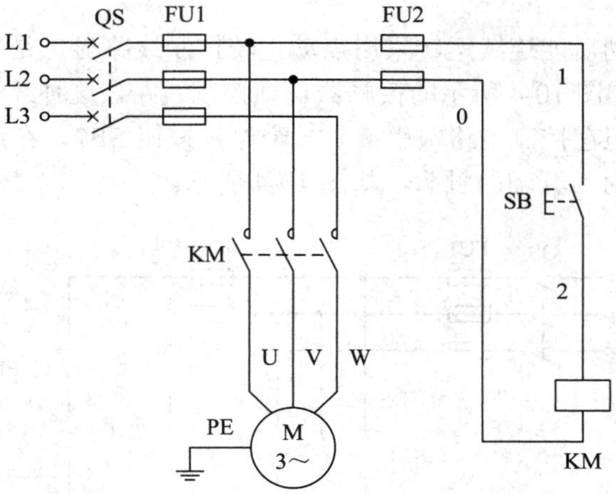

图 10-3　三相异步电动机点动正转控制线路

在图 10-3 中，按照电路图的绘制原则，三相交流电源线 L1、L2、L3 依次水平地画在图的上方，电源开关 QS 水平画出；由熔断器 FUl、接触器 KM 的三对主触头和电动机 M 组成的主电路垂直于电源线画在图的左侧；由启动按钮 SB、接触器 KM 的线圈组成的控制电路跨接在 Ll 和 L2 两条电源线之间，垂直画在主电路的右侧，且耗能元件 KM 的线圈与下边电源线 L2 相连画在电路的下方，启动按钮 SB 则画在 KM 线圈与上边电源线 L1 之间。图中接触器 KM 采用了分开表示法，其三对主触头画在主电路中，而线圈则画在控制电路中，为表示它们是同一电器，在它们的图形符号旁边标注了相同的文字符号 KM。线路按规定在各接点进行了编号。图中没有专门的指示电路和照明电路。所谓点动控制是指按下按钮，电动机就得电运转；松开按钮，电动机就失电停转。这种控制方法常用于电动葫芦的起重电动机控制和车床拖板箱快速移动电动机控制。点动控制线路中，组合开关 QS 为电源隔离开关；熔断器 FU1、FU2 作为主电路、控制电路的短路保护；热继电器 FR 作为电动机的过载保护；启动按钮 SB 控制接触器 KM 的线圈得电、失电；接触器 KM 的主触头控制电动机 M 的启动与停止。

线路的工作原理如下：

当电动机 M 需要点动时，先合上组合开关 QS，此时电动机 M 尚未接通电源。按下启动按钮 SB，接触器 KM 的线圈得电，使衔铁吸合，同时带动接触器 KM 的三对主触头闭合，电动机 M 便接通电源启动运转。当电动机需要停转时，只要松开启动按钮 SB，使接触器 KM 的线圈失电，衔铁在复位弹簧作用下复位，带动接触器 KM 的三对主触头恢复分断，电动机 M 失电停转。

在分析各种控制线路的原理时，为了简单明了，常用电器文字符号和箭头配以少量文字说明来表达线路的工作原理。如点动正转控制线路的工作原理可叙述如下：

(1) 先合上电源开关 QS。

(2) 启动：按下 SB→KM 线圈得电→KM 主触头闭合→电动机 M 启动运转。

(3) 停止：松开 SB→KM 线圈失电→KM 主触头分断→电动机 M 失电停转。

(4) 停止使用时，断开电源开关 QS。

四、接触器自锁正转控制线路

在要求电动机启动后能连续运转采用点动正转控制线路显然是不行的。为实现电动机的连续运转，可采用如图 10-4 所示的接触器自锁控制线路。这种线路的主电路和点动控制线路的主电路相同，但在控制电路中串接了一个停止按钮 SB2，在启动按钮 SBl 的两端并接了接触器 KM 的一对常开辅助触头，如图 10-4 所示。

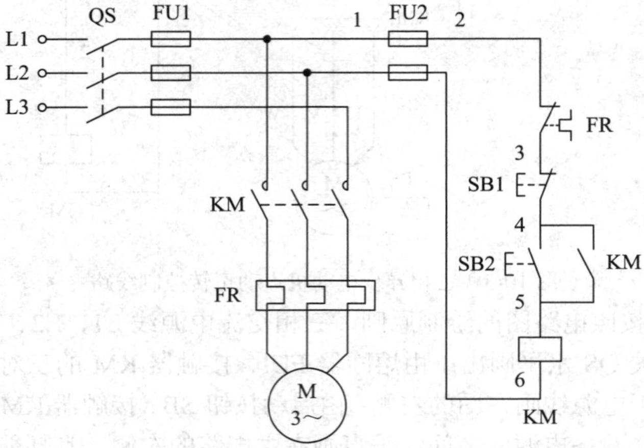

图 10-4 三相异步电动机自锁控制线路

1. 线路工作原理

(1) 先合上电源开关 QS。

(2) 启动：按下 SB2→KM 线圈得电→KM 主触头闭合，KM 常开辅助触头闭合→电动机 M 启动，连续运转。

(3) 当松开 SB2，其常开触头恢复分断后，因为接触器 KM 的常开辅助触头闭合时已将 SBl 短接，控制电路仍保持接通，所以接触器 KM 继续得电，电动机 M 实现连续运转。像这种当松开启动按钮 SB2 后，接触器 KM 通过自身常开辅助触头而使线圈保持得电的作用叫做自锁。与启动按钮 SB2 并联起自锁作用的常开辅助触头叫自锁触头。

(4) 停止：按下 SB1→KM 线圈失电→KM 主触头分断，KM 自锁触头分断→电动机 M 失电停转。

(5) 当松开 SB1，其常闭触头恢复闭合后，因接触器 KM 的自锁触头在切断控制电路时已分断，解除了自锁，SB2 也是分断的，所以接触器 KM 不能得电，电动机 M 也不会转动。

2. 线路特点

接触器自锁控制线路不但能使电动机连续运转，而且还有一个重要的特点，就是具有欠压和失压(或零压)保护作用。

1) 欠压保护

欠压是指线路电压低于电动机应加的额定电压。欠压保护是指当线路电压下降到某一数值时，电动机能自动脱离电源停转，避免电动机在欠压下运行的一种保护。采用接触器自锁控制线路就可避免电动机欠压运行。因为当线路电压下降到一定值(一般指低于额定电压 85%以下)时，接触器线圈两端的电压也同样下降到此值，从而使接触器线圈磁通减弱，产生的电磁吸力减小。当电磁吸力减小到小于反作用弹簧的拉力时，动铁芯被迫释放，主触头、自锁触头同时分断，自动切断主电路和控制电路，电动机失电停转，达到了欠压保护的目的。

2) 失压(或零压)保护

失压保护是指电动机在正常运行中，由于外界某种原因引起突然断电时，能自动切断电动机电源，当重新供电时，保证电动机不能自行启动的一种保护。接触器自锁控制线路也可实现失压保护。因为接触器自锁触头和主触头在电源断电时已经断开，使控制电路和主电路都不能接通，所以在电源恢复供电时，电动机就不会自行启动运转，保证了人身和设备的安全。

任务实施

完成自锁电路的元器件安装、接线与调试，如图 10-5 所示。

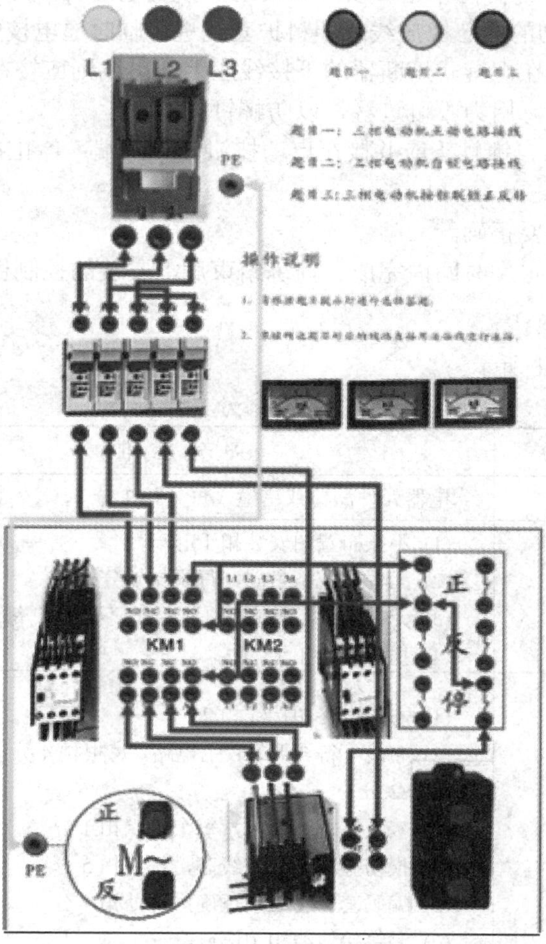

图 10-5　三相电动机自锁电路接线图

1. 目的要求

掌握接触器自锁正转控制线路的正确安装，理解线路的自锁作用以及欠压和失压保护功能。

2. 工具、仪表及器材

(1) 工具：测电笔、螺钉旋具、尖嘴钳、斜口钳、剥线钳、电工刀等。

(2) 仪表：兆欧表、钳形电流表、万用表。

(3) 器材：点动正转控制线路板一块，三相异步电动机一台(型号：Y112M-4，规格：4 kW、380 V、△接法、8.8 A、1440 r/min)，导线，紧固体及编码套管若干。

3. 实践操作

1) 安装步骤和工艺要求

根据接触器自锁正转控制线路，安装停止按钮 SB2 和接触器 KM 自锁触头来完成接触器自锁正转控制线路的安装。

2) 注意事项

(1) 电动机及按钮的金属外壳必须可靠接地；接至电动机的导线必须穿在导线通道内加以保护，或采用坚韧的四芯橡皮线或塑料护套线进行临时通电校验。

(2) 电源进线应接在螺旋式熔断器的下接线座上，出线则应接在上接线座上。

(3) 按钮内接线时，用力不可过猛，以防螺钉打滑。

(4) 接触器 KM 的自锁触头应并接在启动按钮 SB1 两端；停止按钮 SB2 应串接在控制电路中。

(5) 编码套管套装要正确。

(6) 训练应在规定定额时间内完成。训练结束后，安装的控制板留用。

4. 评分标准

评分标准如表 10-1 所示。

表 10-1 评分标准

项目内容	配分	评分标准	扣分
装前检查	5	电器元件漏检或错检，每处扣 1 分	
安装元件	15	(1) 不按布置图安装扣 15 分 (2) 元件安装不紧固，每只扣 4 分 (3) 元件安装不整齐、不匀称、不合理，每只扣 3 分 (4) 损坏元件扣 15 分	
布线	40	(1) 不按电路图接线扣 25 分 (2) 布线不符合要求：主电路，每根扣 4 分；控制电路，每根扣 2 分 (3) 接点不符合要求，每个接点扣 1 分 (4) 损伤导线绝缘或线芯，每根扣 5 分 (5) 编码套管套装不正确，每处扣 1 分 (6) 漏接接地线扣 10 分	

续表

项目内容	配分	评分标准	扣分
通电试车	20	(1) 第一次试车不成功扣 20 分 (2) 第二次试车不成功扣 30 分 (3) 第三次试车不成功扣 40 分	
团队协作	10	团队配合紧密、沟通顺畅，任务明确，存在一处不合理扣 2 分	
6S 标准	10	在工作中与工作结束严格按照 6S 标准操作，违反一处扣 2 分	
备注	除定额时间外，各项目最高扣分不应超过配分数	成绩	
开始时间		结束时间	

10.2 三相异步电动机正反转控制

学习目标

1. 了解三相异步电动机正反转控制原理。
2. 掌握三相异步电动机正反转安装与调试。

课堂讨论

如图 10-6 所示，电动机正反转控制的电器设备在生活中应用很多，大家还能说出其他设备应用了电动机正反转控制吗？

图 10-6 电动机正反转在生活中的应用

因为电机正反转的设备简单，不需要反向齿、反应迅速、没有换挡间隔等特点，所以应用的比较广泛。

工作任务

完成三相异步电动机正反转控制的安装与调试，如图 10-7 所示。

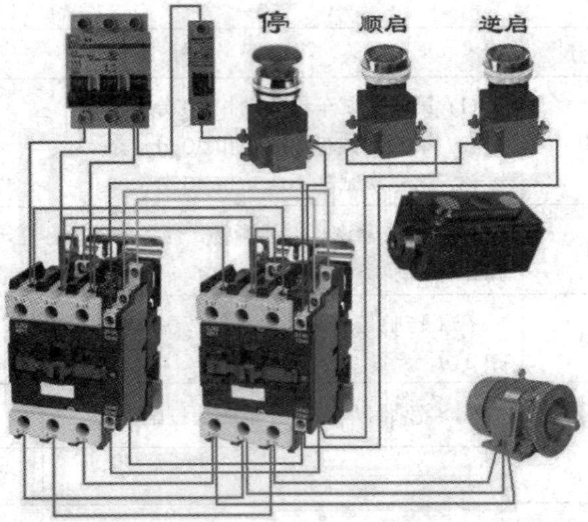

图 10-7 三相异步电动机正反转控制接线图

知识链接

正转控制线路只能使电动机朝一个方向旋转，从而带动生产机械的运动部件朝一个方向运动。但许多生产机械往往要求运动部件能向正反两个方向运动。如：机床工作台的前进与后退；万能铣床主轴的正转与反转；起重机的上升与下降等。这些生产机械都要求电动机能实现正反转控制。

当改变通入电动机定子绕组的三相电源相序，即把接入电动机的三相电源进线中的任意两相对调接线电动机就可以反转。下面介绍几种常用的正反转控制线路。

一、接触器联锁的正反转控制线路

在生产实践中常用接触器联锁的正反转控制线路，其线路的工作原理如图 10-8 所示。

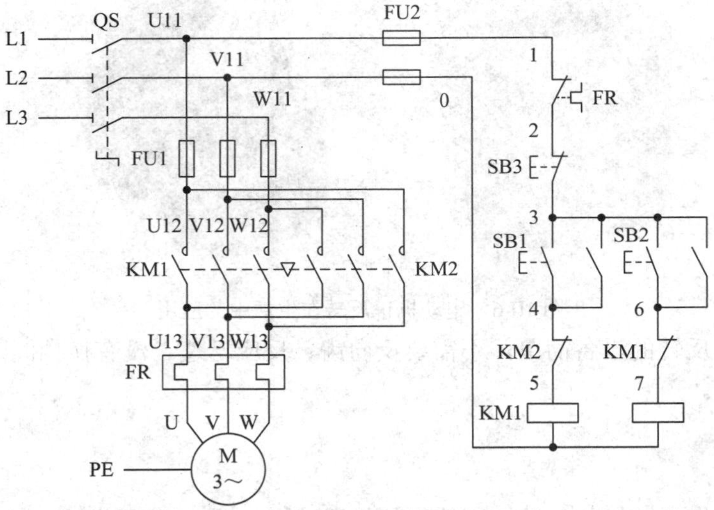

图 10-8 接触器联锁的正反转控制电路原理图

工作过程：

(1) 先合上电源开关 QS。

(2) 正转控制：

按下 SB1：
- KM1 线圈吸合，KM1 主触点闭合，电动机正转。
- KM1 辅助常开触点闭合，自锁。
- KM1 辅助常闭触点断开，互锁。

(3) 停止：按下 SB3，KM1 线圈断电，主触点、辅助触点断开，电动机停止。

(4) 反转控制：

按下 SB2：
- KM2 线圈吸合，KM2 主触点闭合，电动机反转。
- KM2 辅助常开触点闭合，自锁。
- KM2 辅助常闭触点断开，互锁。

从以上分析可见，接触器联锁正反转控制线路的优点是工作安全可靠，缺点是操作不便。电动机从正转变为反转时，必须先按下停止按钮后才能按反转启动按钮，否则由于接触器的联锁作用，不能实现反转。为克服此线路的不足，可采用按钮联锁或按钮和接触器双重联锁的正反转控制线路。

二、按钮联锁的正反转控制线路

为克服接触器联锁的正反转控制线路操作不便的缺点，把正转按钮和反转按钮换成两个复合按钮，并使两个复合按钮的常闭触头代替接触器的联锁触头，就构成了按钮联锁的正反转控制线路，如图 10-9 所示。

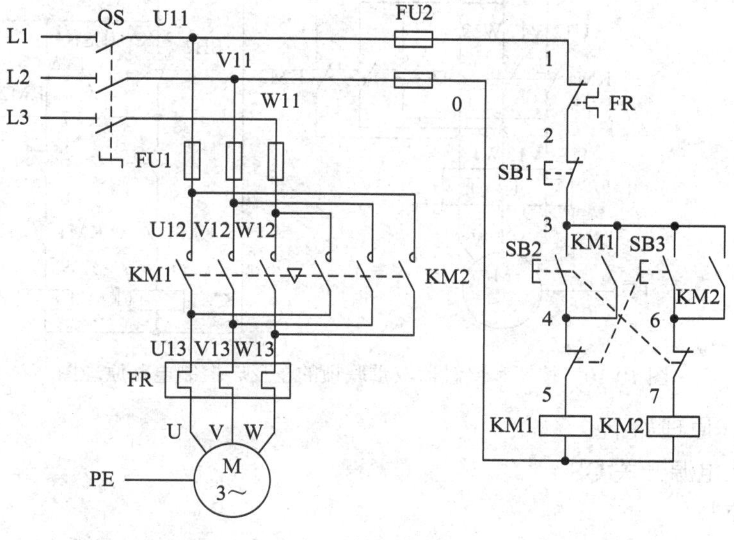

图 10-9 按钮联锁的正反转控制电路原理图

这种控制线路的工作原理与接触器联锁的正反转控制线路的工作原理基本相同，只是当电动机从正转变为反转时，可直接按下反转按钮 SB2 即可实现，不必先按停止按钮 SB1。

因为当按下反转按钮 SB3 时，串接在正转控制电路中 SB3 的常闭触头先分断，使正转接触器 KM1 线圈失电，KM1 的主触头和自锁触头分断，电动机失电，惯性运转。SB3 的常闭触头分断后，其常开触头才随后闭合，接通反转控制电路，电动机便反转。这样既保证了 KM1 和 KM2 的线圈不会同时通电，又可不用按停止按钮而直接按反转按钮实现反转。同样，若使电动机从反转运行变为正转运行时，也只要直接按下正转按钮 SB2 即可。

这种线路的优点是操作方便，缺点是容易产生电源两相短路故障。例如：当正转接触器 KM1 发生主触头熔焊或被杂物卡住等故障时，即使 KM1 线圈失电，主触头也分断不开，这时若直接按下反转按钮 SB3，KM2 得电动作，触头闭合，必然造成电源两相短路故障。所以采用此线路工作有一定的安全隐患。在实际工作中，经常采用按钮和接触器双重联锁的正反转控制线路。

三、按钮和接触器双重联锁的正反转控制线路

为克服接触器联锁正反转控制线路和按钮联锁正反转控制线路的不足，在按钮联锁的基础上，又增加了接触器联锁，构成按钮和接触器双重联锁正反转控制线路，如图 10-10 所示。该线路兼有以上两种联锁控制线路的优点，操作方便，工作安全可靠。

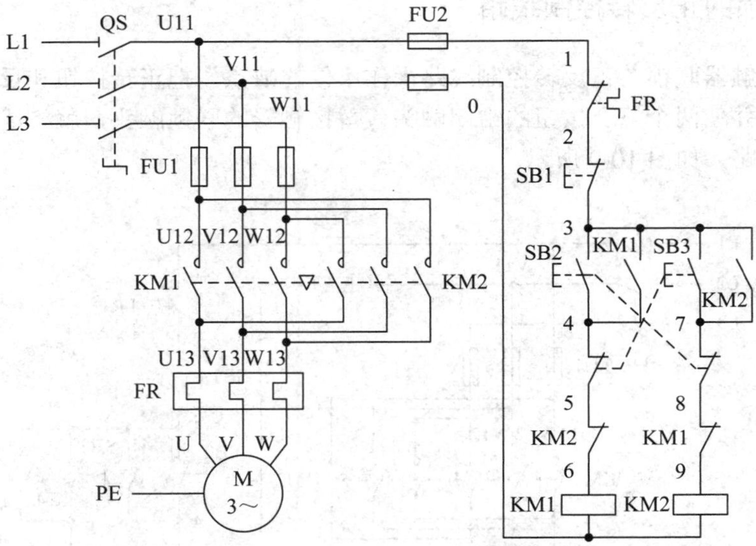

图 10-10　按钮和接触器双重联锁的正反转控制电路原理图

线路的工作原理如下：

(1) 先合上电源开关 QS。

(2) 正转控制：

按下 SB2，SB2 常闭触点先分断，断开反转控制电路，KM2 触点复原。

SB2 常开触点闭合 {
- KM1 线圈吸合，KM1 主触点闭合，电动机正转。
- KM1 辅助常开触点闭合，自锁。
- KM1 辅助常闭触点断开，互锁。

(3) 反转控制：

按下 SB3，SB3 常闭触点先分断，断开正转控制电路，KM1 触点复原。

SB3 常开触点闭合 { KM2 线圈吸合，KM2 主触点闭合，电动机反转。
KM2 辅助常开触点闭合，自锁。
KM2 辅助常闭触点断开，互锁。

(4) 若要停止，按下 SB1，整个控制电路失电，主触头分断，电动机 M 失电停转。

任务实施

完成三相异步电动机正反转控制的安装与调试。如图 10-11 所示为接触器联锁控制电路接线图。

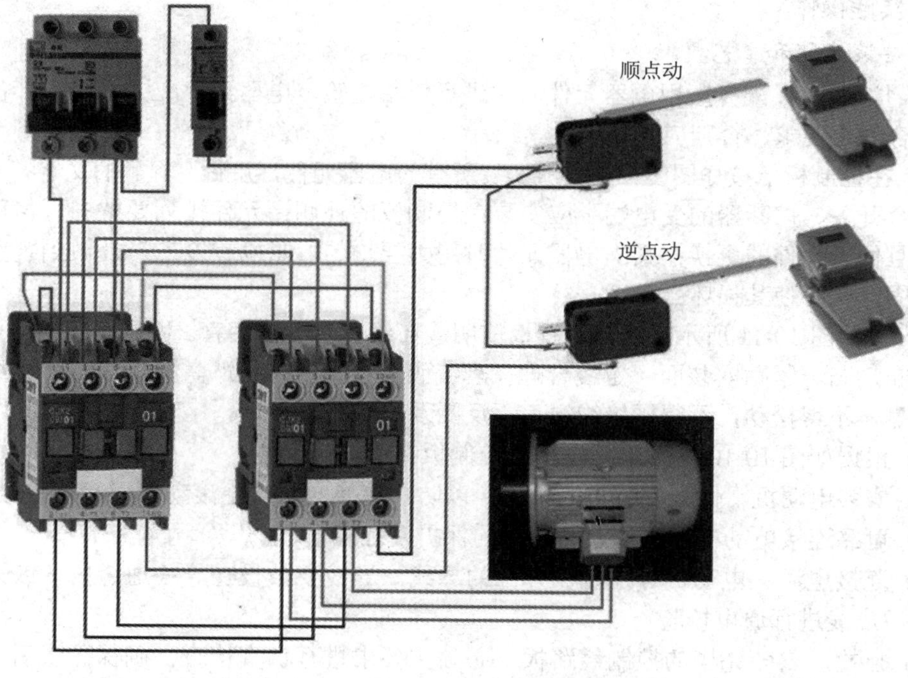

图 10-11　接触器联锁控制电路接线图

1. 目的要求

掌握接触器联锁正反转控制线路的安装。

2. 工具、仪表及器材

(1) 工具：测电笔、螺钉旋具、尖嘴钳、斜口钳、剥线钳、电工刀、校验灯等。

(2) 仪表：兆欧表、钳形电流表、万用表。

(3) 器材：控制板一块(500 mm × 400 mm × 20 mm)；导线规格：动力电路采用 BV 1.5 mm^2 和 BVR 1.5 mm^2(黑色)塑铜线，控制电路采用 BVR 1 mm^2 塑铜线(红色)，接地线采用 BVR(黄绿双色)塑铜线(截面至少 1.5 mm^2)；紧固体及编码套管等，其数量按需要而定。电器元件如表 10-2 所示。

表 10-2 元件明细表

代 号	名 称	型 号	规 格	数量
M	三相异步电动机	Y112M-4	4 kW、380 V、△接法、8.8 A、1440 r/min	1
QS	组合开关	HZ10-25/3	三极、25 A	1
FU1	熔断器	RL1-60/25	500 V、60 A、配熔体 25 A	3
FU2	熔断器	RL1-15/2	500 V、15 A、配熔体 2 A	2
KM1、KM2	交流接触器	CJ10-20	20 A、线圈电压 380 V	2
FR	热继电器	JR16-20/3	三极、20 A、整定电流 8.8 A	1
SB1～SB3	按钮	LA10-3H	保护式、380 V、5 A、按钮数 3	1
XT	端子板	JX2-1015	380 V、10 A、15 节	1

3. 实践操作

1) 安装步骤和工艺要求

(1) 按表 10-2 配齐所用电器元件，并进行质量检验。电器元件应完好无损，各项技术指标符合规定要求，否则应予以更换。

(2) 在控制板上按如图 10-10 所示安装所有的电器元件，并贴上醒目的文字符号。安装时，组合开关、熔断器的受电端子应安装在控制板的外侧；元件排列要整齐、匀称、间距合理，且便于元件的更换；紧固电器元件时用力要均匀，紧固程度适当，做到既要使元件安装牢固，又不使其损坏。

(3) 按如图 10-11 所示接线图进行板前明线布线和套编码套管。做到布线横平竖直、整齐、分布均匀、紧贴安装面、走线合理；套编码套管要正确；严禁损伤线芯和导线绝缘；接点牢靠，不得松动，不得压绝缘层，不反圈及不露铜过长等。

(4) 根据如图 10-10 所示电路图检查控制板布线的正确性。

(5) 安装电动机。做到安装牢固平稳，以防止在换向时产生滚动而引起事故。

(6) 可靠连接电动机和按钮金属外壳的保护接地线。

(7) 连接电源、电动机等控制板外部的导线。导线要敷设在导线通道内，或采用绝缘良好的橡皮线进行通电校验。

(8) 自检。安装完毕的控制线路板，必须按要求进行认真检查，确保无误后才允许通电试车。

(9) 交验合格后，通电试车。通电时，必须经指导教师同意后，由指导教师接通电源，并在现场进行监护。出现故障后，学生应独立进行检修。若需带电检查时，也必须有指导老师在现场监护。

(10) 通电试车完毕，停转、切断电源。先拆除三相电源线，再拆除电动机负载线。

2) 注意事项

(1) 螺旋式熔断器的接线要正确，以确保用电安全。

(2) 接触器联锁触头接线必须正确，否则将会造成主电路中两相电源短路事故。

(3) 通电试车时，应先合上 QS，再按下 SB1(或 SB2)及 SB3，看控制是否正常。

(4) 训练应在规定的定额时间内完成，同时要做到安全操作和文明生产。训练结束后，安装的控制板留用。

4. 评分标准

评分标准如表 10-3 所示。

表 10-3 评分标准表

项目内容	配分	评 分 标 准	扣分
装前检查	5	电器元件漏检或错检，每处扣 1 分	
安装元件	15	(1) 不按布置图安装扣 15 分 (2) 元件安装不紧固，每只扣 4 分 (3) 元件安装不整齐、不匀称、不合理，每只扣 3 分 (4) 损坏元件扣 15 分	
布线	40	(1) 不按电路图接线扣 25 分 (2) 布线不符合要求：主电路，每根扣 4 分；控制电路，每根扣 2 分 (3) 接点不符合要求，每个接点扣 1 分 (4) 损伤导线绝缘或线芯，每根扣 5 分 (5) 编码套管套装不正确，每处扣 1 分 (6) 漏接接地线扣 10 分	
通电试车	20	(1) 第一次试车不成功扣 20 分 (2) 第二次试车不成功扣 30 分 (3) 第三次试车不成功扣 40 分	
团队协作	10	团队配合紧密，沟通顺畅，任务明确，存在一处不合理扣 2 分	
6S 标准	10	在工作中与工作结束严格按照 6S 标准操作，违反一处扣 2 分	
备注	除定额时间外，各项目最高扣分不应超过配分数	成绩	
开始时间		结束时间	

10.3 位置控制与自动循环控制线路

学习目标

1. 理解位置控制电路原理图。
2. 理解自动循环控制线路。
3. 能够完成自动循环控制线路的安装与调试任务。

课堂讨论

如图 10-12 所示为架空线路的维护作业，大家讨论一下位置开关的作用是将机械移动的距离用电信号传出的吗？

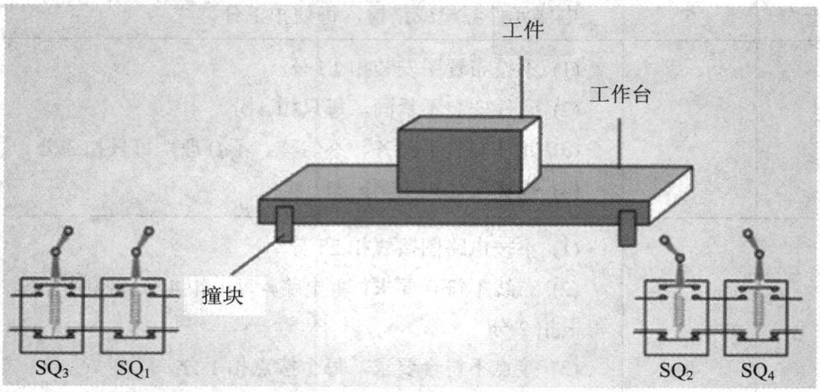

图 10-12 架空线路的维护作业

电力输送方式主要包括架空线路和电缆线路，本节内容主要学习这两种方式的维护内容。

工作任务

完成工作台自动往返控制线路的安装与检修，如图 10-13 所示。

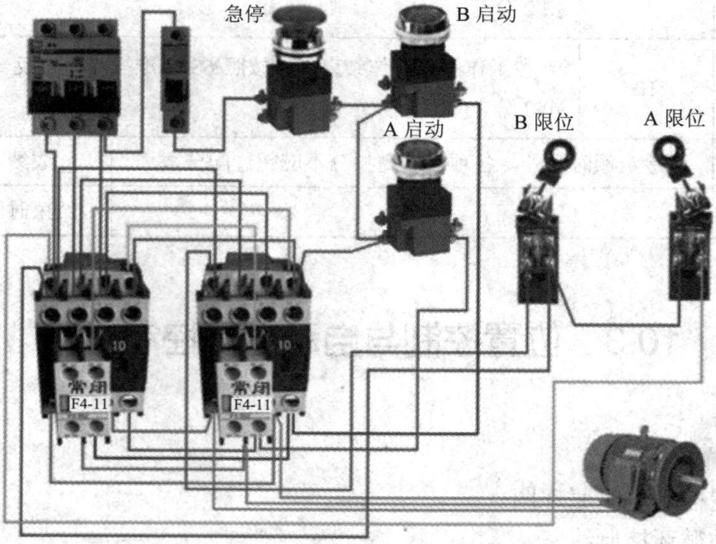

图 10-13 工作台自动往返控制线路的安装与检修

知识链接

在生产过程中，一些生产机械运动部件的行程或位置要受到限制，或者需要其运动部件在一定范围内自动往返循环等。如在摇臂钻床、万能铣床、镗床、桥式起重机及各种自动或半自动控制机床设备中就经常遇到这种控制要求。而实现这种控制要求所依靠的主要电器则是位置开关。

一、位置控制线路

位置控制线路又称行程控制或限位控制线路。

位置开关是一种将机械信号转换为电气信号，以控制生产机械运动部件位置或行程的自动控制电器。而位置控制就是利用生产机械运动部件上的挡铁与位置开关碰撞，使其触头动作来接通或断开电路，以实现对生产机械运动部件的位置或行程的自动控制。

位置控制电路图如图 10-14 所示。工厂车间里的行车常采用这种线路，位置控制电路图右下角是行车运动示意图，行车的两头终点处各安装一个位置开关 SQ1 和 SQ2，将这两个位置开关的常闭触头分别串接在正转控制电路和反转控制电路中。行车前后各装有挡铁 1 和挡铁 2，行车的行程和位置可通过移动位置开关的安装位置来调节。

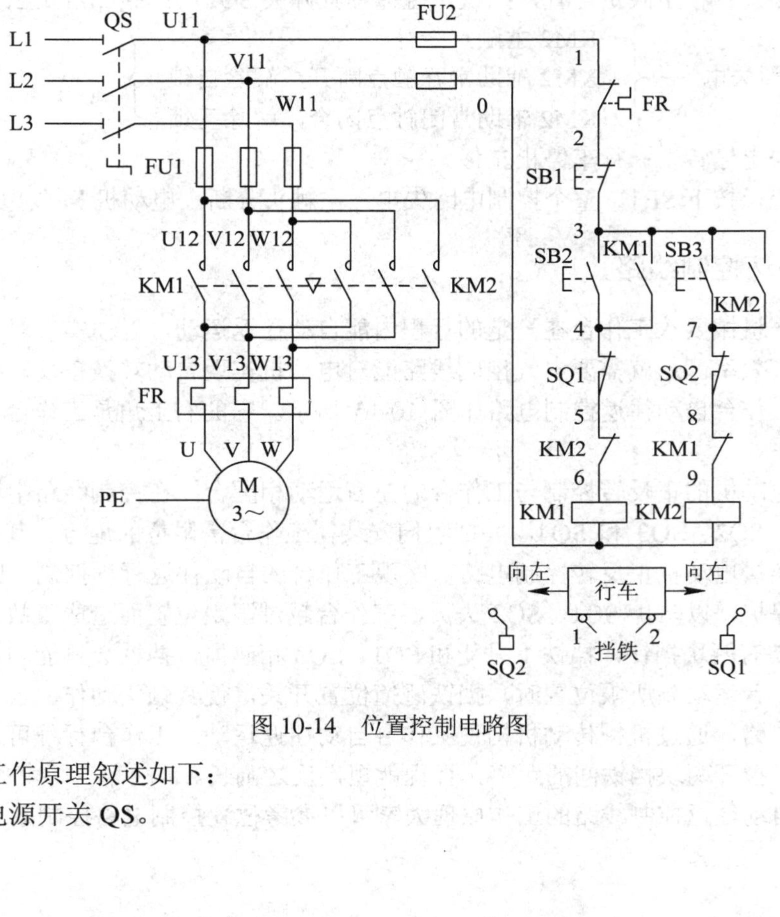

图 10-14 位置控制电路图

线路的工作原理叙述如下：

先合上电源开关 QS。

1) 行车向右运动

按下 SB2，SB2 常闭触点先分断，断开反转控制电路，KM2 触点复原。

SB2 常开触点闭合 → { KM1 主触点闭合，电动机正转；KM1 线圈得电 KM1 辅助常开触点闭合，自锁；KM1 辅助常闭触点断开，互锁 } →

行车右移 → 移至限定位置，挡铁 1 碰撞位置开关 SQ1 → SQ1 常闭触头分断 →

KM1 线圈失电 → { KM1 主触点断开；KM1 辅助常开触点断开，解除自锁；KM1 辅助常闭触点闭合，解除互锁 } →

电动机失电停转 → 行车停止右移。

此时，即使再按下 SB1，由于 SQ1 常闭触头已分断，接触器 KM1 线圈也不会得电，保证行车不会超过 SQ1 所在的位置。

2) 行车向左运动

按下 SB3，SB3 常闭触点先分断，断开反转控制电路，KM1 触点复原。

SB3 常开触点闭合 → { KM2 主触点闭合，电动机反转；KM2 线圈得电 KM2 辅助常开触点闭合，自锁；KM2 辅助常闭触点断开，互锁 } →

行车左移 → 移至限定位置，挡铁 1 碰撞位置开关 SQ2 → SQ2 常闭触头分断 →

KM2 线圈失电 → { KM2 主触点断开；KM2 辅助常开触点断开，解除自锁；KM2 辅助常闭触点闭合，解除互锁 } →

电动机失电停转 → 行车停止左移。

若要停止，按下 SB1，整个控制电路失电，主触头分断，电动机 M 失电停转。

二、自动循环控制线路

有些生产机械要求工作台在一定的行程内能自动往返运动，以便实现对工件的连续加工，提高生产效率。这就需要电气控制线路能对电动机实现自动转换正反转控制。由位置开关控制的工作台自动往返控制电路如图 10-15 所示。它的右上角是工作台自动往返运动的示意图。

为了使电动机的正反转控制与工作台的左右运动相配合，在控制线路中设置了四个位置开关 SQ1、SQ2、SQ3 和 SQ4，并把它们安装在工作台需限位的地方。其中 SQ1、SQ2 被用来自动换接电动机正反转控制电路，实现工作台的自动往返行程控制；SQ3、SQ4 被用来作终端保护，以防止 SQ1、SQ2 失灵，工作台越过限定位置而造成事故。在工作台边的 T 形槽中装有两块挡铁，挡铁 1 只能和 SQ1、SQ3 相碰撞，挡铁 2 只能和 SQ2、SQ4 相碰撞。当工作台运动到所限位置时，挡铁碰撞位置开关，使其触头动作，自动换接电动机正反转控制电路，通过机械传动机构使工作台自动往返运动。工作台行程可通过移动挡铁位置来调节，拉开两块挡铁间的距离，行程就短，反之则长。

工作台自动往返控制线路的工作原理大家可以参考位置控制电路控制原理自行分析。

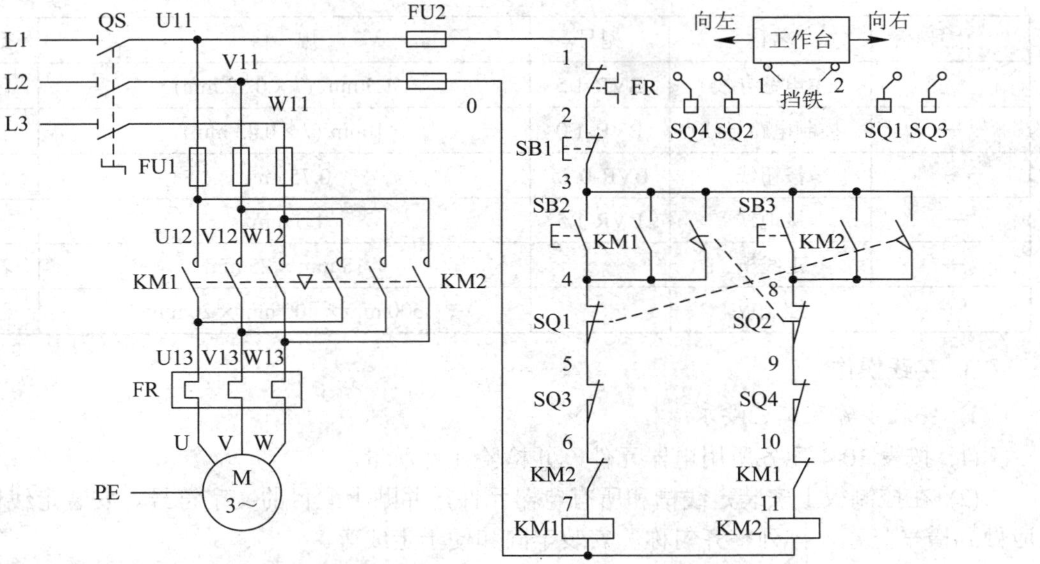

图 10-15 工作台自动往返控制电路图

任务实施

完成工作台自动往返控制线路的安装与检修。

1. 目的要求

掌握工作台自动往返控制线路的安装与检修。

2. 工具、仪表及器材

(1) 工具：测电笔、螺钉旋具、尖嘴钳、斜口钳、剥线钳、电工刀等。

(2) 仪表：兆欧表、钳形电流表、万用表。

(3) 器材：各种规格的紧固体、针形及叉形轧头、金属软管、编码套管等。

电器元件如表 10-4 所示。

表 10-4 元件明细表

代号	名称	型号	规 格	数量
M	三相异步电动机	Y112M-4	4 kW、380 V、8.8 A、△接法、1440 r/min	1
QS	组合开关	HZ10-25/3	三极、25 A、380 V	1
FU1	熔断器	RL1-60/25	60 A、配熔体 25 A	3
FU2	熔断器	RL1-15/2	15 A、配熔体 2 A	2
KM1、KM2	接触器	CJ10-20	20 A、线圈电压 380 V	2
FR	热继电器	JR16-20/3	三极、20 A、整定电流 8.8 A	1
SQ1-SQ4	位置开关	JLXK1-111	单轮旋转式	4
SB1～SB3	按钮	LA10-3H	保护式、按钮数 3	1
XT	端子板	JD0-1020	380 V、10 A、20 节	1

续表

代号	名称	型号	规 格	数量
—	主电路导线	BVR-1.5	1.5 mm^2(7 × 0.52 mm)	若干
—	控制电路导线	BVR-1.0	1 mm^2(7 × 0.43 mm)	若干
—	按钮线	BVR-0.75	0.75 mm^2	若干
—	接地线	BVR-1.5	1.5 mm^2	若干
—	走线槽		18 mm × 25 mm	若干
—	控制板		500 mm × 400 mm × 20 mm	1

3. 实践操作

1) 安装步骤及工艺要求

(1) 按表 10-4 配齐所用电器元件，并检验元件质量。

(2) 在控制板上安装走线槽和所有电器元件，并贴上醒目的文字符号。安装走线槽时，应做到横平竖直，排列整齐匀称，安装牢固和便于走线等。

(3) 按如图 10-15 所示的电路图进行板前线槽配线，并在导线端部套编码套管和冷压接线头。板前线槽配线的具体工艺要求是：

① 所有导线的截面积在等于或大于 0.5 mm^2 时，必须采用软线。考虑机械强度的原因，所用导线的最小截面积，在控制箱外为 1 mm^2，在控制箱内为 0.75 mm^2。但对控制箱内很小电流的电路连线，如电子逻辑电路，可用 0.2 mm^2，并且可以采用硬线，但只能用于不移动又无振动的场合。

② 布线时，严禁损伤线芯和导线绝缘。

③ 各电器元件接线端子引出导线的走向以元件的水平中心线为界线，在水平中心线以上接线端子引出的导线必须进入元件上面的走线槽；在水平中心线以下接线端子引出的导线必须进入元件下面的走线槽。任何导线都不允许从水平方向进入走线槽内。

④ 各电器元件接线端子上引出或引入的导线，除间距很小和元件机械强度很差允许直接架空敷设外，其他导线必须经过走线槽进行连接。

⑤ 进入走线槽内的导线要完全置于走线槽内，并应尽可能避免交叉，装线不要超过其容量的 70%，以便于能盖上线槽盖和以后的装配及维修。

⑥ 各电器元件与走线槽之间的外露导线应走线合理，并尽可能做到横平竖直，变换走向要垂直。同一个元件上位置一致的端子上和同型号电器元件中位置一致的端子上引出或引入的导线，要敷设在同一平面上，并应做到高低一致或前后一致，不得交叉。

⑦ 所有接线端子、导线线头上都应套有与电路图上相应接点线号一致的编码套管，并按线号进行连接，连接必须牢靠，不得松动。

⑧ 在任何情况下，接线端子必须与导线截面积和材料性质相适应。当接线端子不适合连接软线或较小截面积的软线时，可以在导线端头穿上针形或叉形轧头并压紧。

⑨ 一般一个接线端子只能连接一根导线，如果采用专门设计的端子，可以连接两根或多根导线，但导线的连接方式必须是公认的、在工艺上成熟的各种方式，如夹紧、压接、焊接、绕接等，并应严格按照连接工艺的工序要求进行。

(4) 根据电路图检验控制板内部布线的正确性。

(5) 安装电动机。

(6) 可靠连接电动机和各电器元件金属外壳的保护接地线。

(7) 连接电源、电动机等控制板外部的导线。

(8) 自检。

(9) 检查无误后通电试车。

2) 注意事项

(1) 位置开关可以先安装好，不占定额时间。位置开关必须牢固安装在合适的位置上。安装后，必须用手动工作台或受控机械进行试验，合格后才能使用。训练中若无条件进行实际机械安装试验时，可将位置开关安装在控制板下方两侧进行手控模拟试验。

(2) 通电校验时，必须先手动位置开关试验各行程控制和终端保护动作是否正常可靠。若在电动机正转(工作台向左运动)时，扳动位置开关 SQ1，电动机不反转，且继续正转，则可能是由于 KM2 的主触头接线不正确引起，需断电进行纠正后再试，以防止发生设备事故。

(3) 走线槽安装后可不必拆卸，以供后面课题训练时使用。安装线槽的时间不计入定额时间内。

(4) 安装训练应在规定定额时间内完成。同时要做到安全操作和文明生产。

3) 检修训练

(1) 故障设置。在控制电路或主电路中人为设置电气故障两处。

(2) 故障检修在指导老师的指导下按照检修步骤及要求进行检修。

(3) 注意事项。应注意以下两点：

① 寻找故障位置时，不要漏检位置开关，并且严禁在位置开关 SQ3、SQ4 上设置故障。

② 要做到安全文明生产。

4. 评分标准

评分标准如表 10-5 所示。

表 10-5 评 分 标 准

项目内容	配分	评 分 标 准	扣分
装前检查	5	电器元件漏检或错检，每处扣 1 分	
安装元件	15	(1) 不按布置图安装扣 15 分 (2) 元件安装不紧固，每只扣 4 分 (3) 元件安装不整齐、不匀称、不合理，每只扣 3 分 (4) 损坏元件扣 15 分	
布线	40	(1) 不按电路图接线扣 25 分 (2) 布线不符合要求：主电路，每根扣 4 分；控制电路，每根扣 2 分 (3) 接点不符合要求，每个接点扣 1 分 (4) 损伤导线绝缘或线芯，每根扣 5 分 (5) 编码套管套装不正确，每处扣 1 分 (6) 漏接接地线扣 10 分	

续表

项目内容	配分	评分标准		扣分
通电试车	20	(1) 第一次试车不成功扣 20 分 (2) 第二次试车不成功扣 30 分 (3) 第三次试车不成功扣 40 分		
团队协作	10	团队配合紧密，沟通顺畅，任务明确，存在一处不合理扣 2 分		
6S 标准	10	在工作中与工作结束严格按照 6S 标准操作，违反一处扣 2 分		
备注	除定额时间外，各项目最高扣分不应超过配分数		成绩	
开始时间			结束时间	

本章知识点考题汇总

一、判断题

1. ( ) 电气安装接线图中，同一电器元件的各部分必须画在一起。

2. ( ) 电气控制系统图包括电气原理图和电气安装图。

3. ( ) 电气原理图中的所有元件均按未通电状态或无外力作用时的状态画出。

4. ( ) 对于转子有绕组的电动机，将外电阻串入转子电路中启动，并随电机转速升高而逐渐地将电阻值减小并最终切除，叫转子串电阻启动。

5. ( ) 能耗制动这种方法是将转子的动能转化为电能，并消耗在转子回路的电阻上。

6. ( ) 同一电器元件的各部件分散地画在原理图中，必须按顺序标注文字符号。

7. ( ) 用 Y-△降压启动时，启动转矩为直接采用△形联结时启动转矩的 1/3。

8. ( ) 在电气原理图中，当触点图形垂直放置时，以“左开右闭”原则绘制。

9. ( ) 在电压低于额定值的一定比例后能自动断电的称为欠压保护。

10. ( ) 在断电之后，电动机停转，当电网再次来电，电动机能自行启动的运行方式称为失压保护。

11. ( ) 在三相交流电路中，负载为三角形接法时，其相电压等于三相电源的线电压。

12. ( ) 在三相交流电路中，负载为星形接法时，其相电压等于三相电源的线电压。

13. ( ) 转子串频敏变阻器启动的转矩大，适合重载启动。

二、选择题

1. 笼形异步电动机采用电阻降压启动时，启动次数(   )。

A. 不允许超过 3 次/小时　　B. 不宜太少　　C. 不宜过于频繁

2. 笼形异步电动机降压启动能减少启动电流，但由于电机的转矩与电压的平方成(   )，因此降压启动时转矩减少较多。

A. 正比　　B. 反比　　C. 对应

3. 某四极电动机的转速为 1440 r/min，则这台电动机的转差率为(   )%。

A. 4　　B. 2　　C. 6

4. 三相笼形异步电动机的启动方式有两类，即在额定电压下的直接启动和(　　)启动。

A. 转子串电阻　　B. 转子串频敏　　C. 降低启动电压

5. Y-△降压启动，是启动时把定子三相绕组作(　　)连接。

A. Y　　B. △　　C. 延边三角形

6. 旋转磁场的旋转方向决定于通入定子绕组中的三相交流电源的相序，只要任意调换电动机(　　)所接交流电源的相序，旋转磁场即既反转。

A. 两相绕组　　B. 一相绕组　　C. 三相绕组

第十一章　作业现场安全隐患排除

11.1　车间配电箱的安全隐患排查

学习目标

1. 掌握车间配电箱安全管理规定。
2. 了解车间配电箱常见安全隐患案例。

课堂讨论

请大家讨论如图 11-1 所示的配电箱有无安全隐患。

图 11-1　配电箱

车间内的配电箱负责车间内各个设备的电力供应，保障用电设备安全正常运行，保证了工人和设备的安全。因此要按照规范安装与定期检查配电箱，以防止出现电气安全事故。

工作任务

根据如图 11-2 所示车间配电箱完成对车间内配电箱安全隐患排查，并列出安全隐患点与整改措施。

图 11-2　车间配电箱

知识链接

认真贯彻落实“安全第一、预防为主”的安全生产方针，集中力量开展安全生产隐患排查治理，采取切实有效措施，杜绝重特大事故的发生，并结合车间实际，制定相关安全管理规定，将安全隐患消灭在萌芽状态。

车间安全隐患排查以《用电安全导则》《低压配电设计规范》《安全标志及其使用导则》《安全生产法》为主要依据。

一、车间配电箱安全管理规定

(1) 配电箱设专人负责管理，每天清扫，保持整洁；要由专业人员(电工)接线，其他任何人不得擅自打开和乱接线；应确保电工作业人员接受过安全技术培训，考核合格，取得相应的资格证书后，才能从事电工作业，禁止非电工作业人员从事任何电工作业。

(2) 配电箱应装设总隔离开关，熔断器以及漏电保护器。总开关电器的额定值、动作整定值分别与分路开关电器的额定值、动作整定值相适应。工作现场的配电箱和开关箱应设置漏电保护器，而且漏电保护器的额定漏电动作电流和额定漏电动作时间应作合理配合，使之具有分级保护的功能。

(3) 配电箱应装设端正，牢固。移动式试车电源箱应装设在固定的支架上，防止倾倒，固定式配电箱下底与地面的垂直距离应大于 1.3 m，小于 1.5 m，移动式试车电源箱下底与地面的垂直距离大于 0.6 m，小于 1.5 m。配电箱、开关箱采用铁板或优质绝缘材料制作，铁板的厚度应大于 0.5 mm。

(4) 配电箱中必须设置漏电保护器，施工现场所有用电设备除做保护接零外，必须在设备负荷线的首端处安装漏电保护器。漏电保护器应装设在配电箱或开关箱电源隔离开关的负荷侧。

(5) 配电箱内应一机一闸，每台用电设备应有自己的开关，严禁用一个开关直接控制两台及以上的用电设备。

(6) 总配电箱应设在靠近电源的地方，分配电箱应装设在用电设备或负荷相对集中的地区。分配电箱与开关箱的距离不得超过 30 m，开关箱与其控制的固定式用电设备的水平距离不宜超过 3 m。

(7) 配电箱、移动式试车电源箱应装设在干燥、通风及常温场所，不得装设在有严重损伤作用的瓦斯、烟气、蒸汽、液体及其他有害介质中，也不得装设在易受外来固体物撞击、强烈振动、液体浸溅及热源烘烤的场所。

(8) 配电箱、开关箱周围应有足够两人同时工作的空间，其周围不得堆放任何有碍操作、维修的物品。

(9) 配电箱、开关箱中导线的进线口和出线口应设在箱体下底面，严禁设在箱体的上顶面、侧面、后面或箱门处。出线口应有绝缘保护套。

(10) 配电箱内的电器应首先安装在金属或非木质的绝缘电器安装板上，然后整体紧固在配电箱箱体内，金属板与配电箱体应电气连接。配电箱内的各种电器应按规定的位置紧固在安装板上，不得歪斜和松动，并且电气设备之间、设备与板四周的距离应符合有关工艺标准的要求。

(11) 配电箱内的工作零线应通过接线端子板连接，并应与保护零线接线端子板分别设置，配电箱、开关箱内的连接线应采用绝缘导线，导线的型号及截面应满足开关容量要求。各种仪表之间的连接线应使用截面不小于 2.5 mm^2 的绝缘铜芯导线，导线接头不得松动，不得有外露带电部分。各种箱体的金属构架、金属箱体、金属电器安装板以及箱内电器的正常不带电的金属底座与外壳等必须做保护接零，保护零线应经过接线端子板连接。

(12) 配电箱后面的排线需排列整齐，绑扎成束，并用卡钉固定在盘板上，盘后引出及引入的导线应留出适当余度，以便检修。

(13) 现场的所有配电箱、开关箱应每月进行一次检查和维修。检查维修人员必须是专业电工。工作时必须穿戴好绝缘用品和使用电工绝缘工具。检查维修配电箱、开关箱时，必须将其前一级相应的电源开关分闸断电，并悬挂停电标志牌，严禁带电作业。

(14) 配电箱内盘面上应标明各回路的名称、用途，同时要作出分路标记。

(15) 各种电气箱内不允许放置任何杂物，并应保持清洁。箱内不得挂接其他临时用电设备。各类配电箱和开关箱外观应完整、牢固、防雨、防尘，箱体外应涂安全色标，统一编号，箱内无杂物。停止使用的配电箱应切断电源，箱门上锁。

(16) 每月对箱内漏电开关及电器元件进行检查，保证漏电开关灵敏、有效，电器元件完整无损，及时更换不符合使用要求的坏损开关和元件。

(17) 试车现场停止作业 1 h 以上时，应将配电箱及开关箱断电。

(18) 配电箱进线和出线应排列整齐，不承受外力，并在箱下口与基础中间处设专用固定点，做好绝缘保护，严禁与金属锐断口和强腐蚀介质接触。

二、车间配电箱安全隐患检查内容

(1) 检查配电箱底部离地面高度应为 1.3～1.5 m，门锁齐全，门上应张贴“当心触电”安全警示标志。

(2) 检查配电箱周围有没有留有足够的安全通道和工作空间，有没有堆放可燃、易燃易爆和腐蚀性物品，如图 11-3 所示。

图 11-3　检查配电箱周围是否有安全隐患

(3) 检查配电箱进出线口是不是密封严密，缝隙是不是用防火胶泥、耐火隔板封堵，如图 11-4 所示。

(4) 检查配电箱内零线和接地线有没有连接到专门的接线柱或接线铜排，如图 11-5 所示。

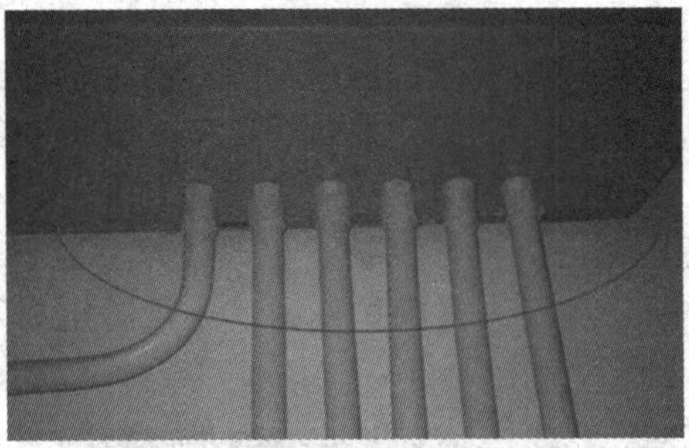

图 11-4　检查配电箱进出线是否有安全隐患

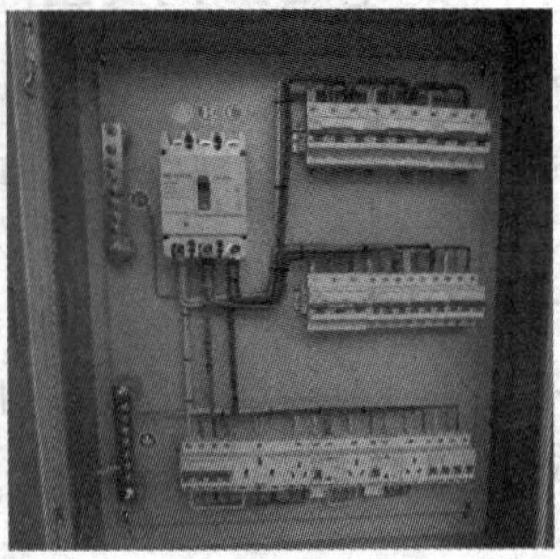

图 11-5　检查配电箱零线和接地线安全隐患

(5) 检查配电箱内有没有安装阻燃材质的屏护挡板，打开配电箱时，应该只能看到电源开关，线路及接线点不能外漏。

(6) 检查配电箱金属箱门与金属箱体有没有采用编织软铜线做接地及跨接，有没有采用焊接、压接、螺栓连接，绝不能缠绕或挂钩连接，防止故障时电箱外壳带电，如图 11-6 所示。

图 11-6　检查配电箱金属箱门和金属箱体安全隐患

(7) 检查配电箱和开关箱内有没有放置杂物，电器元件是不是安装在了可燃的木板上。

(8) 检查配电箱引出的进出导线的部位有没有设绝缘垫护或用导管是否引入了 50～80 mm，防止电线绝缘层破损。

(9) 查配电箱内有没有超负载接电的情况，导线截面积相同情况下，同一端子上导线连接不能超过两根。

(10) 检查配电箱内相线连接端子之间有没有安装隔弧片，防止大电流断开的时候引起弧光短路，同时也防止金属异物进入造成相间短路。

(11) 检查配电箱内配线是否整齐，是不是有绞线现象。

(12) 检查配电箱内控制回路的标识是不是齐全清晰。

(13) 检查配电箱内是不是还在使用安全性能极差、已被淘汰的闸刀开关。

(14) 配电箱内导线颜色应按规定做明显区分，导线颜色按相线 L1(A)、L2(B)、L3(C)的顺序颜色应依次为黄、绿、红色，N 线的颜色应为淡蓝色，PE 线的颜色应为黄绿双色。

(15) 配电箱与开关箱是不是装设在干燥、通风及常温场所。如果仓库是丙类仓库，配电箱、开关箱不宜安装在室内。木粉尘场所应安装在非防爆分区外的上风方向，防止配电箱、开关箱积尘而留下隐患。

三、车间配电箱常见安全隐患案例

如图 11-7 所示案例 1 安全隐患：导线杂乱无章，按规范推测应为零线排，各连线应采用相同规格的线材，否则易造成接线错误而引发事故；接头处未做铜鼻子，且每一接点接了两根以上连线，易造成接点发热，引发事故。

如图 11-8 所示案例 2 存在安全隐患：该配电箱应为接零保护，更改线路后应整理好，而没整理；门上接地保护接点位置过长，易折断，从而失去保护作用，一旦漏电易发生触电事故；导线颜色混乱。

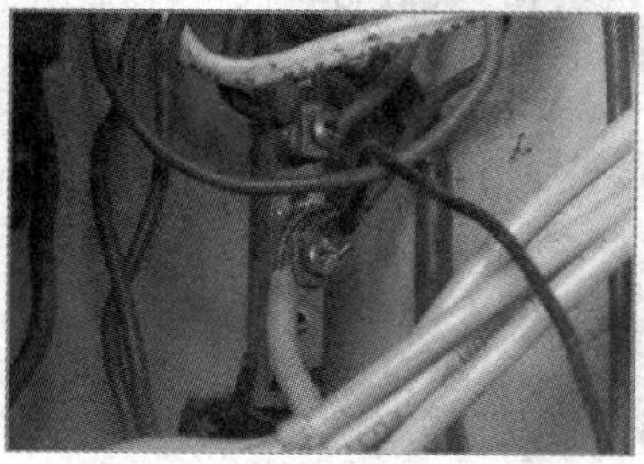

图 11-7 配电箱安全隐患案例 1

图 11-8 配电箱安全隐患案例 2

如图 11-9 所示案例 3 存在安全隐患：所有使用中的设备应处于良好的保养状态，但估计该设备从投用起就没有进行过维护。根据规定所有的紧固件必须每隔一段时间及时紧固一次，更换生锈及不合格螺栓，以防范因接触不良而引起的事故发生。

图 11-9　配电箱安全隐患案例 3

任务实施

如图 11-10 所示，完成对车间内配电箱安全隐患排查，并列出安全隐患点与整改措施。

图 11-10　配电箱安全隐患配查

1. 目的要求

掌握车间内配电箱安全隐患排除方法。

2. 工具、仪表及器材

(1) 万用表、钳形电流表、螺丝刀等。

(2) 绘图工具。

3. 实践操作

(1) 按照检查项目完成车间内配电箱的安全隐患排查。

(2) 列出存在的安全隐患问题。

(3) 填写安全隐患问题的整改措施，如表 11-1 所示。

表 11-1　车间内配电箱安全检查记录表

配电柜名称	隐患问题	整改措施	备　注

4. 评分标准

评分标准如表 11-2 所示。

表 11-2 评 分 标 准

项目内容	配分	评 分 标 准		扣分
仪表检测	10	漏检或错检，每处扣 1 分		
电气柜外观检查	20	未检出一处扣 5 分		
线路检测	20	检测项目包括虚接、色标、绝缘检测，每漏一处扣 5 分		
项目记录	10	未记录，不得分		
整改措施	20	整改不到位一处扣 5 分		
团队协作	10	团队配合紧密，沟通顺畅，任务明确，存在一处不合理扣 2 分		
6S 标准	10	在工作中与工作结束严格按照 6S 标准操作，违反一处扣 2 分		
备注	除定额时间外，各项目最高扣分不应超过配分数		成绩	
开始时间			结束时间	

11.2 配电室的安全隐患排查

学习目标

1. 了解配电室管理规章制度。
2. 掌握配电室安全隐患检查项目。

课堂讨论

在学校、小区里我们都能看到如图 11-11 所示这样的小房子，它是用来做什么的呢？为什么要用遮拦围起来呢？

图 11-11 配电室

配电室需要定期进行安全隐患检查，以保证用户电力的正常配送。本节主要讲解配电室安全检查的项目和安全隐患的案例介绍。

工作任务

对如图 11-12 所示车间配电室进行安全隐患检查，并详细记录和列出整改措施。

图 11-12 配电室

知识链接

配电室是指带有低压负荷的室内配电场所，主要为低压用户配送电能，设有中压进线(可有少量出线)、配电变压器和低压配电装置。按 10 kV 及以下电压等级设备的设施分类，配电室分为高压配电室和低压配电室。高压配电室一般指 6～10 kV 高压开关室；低压配电室一般指 10 kV 或 35 kV 站用变出线的 400 V 配电室。

配电室应配置的安全用品包括安全警示标识、地面划线、火灾报警系统、灭火器(一般用 CO_2 灭火器，变压器使用干粉灭火器)、挡鼠板、绝缘垫、绝缘手套、绝缘靴、防护头盔、高低压摇表、验电器、绝缘拉杆等。其中后几项防护、安全用品一般可以集中配置在值班室内，由操作人员携带或穿戴前往配电室进行专业操作。

一、配电室管理规章制度

(1) 配电室全部机电设备由配电室人员负责管理，停送电由值班电工操作，非值班电工禁止操作，无关人员禁止进入配电室；公司内有关上级部门因检查工作，必须要进入这些场所时，应由工程主管或其指定人员陪同，并通知当值领班开门后进入，同时在《机房出入登记表》上做好记录。

(2) 保持良好的室内照明和通风，配电室内采用白炽灯照明，室内温度控制在 35℃以下。

(3) 建立运行记录，每班至少巡查一次，每季组织检查一次，每年大检修一次，查出问题及时修理，不能解决的问题及时报负责人。

(4) 每班巡查内容：室内是否有异味，记录电压、电流、温度、电表数；检查屏上指示灯、电器运行声音、补偿柜运行情况，发现异常及时修理与报告。

(5) 供电线路操作开关部位应设明显标志，检修时停电拉闸必须挂标志牌，非有关人员决不能动。

(6) 室内禁止乱拉乱接线路，供电线路严禁超载供电，如确需要，报管理人员书面同意方可进行。

(7) 严禁违章操作，检修时必须遵守操作规程，使用绝缘工具、鞋、手套等。

(8) 配电室每周清扫一次，保持室内清洁，防止动物进入配电室。

(9) 配电室的应急照明、灭火器材应保持完好，配电室应安装有应急照明光源，灭火器应定期检查维护。

(10) 认真做好值班记录，认真执行交接班制度。

二、配电室安全隐患排查项目

(1) 检查配电室门窗是否关闭、密合。

(2) 检查配电室是否在醒目位置悬挂了“高压危险、闲人免进”“严禁烟火”等警示标识牌，如图 11-13 所示。

图 11-13 警示标识牌

(3) 检查配电室的门是否为防火门，并按规定向外开启。

(4) 检查配电室、变(配)电室的出入口是否设置了高度不低于 400 mm 的挡鼠板。

(5) 检查配电室与室外相通的洞和通风孔是否设置了防止鼠、蛇等小动物进入的防护措施(如采用金属网时，网格不得大于 10 mm × 10 mm)；检查配电室内电缆沟是否采取了防水和排水措施。

(6) 检查配电室内的电缆线是否放置在电缆沟内，并加设了防护盖板。

(7) 检查配电室内是否放置有可燃、易燃易爆物品和杂物，是否违规设置了维修等生产工作台。

(8) 检查配电柜前、后地面是否铺设了绝缘胶垫，绝缘垫的长度应大于配电柜的宽度。

(9) 配电室长度超过 7 m 时，是否设置了两个出口，并分布在配电室的两端。

(10) 检查配电室和发电机房是否设置在了同一房间内，有无有效的实体墙进行防火分隔。

(11) 检查配电室是否配备了绝缘棒、绝缘手套、绝缘鞋等防护用品，以及是否配备了应急照明灯具、灭火器材和备有“禁止合闸，有人工作”的标识牌。

(12) 检查配电室内电气操作工具及防护用品是否完好、可靠，有无定期检测记录和标识。

电气绝缘安全用具中的绝缘拉杆、绝缘挡板、绝缘罩、绝缘夹钳的绝缘试验周期为每年一次；高压验电器、绝缘手套、绝缘靴、绝缘绳的绝缘试验周期为每半年一次。

三、配电室安全隐患案例

配电室安全隐患案例 1：配电室未设置警示标志，如图 11-14 所示。

配电室安全隐患案例 2：开关柜操作区地面未铺设绝缘胶垫，如图 11-15 所示。

图 11-14　配电室安全隐患案例 1

图 11-15　配电室安全隐患案例 2

配电室安全隐患案例 3：配电室出入口应设置高度不低于 400 mm 的挡板，如图 11-16 所示。

图 11-16　配电室安全隐患案例 3

任务实施

完成对车间配电室安全隐患排查，并列出安全隐患点与整改措施。

1. 目的要求

掌握车间内配电室安全隐患排除方法。

2. 工具、仪表及器材

(1) 万用表、钳形电流表、螺丝刀等。

(2) 绘图工具。

3. 实践操作

(1) 按照检查项目完成车间配电室的安全隐患排查。

(2) 列出存在的安全隐患问题。

(3) 填写安全隐患问题的整改措施，如表 11-13 所示。

表 11-3　车间配电室安全检查记录表

检查位置	隐患问题	整改措施	备　注

4. 评分标准

评分标准如表 11-4 所示。

表 11-4　评 分 标 准

项目内容	配分	评 分 标 准	扣分
仪表检测	10	漏检或错检，每处扣 1 分	
电气柜外观检查	20	未检出一处扣 5 分	
线路检测	20	检测项目包括虚接、色标、绝缘检测，每漏一处扣 5 分	
项目记录	10	未记录，不得分	
整改措施	20	整改不到位一处扣 5 分	
团队协作	10	团队配合紧密，沟通顺畅，任务明确，存在一处不合理扣 2 分	
6S 标准	10	在工作中与工作结束严格按照 6S 标准操作，违反一处扣 2 分	
备注	除定额时间外，各项目最高扣分不应超过配分数	成绩	
开始时间		结束时间	

11.3 施工现场的安全隐患排查

学习目标

1. 了解施工现场电气安全要求。
2. 理解施工现场电气安全隐患检查项目。
3. 了解施工现场电气安全隐患案例。

课堂讨论

讨论一下如图 11-17 所示电焊作业现场中电焊作业存在哪些安全隐患。

图 11-17 电焊作业现场

在施工作业现场进行电气安全隐患排查尤为重要，要严格按照电气安装规范进行施工，避免发生重大安全生产事故。

工作任务

完成施工现场电气安全检查实施方案，并列出检查项目的标准要求。

知识链接

一、施工现场电气安全要求

1. 用电管理安全要求

(1) 临时用电必须按 JGJ46—2012《施工现场临时用电安全技术规范》编制用电施工组织设计，制定安全用电技术措施与电气防火措施。

(2) 临时用电工程图纸必须单独由电气工程技术人员绘制，经技术负责人审批后作为临时施工的依据。

(3) 临时用电施工组织设计的内容和步骤：

① 现场勘探，确定电源进线总配电箱(柜)，分配电箱的位置及线路走向。

② 进行负荷计算，选择导线截面和电器的类型、规格。

③ 绘制电气平面图、立面图和接线系统图。

④ 制定安全用电技术措施和电气防火措施。

(4) 施工现场临时用电安全技术档案：

① 临时用电施工组织设计及修改施工组织设计的全部资料。

② 技术交底资料。

③ 临时用电工程检查验收表。

④ 接地电阻测定记录。

⑤ 定期检(复)查表(工地每月、公司每季进行一次)。

⑥ 电工维修工作记录。

(5) 安装、维修或拆除临时用电工程必须由电工完成，电工等级应同工程的难易程度和技术复杂性相适应。

2. 安全距离与外电防护安全要求

外电线路是指施工现场临时用电线路以外的任何电力线路。外电线路安全距离与外电防护安全要求如下：

(1) 不得在高、低压线路下方施工和搭设临时设施或堆放物件、架具、材料及其他杂物。

(2) 安全距离：

① 在建工程(包括脚手架)的外侧与架空线路之间的最小安全距离：1 kV 不小于 4 m，1～10 kV 不小于 6 m，35～110 kV 不小于 8 m。架空导线最大弧垂与施工现场地面最小距离不小于 4.0 m，与机动车道不小于 6.0 m。

② 起重臂或被吊物边缘与 10 kV 的架空线路水平距离不小于 2 m。

③ 机动车道与外电架空线路交叉的最小距离：1 kV 以下为 6 m，10 kV 以下为 7 m。

(3) 外电防护：

① 达不到安全距离要求时，必须采取防护措施，增设屏障、遮栏、围栏或保护网，并悬挂醒目的警告标志牌。

② 带电体至遮栏的安全距离：10 kV 应大于 95 cm，35 kV 应大于 115 cm。

③ 带电体至栅栏(封闭)的安全距离：10 kV 应大于 30 cm，35 kV 应大于 50 cm。

④ 在架设防护设施时，应有电气技术人员或专职安全员监护。

⑤ 无法防护时必须采取停电、迁移线路或更改工程位置等措施，否则不准施工。

3. 供电路线安全要求

架空线路必须架设在专用电杆上，严禁架设在树木上或脚手架上等不稳固的地方。其安全要求如下。

(1) 架空线路最小截面积：为满足机械强度要求，铝线截面积不小于 16 mm^2，铜线截面积不小于 10 mm^2；跨越铁路、公路、河流时，电力线路档距内的绝缘铝线截面积不少于 35 mm^2，铜线截面积不少于 16 mm^2。

(2) 电线接头：在一个档距内，每层架空线接头不得超过该层导线 50%，且一根导线只允许一个接头，跨越道路、河流档距内不得有接头。

(3) 电杆档距：最大不超过 35 m，线间距不得少于 0.3 m，上下横担间高压与低压 1.2 m，低压与低压 0.6 m。

(4) 电杆及埋设：电杆应选用钢筋混凝土杆或木杆，其梢径不得小于 13 cm，埋设深度为杆长的十分之一加 0.6 m。

(5) 拉线：拉线宜用截面不小于Φ4×3 的镀锌铁丝，拉线与电杆的夹角应在 45°～30°之间，埋地深度不少于 1 m，钢筋混凝土杆上的拉线应在高于地面 2.5 m 处装设拉紧绝缘子。

(6) 室内配线：进户线过墙应穿管保护，距地面不得少于 2.5 m，并采取防雨措施，室外应采用绝缘子固定。

4. 电缆线路安全要求

(1) 电缆干线应采用埋地或架空敷设，严禁沿地面明设，并应避免机械损伤和介质腐蚀。

(2) 电缆穿越建筑物、构筑物、道路、易受机械损伤的场所及引出地面从 2m 高度至地下 0.2 m 处，必须加设防护套管。

(3) 橡皮电缆架空敷设时，应沿墙壁或电杆设置，并用绝缘子固定，严禁使用金属裸线做绑线，且橡皮电缆的最大弧垂距地面不得小于 2.5 m。

(4) 在高层建筑的临时电缆配电必须采用电缆埋地引入；电缆垂直敷设的位置充分利用在建工程的竖井、电梯孔等，并应靠近电负荷中心，固定点每层楼不得小于一处；电缆水平敷设宜沿墙或门口固定，最大弧垂距地面不小于 1.8 m。

5. 配电柜(盘)、配电箱及开关箱安全要求

(1) 配电系统应设置总配电柜(盘)和分配电箱，实行分级配电。室内总配电柜(盘)的装设应符合下列规定：

① 配电柜(盘)正面的通道宽度单划不小于 1.5 m，双划不少于 2 m，后面的维护通道为 0.8 m(个别部位不许少于 0.6 m)，侧面通道不少于 1 m。

② 配电室的天棚距地面不低于 3 m。

③ 在配电室设置值班室或检修室时，距配电柜(盘)的水平距离应大于 1 m，并采取屏障隔离。

④ 配电室门应向外开。

⑤ 配电箱的裸母线与地面垂直距离少于 2.5 m 时采用遮栏隔离，遮栏下面通道的高度不少于 1.9 m；配电装置的上端距天棚不少于 0.5 m。

⑥ 配电柜(盘)应按规定装设有功、无功电度表，分路应装设电流、电压表。

⑦ 配电柜(盘)应装设短路、过负荷保护装置和漏电保护开关。

⑧ 配电柜(盘)上的配电线路开关应标明控制回路。

⑨ 配电柜(盘)或配电线路维修时，应挂停电标志牌；停、送电必须由专人负责。

(2) 配电箱安全要求：动力配电箱与照明开关箱宜分别设置，如合用一个配电箱，动力和照明线路应分别设置。

(3) 总配电箱应设在靠近电源的地区，分配电箱应装在用电设备或负荷相对集中的地区，且与开关箱的距离不得超过 30 m；开关箱与其控制的固定用电设备的水平距离不宜超过 3 m。

(4) 配电箱、开关箱周围应有足够两人同时工作的空间和通道，不得堆放任何妨碍操作、维修的物品；不得有灌木、杂草。

(5) 配电箱、开关箱应采用铁板或优质绝缘材料制作，安装应端正牢固，箱下底与地面的距离在1.3～1.5 m之间；移动式开关箱应装设在坚固的支架上，下底离地面0.6～1.5 m，进出线必须采用橡皮绝缘电缆。

(6) 配电箱、开关箱内的开关电器(含插座)应紧固在电器安装板上，并便于操作(间隙5 cm)，不得歪斜和松动；电线应用绝缘导线，剥头不得外露，接头不得松动。

(7) 配电箱内的工作零线应通过接线端子板连接，并应与保护零线接线端子分设。

(8) 配电箱体的金属外壳应做保护接零(或接地)，保护零线必须通过接线端子板连接。

(9) 配电箱和开关必须防雨、防尘；导线的进线口和出线口应设在箱体的下底面，并要求上部为电源端，严禁设在箱体的上顶面、侧面、后面或箱门处。

(10) 进、出线应加护套分路成束并做防水弯，导线束不得与箱体进出口直接接触。

6. 电器装置的安全要求

(1) 配电箱、开关箱内的电器设备必须可靠完好，不准使用破损、不合格的电器；熔断器的熔体应与用电设备容量相适应。

(2) 总配电箱或分配电箱均应装设总闸隔离开关和分路隔离开关，总熔断器、分路熔断器(或总自动开关和分路自动开关)以及漏电保护器(若漏电保护器同时具备过负荷和短路保护功能，则可不设分路熔断器或分路自动开关)。

(3) 每台设备应有独立的开关箱，实行一机一闸制，严禁用一个电器开关直接控制两台及两台以上用电设备(含插座)。

(4) 现场用电设备除做保护接零外，都必须在设备负荷线的首端处安装漏电保护器。

(5) 购置的漏电保护器必须是国家定点生产厂或经过有关部门正式认可的产品。

(6) 对新购置或搁置已久重新使用和使用一个月以上的漏电保护器应认真检验其特性，发现问题及时修理或更换。

(7) 使用于潮湿和腐蚀介质场所的漏电保护器应采用防溅型产品。

(8) 手动闸刀开关只允许用于控制照明电路和容量不大于5.5 kW的动力电路做直接启动；容量大于5.5 kW的动力电路应采用自动开关电器或降压启动装置控制。

7. 使用与维护安全要求

(1) 所有开关箱门应配锁，专人负责，开关箱应标明用途及所控设备。

(2) 配箱、开关箱每月检查维修一次，必须由专业电工进行；电工必须按规定穿戴好防护用品和使用绝缘工具。

(3) 送电操作过程：总配电箱→分配电箱→开关箱；停电操作过程：开关箱→分配电箱→总配电箱(特殊情况除外)。

(4) 施工现场停电一小时以上时，应切断电源，锁好开关箱。

(5) 配电箱、开关箱内不得放置任何杂物，并应保持清洁。

(6) 熔断器的熔体(保险丝)更换时，严禁用不符合规格的熔体或其他金属裸线代替。

8. 照明安全要求

(1) 在一个工作场所内，不得只装设局部照明。

(2) 在正常湿度场所，选用开启式照明器(一般灯具)。

(3) 在潮湿或特别潮湿的场所，选用密闭型防水防尘照明器或配有防水灯头的开启式照明器。

(4) 对有爆炸和火灾危险的场所，必须安装与危险场所等级相适应的照明器。

(5) 在振动较大的场所，选用防振型照明器。

(6) 照明器具和器材的质量应合格，不得使用绝缘老化与破损的器具和器材。

(7) 在特殊场所照明应使用安全电压照明器，在潮湿和易触及带电体场所照明器电压不大于 24 V，在特别潮湿的场所和导电良好的地面或金属器内工作照明器电压不得大于 12 V。

(8) 在单相及二相线路中零线与相线截面相同；在三相四线制线路中，当照明灯为白炽灯时，零线截面为相线二分之一，当照明灯具为气体放电灯或在逐相切断的三相照明电路中零线截面按最大负荷相的电流选择。

(9) 照明灯具的金属外壳必须做保护接零；单相照明回路的开关箱(板)内必须装设漏电保护器，实行左零右火制。

(10) 室外灯具距地面不得低于 3 m，室内不低于 2.5 m。

(11) 螺口灯头的绝缘外壳不得有损伤和漏电，火线(相线)应接在中心触头上，零线接在螺纹口相连的一端。

(12) 暂设工程的灯具宜采用拉线开关，拉线开关距地面高度为 2～3 m，其他开关距地面高度为 1.3 m，与出入口的水平距离为 0.15～0.20 m；严禁将插座与拉线开关靠近装设，严禁在床上装设开关。

(13) 电器、灯具的相线必须经开关控制，不得将相线直接引入灯具。

(14) 不得把照明线路挂设在脚手架以及无绝缘措施的金属构件上，移动照明导线应采用电缆线，不宜采用其他软线；手持照明灯具应使用安全电压，照明零线严禁通过熔断器。

9. 接地与防雷安全要求

1) 接地接零安全要求

(1) 在施工现场专用的中心点直接接地的电力线路中，必须采取接零保护系统；电气设备的金属外壳必须与专用保护零线连接；专用保护零线应为工作接地，配电室零线应由第一级漏电保护器电源侧的零线引出。

(2) 当施工现场与外电线路共用同一供电系统时，电气设备应根据当地的要求做保护接零或做好保护接地，不得一部分设备做保护接零，另一部分设备做保护接地。

(3) 保护零线不得装设开关或熔断器；保护零线应单独设置，不做他用；重复接地线应与保护零线相连接。

(4) 保护零线使用铜线截面积不小于 10 mm^2，铝线截面积不小于 16 mm^2，与电气设备相连的保护零线可用截面积不小于 6 mm^2 绝缘多股铜线。

(5) 保护零线统一标志为绿/黄双色线(以前为黑色)，在任何情况下不准使用绿/黄双色线做负荷线。

(6) 电力变压器或发电机的工作接地电阻值不得大于 4 Ω。

(7) 保护零线除必须在配电室或总配电箱处做重复接地外，还必须在配电线路的中间处和末端处做重复接地，重复接地电阻值不大于 10 Ω。

(8) 不得用铝导体做接地体或地下接地线，垂直接地体不宜采用螺纹钢。

(9) 垂直接地体应采用角铁、镀锌铁管或圆钢，长度为 1.5～2.5 m，露出地面 10～15 cm，接地线与垂直接地体连接应采用焊接或螺栓连接，禁止采用绑扎的方法。

(10) 施工现场所有用电设备，除做保护接零外，必须在设备负荷线的首端处设置漏电保护装置。

2) 防雷措施安全要求

(1) 施工现场的起重机、井字架、龙门架等设备若在相邻建筑物和构筑物的防雷屏蔽范围以外，应安装避雷装置，避雷针长度为 1～2 m，可将Φ16 圆钢端部磨尖作为避雷针。

(2) 避雷针保护范围按 60° 遮护角防护。

(3) 施工现场范围内井字架等机械高度超过 20 m 且附近无防护的设施均应安装避雷针(接闪器)。

二、施工现场安全隐患案例

施工现场电气安全隐患排查案例 1：用电设备及电气线路周边应预留足够的安全空间，且周边不得堆放杂物，如图 11-18 所示。

施工现场电气安全隐患排查案例 2：用电设备的接线应符合规定，且开关外壳封闭完好，以满足使用和维护要求，如图 11-19 所示。

图 11-18 施工现场电气安全隐患排查案例 1

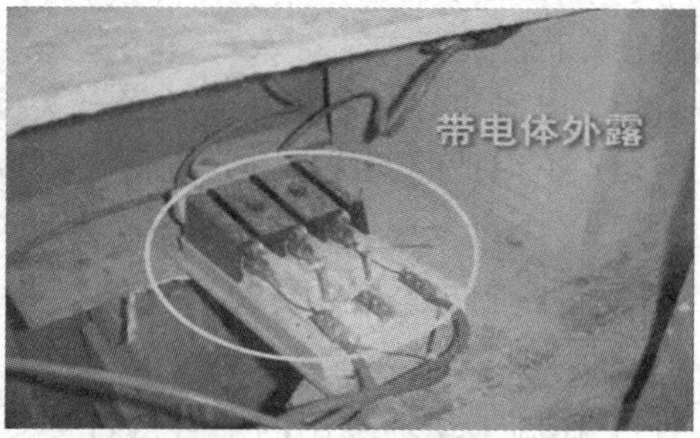

图 11-19 施工现场电气安全隐患排查案例 2

施工现场电气安全隐患排查案例 3：用电设备的配电箱安装强度应符合规定，且封闭完好，以满足使用和维护要求，如图 11-20 所示。

施工现场电气安全隐患排查案例 4：配电箱与焊机间没有预留不小于 1 m 以上的通道，一旦发生事故无法及时停机；焊机与焊机间隔太过紧密，通风不良，易发生设备过热而发生事故，如图 11-21 所示。

图 11-20 施工现场电气安全隐患排查案例 3

图 11-21 施工现场电气安全隐患排查案例 4

施工现场电气安全隐患排查案例 5：配电箱选址不当，与水池相邻，配电箱未关闭、上锁，一次引线太长，且置于地上，易发生因漏电而造成的触电事故，如图 11-22 所示。

图 11-22 施工现场电气安全隐患排查案例 5

任务实施

完成对施工现场电气安全检查实施方案，并列出检查项目的标准要求。

1. 目的要求

学会编写施工现场电气安全检查实施方案。

2. 工具、仪表及器材

六角扳手、螺丝刀、验电笔、万用表等。

3. 实践操作

1) 编写实施方案

按照施工现场电气作业规范编写实施方案。

2) 注意事项

(1) 在检测过程中严禁带电作业，正确使用万用表、兆欧表等电工仪表。

(2) 对检测项目进行记录，核对检查是否符合安全标准。

4. 评分标准

评分标准如表 11-5 所示。

表 11-5 评 分 标 准

<table>
<tr><th>项目内容</th><th>配分</th><th colspan="2">评 分 标 准</th><th>扣分</th></tr>
<tr><td>仪表检查</td><td>20</td><td colspan="2">漏检或错检，每处扣 1 分</td><td></td></tr>
<tr><td>检查方案</td><td>40</td><td colspan="2">根据施工现场电气安全标准制定，每漏一处扣 5 分</td><td></td></tr>
<tr><td>标准要求</td><td>30</td><td colspan="2">根据检查位置列出对应标准，每漏一处扣 5 分</td><td></td></tr>
<tr><td>团队协作</td><td>10</td><td colspan="2">团队配合紧密，沟通顺畅，任务明确，存在一处不合理扣 2 分</td><td></td></tr>
<tr><td>6S 标准</td><td>10</td><td colspan="2">在工作中与工作结束严格按照 6S 标准操作，违反一处扣 2 分</td><td></td></tr>
<tr><td>备注</td><td colspan="2">除定额时间外，各项目最高扣分不应超过配分数</td><td>成绩</td><td></td></tr>
<tr><td>开始时间</td><td colspan="2"></td><td>结束时间</td><td></td></tr>
</table>

本章知识点考题汇总

一、判断题

1. ( ) 变配电设备应有完善的屏护装置。

2. ( ) 接地线是为了在已停电的设备和线路上意外地出现电压时保证工作人员安全的重要工具。按规定，接地线必须是截面积 25 mm^2 以上裸铜软线制成。

3. ( ) 可以用相线碰地线的方法检查地线是否接地良好。

4. ( ) 移动电气设备电源应采用高强度铜芯橡皮护套硬绝缘电缆。

5. ( ) 移动电气设备可以参考手持电动工具的有关要求进行使用。

6. ( ) 手持电动工具有两种分类方式，即按工作电压分类和按防潮程度分类。

7. ( ) 手持式电动工具接线可以随意加长。

8. ( ) 在高压操作中，无遮拦作业人体或其所携带工具与带电体之间的距离应不少于 0.7 m。

9. ( ) 遮栏是为防止工作人员无意碰到带电设备部分而装设备的屏护，分临时遮栏和常设遮栏两种。

10. ( ) 使用手持式电动工具应当检查电源开关是否失灵、破损与牢固，接线是否松动。

二、选择题

1. 6～10 kV 架空线路的导线经过居民区时线路与地面的最小距离为(　　)米。

A. 6　　B. 5　　C. 6.5

2. Ⅱ类手持电动工具是带有(　　)绝缘的设备。

A. 防护　　B. 基本　　C. 双重

3. 在狭窄场所如锅炉、金属容器、管道内作业时应使用(　　)工具。

A. Ⅱ类　　B. Ⅰ类　　C. Ⅲ类

4. 特别潮湿的场所应采用(　　)V 的安全特低电压。

A. 24　　B. 42　　C. 12

5. 图 11-23 中哪张图中存在违规操作？(　　)

A　　B　　C

图 11-23

6. 图 11-24 所示图片中的人员操作是否违规？(　　)

A. 是　　B. 否

图 11-24

7. 电流互感器的变流比为一次绕组的(　　)与二次绕组额定电流之比。

A. 最大电流　　B. 最小电流　　C. 额定电流　　D. 工作电流

8. 用高压验电器进行测试时，人体与带电体应保持足够的安全距离，10 kV 高压的安全距离为(　　)以上。

A. 0.3 m　　B. 0.5 m　　C. 0.7 m　　D. 0.9 m

9. 验电时，验电器应逐渐靠近带电部分，直到氖灯发亮为止，是否需要接触带电部分？(　　)

A. 是　　B. 否

10. 图 11-25 所示场景中是否存在安全隐患？(　　)

A. 是　　B. 否

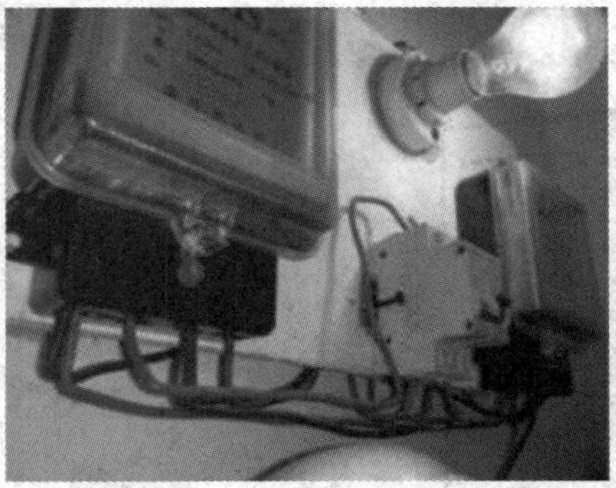

图 11-25

第十二章　作业现场应急处置

12.1　触电事故现场的应急处置

学习目标

1. 了解电气线路的种类。
2. 掌握电气线路的特点。

课堂讨论

如图 12-1 所示为触电事故示意图。讨论一下，如果你们遇到有人触电了，该怎么去救触电者呢？

图 12-1　触电事故

发生触电事故要懂得施救方法，切勿去直接接触触电者，这样自己也会发生触电危险，既救不了别人，也会让自己受到伤害。

工作任务

模拟触电事故，演练对触电者进行施救的应急处置，如图 12-2 所示。

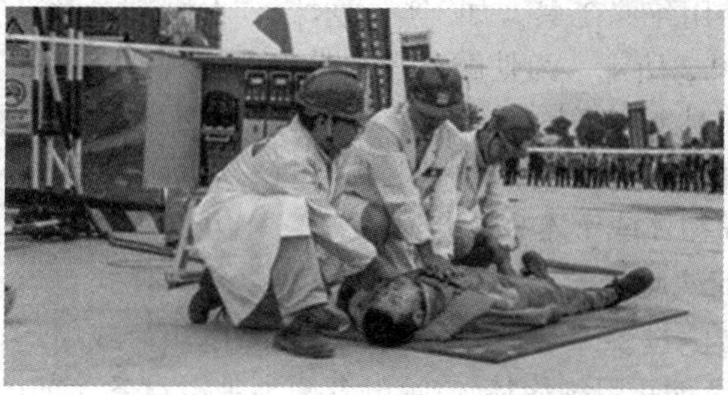

图 12-2 触电事故应急处置

知识链接

触电事故现场急救的基本原则是：在现场采取积极措施保护触电者生命，减轻伤情，减少痛苦，并根据伤情需要，迅速联系医疗部门救治。

抢救触电者时要认真观察触电者全身情况，防止伤情恶化，发现呼吸、心跳停止时，应立即在现场就地抢救，用心肺复苏法支持呼吸和血液循环，对脑、心等重要脏器供氧。急救的成功条件是动作快，操作正确。任何拖延和操作错误都会导致触电者伤情加重或死亡。

一、触电事故现场应急处置程序

(1) 施工、生产及相关活动中发生触电事故时，应迅速报告事故现场应急工作组，并立即启动相应处置方案，依照方案指示开展应急处置及伤者救援。

(2) 事故现场除触电者之外的人员，尤其是应急救援队成员应尽快投入救援工作，采取积极措施，保护触电者的生命，减轻伤情，减少痛苦，控制、降低事故损失及影响。

(3) 迅速与医疗急救中心(医疗部门)取得联系，及时进行人员救治。

(4) 将现场救护、处置情况及时上报。

(5) 做好触电者及事故现场的善后处理工作。

(6) 调查事故原因，并采取措施整改，避免事故再次发生。

二、触电事故现场应急处置措施

1. 脱离电源

触电急救，首先要使触电者迅速脱离电源，越快越好。因为电流作用的时间越长，伤害越重。

脱离电源就是要把触电者接触的那一部分带电设备的开关、刀闸或其他断路设备断开，或设法将触电者与带电设备脱离。在脱离电源时，救护人员既要救人，也要注意保护自己。触电者未脱离电源前，救护人员不准直接用手接触触电者，因为有触电的危险。如触电者处于高处，解脱电源后会自高处坠落，因此，要采取预防措施。

对各种触电场合，脱离电源采取如下方法：

1) 低压触电事故脱离电源的方法

触电者触及低压带电设备，救护人员应设法迅速切断电源，如拉开电源开关或刀闸、拔除电源插头等，或使用绝缘工具，如干燥的木棒、木板、绳索等不导电的物体使触电者脱离带电设备，如图 12-3 所示。为使触电者与带电设备脱离，最好用一只手进行。如果电流通过触电者入地，并且触电者紧握电线，可设法用干木板塞到其身下，使之与地隔离，也可用干木把斧子或有绝缘柄的钳子等将电线剪断。剪断电线要注意分相，一根一根地剪断，并尽可能站在绝缘物体或干木板上进行。

2) 高压触电事故脱离电源方法

触电者触及高压带电设备，救护人员应迅速切断电源，或用适合该电压等级的绝缘工具(戴绝缘手套、穿绝缘靴并用绝缘棒)使触电者脱离带电设备，如图 12-4 所示。救护人员在抢救过程中应注意保持自身与周围带电部分必要的安全距离。

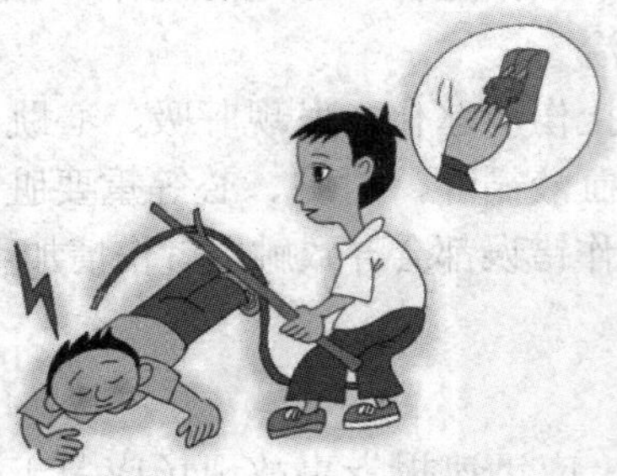

图 12-3 低压触电脱离电源方法

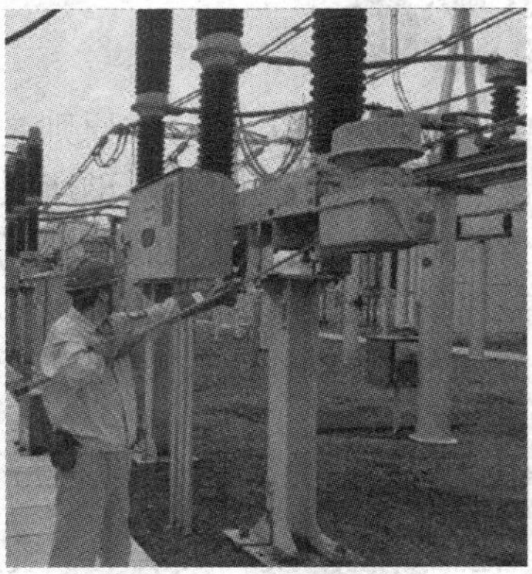

图 12-4 高压触电脱离电源方法

高压触电事故脱离电源的操作步骤如下：

(1) 立即通知有关供电企业或用户停电。

(2) 带上绝缘手套，穿上绝缘鞋，用相应电压等级的绝缘工具按顺序拉开电源开关或熔断器。

(3) 抛掷裸金属线使线路短路接地，迫使保护装置动作，断开电源。

3) 架空线路上触电脱离电源方法

对发生在架空线路上的触电事故，如果是低压带电线路，能立即切断线路电源的，应迅速切断电源，或者由救护人员迅速登杆，束好安全皮带后，用带绝缘胶柄的钢丝钳、干燥的不导电物体或绝缘物体将触电者拉离电源；如果是高压带电线路，又不可能迅速切断开关的，可采用抛挂足够截面的适当长度的金属短路线的方法使电源开关跳闸。抛挂前，将短路线一端固定在铁塔或接地引线上，另一端系上重物。抛掷短路线时，应注意防止电弧伤人或断线危及人身安全。不论是何种电压线路上的触电，救护人员在使触电者脱离电源时都要注意防止发生高处坠落的可能和再次触及其他有电线路的可能，应用安全绳将触电者固定好，防止触电者跌落造成致命危险，如图 12-5 所示。

图 12-5 高处触电脱离电源方法

2. 脱离电源后的处理

触电者脱离电源后，现场救护人员应迅速对触电者伤情进行判断，根据触电者神智是否清醒、有无意识、有无呼吸、有无心跳(脉搏)等伤情对症抢救。同时设法联系医疗救护中心(医疗部门)的医生到现场救治。

对触电者现场实施抢救的具体方法为：

(1) 将触电者转移到安全宽阔的地方。

(2) 判断触电者意识：

使触电者仰卧，头、颈、躯干平卧无扭曲，双手放于两侧躯干旁。

轻轻拍打触电者肩部，并高声呼救。无反应时，立即用手指甲掐压触电者人中穴、合谷穴约 5 s。触电者如出现眼球活动、四肢活动及疼痛感后，应立即停止掐压穴位。

一旦初步确定触电者神智昏迷，应立即召唤周围的其他人员前来协助抢救。叫来的人除协助做心肺复苏外，还应立即打电话给医疗部门或呼叫受过救护训练的人前来帮忙。

当发现触电者呼吸微弱或停止时，应立即通畅触电者的呼吸道(气道)以促进触电者呼吸或便于抢救。

在通畅呼吸道后，保持气道开放，用看、听、试的方式判断触电者是否有呼吸。有呼吸者，注意保持气道通畅，无呼吸者，立即进行人工呼吸。

检查触电者有无脉搏，判断触电者的心脏跳动情况。综合触电者情况判定：触及波动，有脉搏、心跳；未触及波动，心跳已停止。如无意识，无呼吸，瞳孔散大，面色紫绀或苍白，再加上触不到脉搏，可以判定心跳已经停止。

(3) 不同状态下触电者的急救措施如表 12-1 所示。

表 12-1　不同状态下触电者的急救措施

神志	心跳	呼吸	对症救治措施
清醒	存在	存在	静卧、保暖、严密观察
昏迷	停止	存在	胸外心脏按压术
昏迷	存在	停止	口对口(鼻)人工呼吸
昏迷	停止	停止	同时做胸外心脏按压和口对口(鼻)人工呼吸

当判定触电者确实不存在呼吸时，应保持气道通畅，立即进行口对口(鼻)人工呼吸；手握空心拳，快速垂直击打触电者胸前区，力量中等。

3. 现场心肺复苏(CPR)

若以上措施实施后触电者仍无呼吸和心跳，应立即进行心肺复苏，并反复循环进行，期间用看、听、试方法对触电者呼吸和心跳是否恢复进行判定，并随时观察触电者瞳孔、脉搏和呼吸情况，直到触电者心肺恢复或专业医务人员来抢救。

三、触电事件应急处置的注意事项

触电事故发生后，事故现场人员应及时向事故应急工作组报告触电者信息，事故发生时间、地点和范围，已经采取的措施等。事故应急工作组向公司汇报人员伤亡、事故应急处置进展等情况。公司根据相关规定，向公司安全监察处报告。

应急处置的注意事项有：

(1) 急救成功的关键是动作快，操作准确。任何拖延和操作错误都会导致伤情加重或死亡。

(2) 现场作业人员应该定期接受培训，学习紧急救护方法，会正确解脱电源，会心肺复苏法，会止血、包扎，会转移搬运伤员，会处理急救外伤等。

(3) 生产现场和经常有人工作的场所应配备急救箱，存放急救用品，并应指定专人对这些急救用品经常检查、补充或更换。

(4) 救护触电者时，要注意救护者和被救护者与附近带电体之间的安全距离，防止再次触及带电设备，即使电源已断开，对未采取安全措施或已挂设接地线的设备也应视作带电设备。

(5) 当触电者在杆塔上或高处时，救护者登高时应随身携带必要的绝缘工具和牢固的绳索等，并采取必要的防坠落措施，安全及时救下触电者。

(6) 如事故发生在夜间，应设置临时照明灯，以便于抢救，避免意外事故的发生。

(7) 操作救护人员在使触电者脱离电源之前，应采取可靠措施切断电源，并将电源线挑离，确保操作区域安全，防止人员再次触电。

(8) 判断触电者意识时，拍打触电者肩部不可用力太重，以防太重可能存在的骨折等损伤。

(9) 事故现场人员向事故应急工作组汇报信息，必须做到数据源唯一，数据准确、及时。

任务实施

模拟触电事故，演练对触电者进行施救的应急处置，如图 12-6 所示。

图 12-6　模拟对触电者进行施救的应急处置

1. 目的要求

掌握触电事故应急处置步骤。

2. 工具、仪表及器材

触电事故现场应急处理模拟软件。

3. 实践操作

按照触电事故现场应急处置的步骤进行操作。

4. 评分标准

评分标准如表 12-2 所示。

表 12-2 评 分 标 准

项目内容	配分	评 分 标 准		扣分
制定预案	15	预案合理，否则每处扣 2 分		
软件操作	15	正确操作模拟软件，每错一处扣 2 分		
模拟操作	30	严格按照规范操作，错一处不得分		
操作总结	20	总结不充分，每缺一项扣 5 分		
团队协作	10	团队配合紧密，沟通顺畅，任务明确，存在一处不合理扣 2 分		
6S 标准	10	在工作中与工作结束严格按照 6S 标准操作，违反一处扣 2 分		
备注	除定额时间外，各项目最高扣分不应超过配分数		成绩	
开始时间			结束时间	

12.2 触电急救技术

学习目标

1. 掌握人工呼吸的急救方法。
2. 掌握胸外心脏按压的急救方法。
3. 掌握心肺复苏的急救方法。

课堂讨论

如图 12-7 所示为模拟人工呼吸进行急救操作的场景。大家讨论一下他的操作方法对不对。

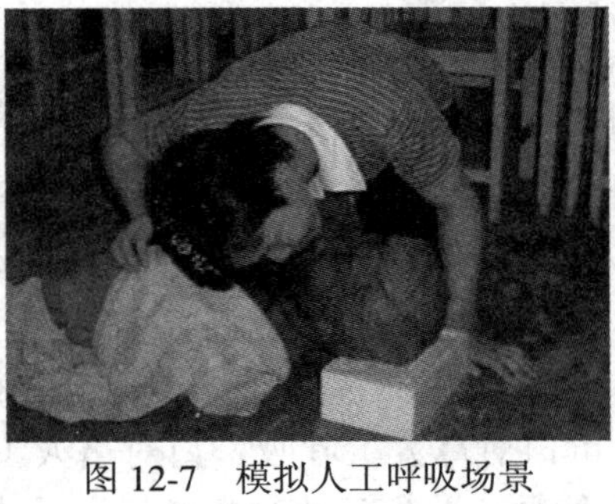

图 12-7 模拟人工呼吸场景

触电急救是每位电工作业人员必须具备的一项技能，只有掌握了正确的急救技能才能在突发触电事故中发挥保障电气作业人员生命的重要作用。

工作任务

完成对如图 12-8 所示的假人进行心肺复苏急救演练，要求在 5 分钟内完成心肺复苏 5 个循环。

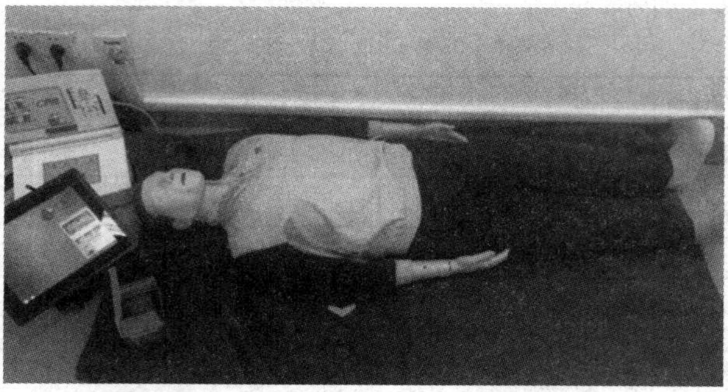

图 12-8 模拟心肺复苏急救演练

知识链接

一、人工呼吸急救

当触电者出现呼吸停止但有心跳时，应尽快进行人工呼吸急救，避免触电者缺氧造成大脑不可逆的伤害。

1. 通畅气道

具体措施：清除触电者口内的异物，采用仰头抬下颌法，通畅气道，如图 12-9(a)所示。

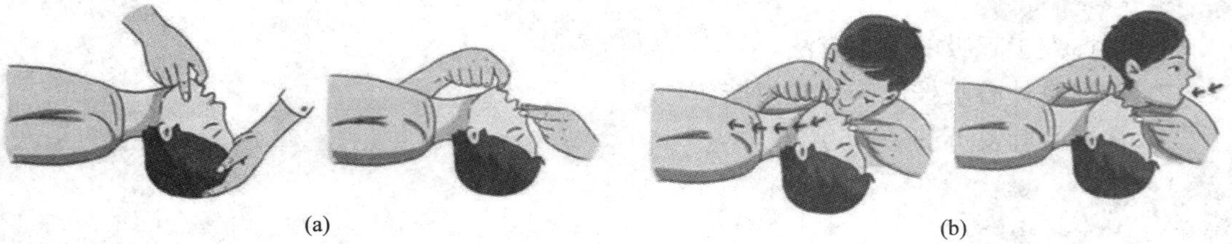

(a) (b)

图 12-9 人工呼吸

2. 口对口(鼻)人工呼吸法

(1) 保持触电者气道通畅的同时，用手捏住触电者的鼻翼，救护人员吸气后，与触电者口对口紧合，在不漏气情况下，先连续大口吹气两次，每次 1～1.5 s。如两次吹气后试测颈动脉仍无搏动，可判定心跳已经停止，必须立即同时进行胸外按压。

(2) 除开始时大口吹气两次外，正常口对口(鼻)呼吸的吹气量不需过大，以免引起胃膨胀。吹气和放松时要注意触电者胸部应有起伏的呼吸动作。吹气时如有较大阻力，可能是头部后仰不够，应及时纠正。口对口(鼻)呼吸如图 12-9(b)所示。

(3) 触电者如牙关紧闭，可口对鼻人工呼吸。口对鼻人工呼吸吹气时，要将触电者嘴唇紧闭，防止漏气。其操作方法是：首先开放触电者气道，头后仰，用手托住患者下颌使其口闭住，然后深吸一口气，用口包住触电者鼻部，用力向触电者鼻孔内吹气，直到胸部抬起，吹气后将触电者口部张开，让气体呼出。如吹气有效，则可见到触电者的胸部随吹气而起伏，并能感觉到气流呼出。

在抢救过程中，要每隔数分钟再对触电者状况判定一次，每次判定时间均不得超过 5～7 s。在医务人员未接替抢救前，现场抢救人员不得放弃现场抢救。

二、胸外心脏按压急救

当触电者出现心跳停止但有呼吸时，应尽快进行胸外心脏按压急救，避免触电者因心脏供血不足而引起不可逆的伤害。胸外心脏按压如图 12-10 所示。

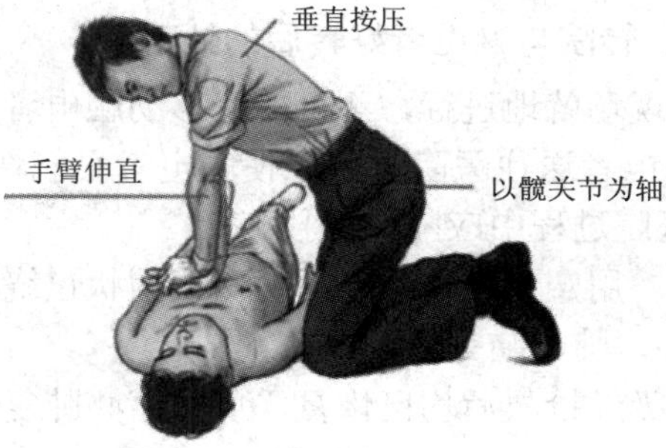

图 12-10　胸外心脏按压急救法

心脏按压具体步骤如图 12-11 所示。

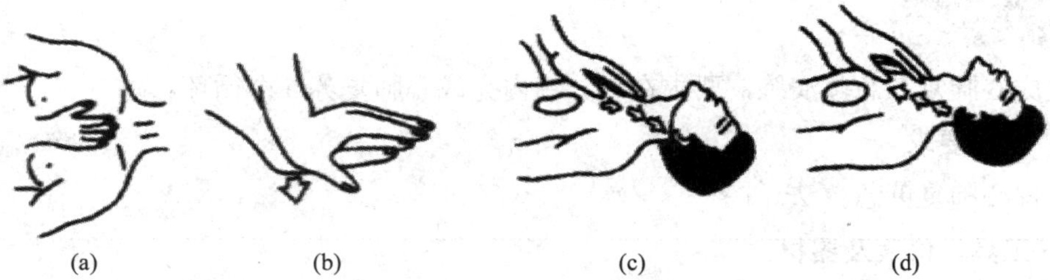

图 12-11　胸外心脏按压步骤

(1) 救护人员位于触电者一侧，最好是跨跪在触电人的腰部，将一只手的掌根放在触电者心窝稍高一点的地方(掌根放在胸骨的下三分之一部位)，中指指尖对准锁骨间凹陷处边缘，另一只手压在那只手上，呈两手交叠状(对儿童按压时可用一只手)，如图 12-11(a)、图 12-11(b)所示。

(2) 救护人员找到触电人的正确压点，自上而下，垂直均衡地用力挤压，如图 12-11 (c)、图 12-11(d)所示，压出心脏里面的血液，注意用力适当。

(3) 挤压后，掌根迅速放松(但手掌不要离开胸部)，使触电者胸部自动复原，心脏扩张，血液又回到心脏。

三、心肺复苏急救

心肺复苏术简称 CPR，是针对触电者心脏和呼吸都停止而采取的救命技术。目的是为了恢复患者自主呼吸和自主循环。

具体操作为：先进行胸外心脏按压 30 次，然后两次人工呼吸，以此为 1 个循环，完成

5 个循环后，如触电者的脉搏和呼吸均未恢复，则继续坚持心肺复苏方法抢救。

1. 抢救过程中的再判定

(1) 按压吹气 1 分钟后，应用看、听、试方法在 5～7s 时间内完成对触电者呼吸和心跳情况的再判定。

(2) 若判定颈动脉已有搏动但无呼吸，则暂停胸外按压，而再进行两次口对口人工呼吸，接着每 5 s 吹气一次，如脉搏和呼吸均未恢复，则继续坚持心肺复苏法抢救。

(3) 在抢救过程中，要每隔数分钟再判定一次，每次判定时间均不得超过 5～7 s。在医务人员未接替抢救前，现场抢救人员不得放弃现场抢救。

2. 抢救过程中的移动、转院与触电者好转后的处理

(1) 心肺复苏应坚持在现场就地进行，不可随意移动触电者。

(2) 移动触电者或将触电者送往医院时，应使触电者平躺在担架上或在其背部垫上平整的宽木板，移动或送往医院过程中应坚持抢救。

(3) 尽量创造抢救条件。用塑料袋装入碎冰块做成帽状包绕在触电者头部，露出眼睛，使其脑部温度降低，争取心、肺、脑完全复苏。

(4) 如触电者心跳和呼吸经抢救后均已恢复，可暂停心肺复苏操作，但还要严密观察，随时准备再次抢救。

(5) 初期恢复后，触电者会出现神志不清或精神恍惚、躁动现象，应设法让其安静。

任务实施

完成心肺复苏急救演练，要求在 5 分钟内完成心肺复苏 5 个循环。

1. 目的要求

掌握心肺复苏急救法。

2. 工具、仪表及器材

(1) 心肺复苏模拟人考试机。

(2) 一次性纱布。

3. 实践操作

(1) 用一次性纱布铺在假人嘴处(单层)。

(2) 跪在地上，胳膊伸直，掌根重叠，手指交叉。

(3) 掌根按压两乳中间，注意观察感应器按压点变绿，并显示按压正确次数，否则不得分。

(4) 按每分钟 100 次的按压频率按压 30 次。

(5) 一只手拇指与食指捏住鼻子，另一只手上抬触电者下巴，深吸一口气，嘴对嘴吹气两次。注意观察感应显示器上吹气的正确次数为 2。

(6) 重复按压 30 次，吹气 2 次，共 5 个循环，直到感应器显示吹气正确次数为 10 次，按压正确次数为 150 次。

4. 评分标准

评分标准如表 12-3 所示。

表 12-3 评分标准

项目内容	配分	评分标准	扣分
准备工作	10	未对仿真假人进行检查，每缺一项扣 1 分	
胸外心脏按压	40	操作方法不正确，每处扣 5 分	
人工呼吸	30	操作方法不正确，每处扣 5 分	
团队协作	10	团队配合紧密，沟通顺畅，任务明确，存在一处不合理扣 2 分	
6S 标准	10	在工作中与工作结束严格按照 6S 标准操作，违反一处扣 2 分	
备注	除定额时间外，各项目最高扣分不应超过配分数。	成绩	
开始时间		结束时间	

12.3 灭火器的选择与使用

学习目标

1. 理解火灾的分类。
2. 理解灭火器的类型与选择原则。
3. 了解灭火器的使用方法。

课堂讨论

大家讨论一下如图 12-12 所示的两个消防标志牌有什么含义。

大家要明白消防标志牌的含义，面对火情要懂得正确选择合适的灭火器进行灭火。

图 12-12 消防标志牌

工作任务

通过模拟操作软件完成不同类型火灾模拟灭火操作，如图 12-13 所示为灭火器模拟考试界面。

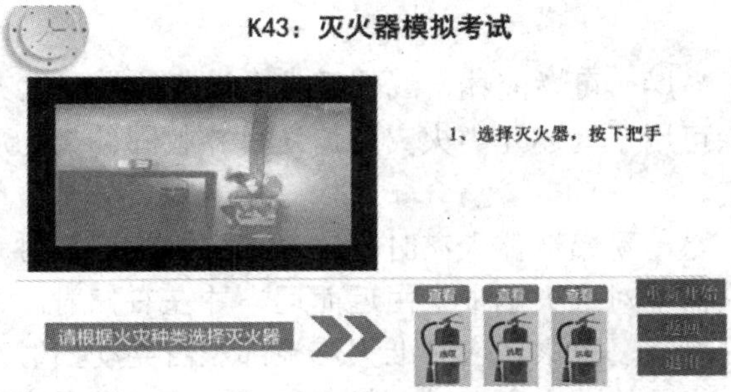

图 12-13 灭火器模拟考试界面

知识链接

灭火器是一种可携带式灭火工具，是常见的防火设施之一，存放在公众场所或可能发生火灾的地方。灭火器内放置有化学物品，不同种类的灭火器内装填的化学物品成分不一样，是专为不同的火灾起因而设的。使用时必须注意，以免产生反效果而引起危险。

一、火灾的分类

1. 根据可燃物的类型和燃烧特性划分

(1) A 类火灾：指固体物质火灾。这种物质通常具有有机物质性质，一般在燃烧时能产生灼热的余烬。如木材、干草、煤炭、棉、毛、麻、纸张等火灾。

(2) B 类火灾：指液体或可熔化的固体物质火灾。如煤油、柴油、原油、甲醇、乙醇、沥青、石蜡、塑料等火灾。

(3) C 类火灾：指气体火灾。如煤气、天然气、甲烷、乙烷、丙烷、氢气等火灾。

(4) D 类火灾：指金属火灾。如钾、钠、镁、钛、锆、锂、铝镁合金等火灾。

(5) E 类火灾：指带电火灾。物体带电燃烧的火灾。

(6) F 类火灾：指烹饪器具内的烹饪物(如动植物油脂)火灾。

2. 根据火灾等级划分

(1) 特别重大火灾：指造成 30 人以上死亡，或者 100 人以上重伤，或者 1 亿元以上直接财产损失的火灾。

(2) 重大火灾：指造成 10 人以上 30 人以下死亡，或者 50 人以上 100 人以下重伤，或者 5000 万元以上 1 亿元以下直接财产损失的火灾。

(3) 较大火灾：指造成 3 人以上 10 人以下死亡，或者 10 人以上 50 人以下重伤，或者 1000 万元以上 5000 万元以下直接财产损失的火灾。

(4) 一般火灾：指造成 3 人以下死亡，或者 10 人以下重伤，或者 1000 万元以下直接财产损失的火灾。

二、灭火器的类型特点与使用方法

针对不同类型的火灾要选择相应灭火效率高、可操作性强的方式来灭火，下面介绍常见的几类灭火器的区别和特点。

1. 干粉灭火器

干粉灭火器适用于易燃、可燃液体、气体及带电设备的初起火灾，如图 12-14 所示。磷酸铵盐干粉灭火器除可用于上述几类火灾外，还可扑救固体类物质的初起火灾，但都不能扑救金属燃烧的火灾。

干粉灭火器扑救可燃、易燃液体火灾时，应对准火焰根部扫射。如果被扑救的液体火灾呈流淌燃烧时，灭火器应对准火焰根部由近而远，并左右扫射，直至把火焰全部扑灭。如果可燃液体在容器内燃烧，灭火器应对准火焰根部左右晃动扫射，使喷射出的干粉流覆盖整个容器开口表面；当火焰冲出容器时，仍应继续喷射，直至将火焰全部扑灭。在扑救容器内可燃液体火灾时，应注意不能将灭火器喷嘴直接对准液面喷射，防止射流的冲击力使可燃液体溅出容器而扩大火势，造成灭火困难。如果当可燃液体在金属容器中燃烧时间过长，容器的壁温已高于扑救可燃液体的自燃点，此时极易造成灭火后再复燃的现象，若与泡沫类灭火器联用，则灭火效果更佳。

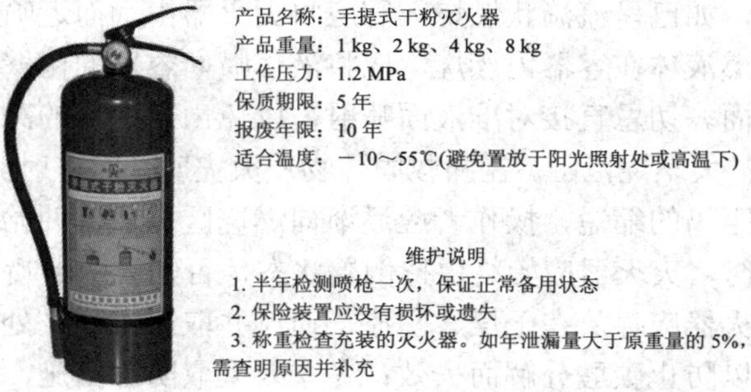
产品名称：手提式干粉灭火器
产品重量：1 kg、2 kg、4 kg、8 kg
工作压力：1.2 MPa
保质期限：5 年
报废年限：10 年
适合温度：−10～55℃(避免置放于阳光照射处或高温下)
维护说明
1. 半年检测喷枪一次，保证正常备用状态
2. 保险装置应没有损坏或遗失
3. 称重检查充装的灭火器。如年泄漏量大于原重量的 5%，需查明原因并补充

图 12-14　干粉灭火器

灭火时，可手提或肩扛灭火器快速奔赴火场，在距燃烧处 5 m 左右，放下灭火器。如在室外，应选择在上风方向喷射。若使用的干粉灭火器是外挂储压式的，操作者应一手紧握喷枪，另一手提起储气瓶上的开启提环。如果储气瓶的开启是手轮式的，则应将开启手轮向逆时针方向旋开，并旋到最高位置，随即提起灭火器。当干粉喷出后，迅速对准火焰的根部扫射。若使用的干粉灭火器是内置式储气瓶的或者是储压式的，操作者应先将开启压把上的保险销拔下，然后一只手握住喷射软管前端的喷嘴部，另一只手将开启压把压下，打开灭火器进行灭火。使用有喷射软管的灭火器或储压式灭火器时，一手应始终压下压把，不能放开，否则会中断喷射。

使用磷酸铵盐干粉灭火器扑救固体可燃物火灾时，灭火器应对准燃烧最猛烈处喷射，并上下、左右扫射。如条件许可，操作者可提着灭火器沿着燃烧物的四周边走边喷，使干粉灭火剂均匀地喷在燃烧物的表面，直至将火焰全部扑灭。

推车式干粉灭火器的使用方法与手提式干粉灭火器的使用方法相同。

2. 水基型灭火器

如图 12-15 所示水基型灭火器适用于扑救一般 B 类火灾，如油制品、油脂等火灾，也可适用于 A 类火灾，但不能扑救 B 类火灾中的水溶性可燃、易燃液体的火灾，如醇、酯、醚、酮等物质火灾，也不能扑救带电设备及 C 类和 D 类火灾。

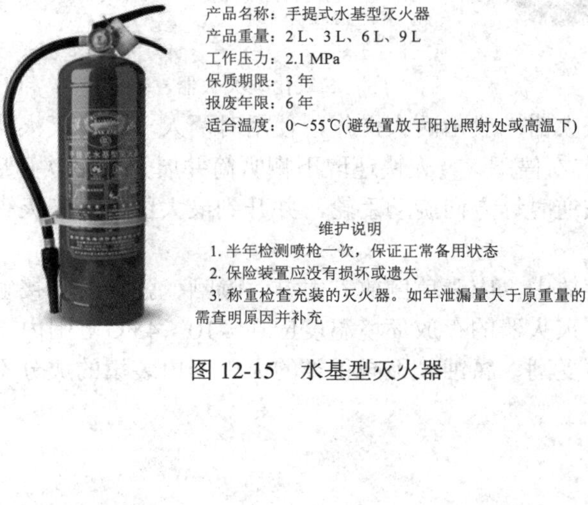
产品名称：手提式水基型灭火器
产品重量：2 L、3 L、6 L、9 L
工作压力：2.1 MPa
保质期限：3 年
报废年限：6 年
适合温度：0～55℃(避免置放于阳光照射处或高温下)
维护说明
1. 半年检测喷枪一次，保证正常备用状态
2. 保险装置应没有损坏或遗失
3. 称重检查充装的灭火器。如年泄漏量大于原重量的 5%，需查明原因并补充

图 12-15　水基型灭火器

发生火灾时，可手提筒体上部的提环，迅速奔赴火场。这时应注意不得使灭火器过分倾斜，更不可横拿或颠倒，以免两种药剂混合而提前喷出。当距离着火点 10 m 左右时，即可将筒体颠倒过来，一只手紧握提环，另一只手扶住筒体的底圈，将射流对准燃烧物。在扑救可燃液体火灾时，如已呈流淌状燃烧，则应将灭火器由远而近喷射，使液体完全覆盖在燃烧液面上。如可燃液体在容器内燃烧，应将液体喷向容器的内壁，使泡沫沿着内壁流淌，逐步覆盖着火液面。切忌直接对准液面喷射，以免由于射流的冲击，反而将燃烧的液体冲散或冲出容器，扩大燃烧范围。在扑救固体物质火灾时，应将射流对准燃烧最猛烈处。灭火时随着有效喷射距离的缩短，操作者应逐渐向燃烧区靠近，并始终将液体喷在燃烧物上，直到扑灭。使用时，灭火器应始终保持倒置状态，否则会中断喷射。

手提式水基型灭火器应存放在干燥、阴凉、通风并取用方便之处，不可靠近高温或可能受到曝晒的地方，以防止碳酸分解而失效；冬季要采取防冻措施，以防止冻结；应经常擦除灰尘、疏通喷嘴，使之保持通畅。

推车式水基型灭火器适应的火灾和使用方法与手提式水基型灭火器相同。

3. 二氧化碳灭火器

如图 12-16 所示二氧化碳灭火器主要用于扑救贵重设备、档案资料、仪器仪表、600 V 以下电气设备及油类的初起火灾。在使用时，应首先将灭火器提到起火地点，放下灭火器，拔出保险销，一只手握住喇叭筒根部的手柄，另一只手紧握启闭阀的压把。对没有喷射软管的二氧化碳灭火器，应把喇叭筒往上扳 70°～90°。使用时，不能直接用手抓住喇叭筒外壁或金属连接管，防止手被冻伤。在使用二氧化碳灭火器时，若在室外使用，应选择上风方向喷射；若在室内窄小空间使用，灭火后操作者应迅速离开，以防窒息。

产品名称：手提式二氧化碳灭火器
产品重量：2 kg、3 kg、5 kg、7 kg
工作压力：5 MPa
保质期限：6 年
报废年限：12 年
适合温度：−10～55℃(避免置放于阳光照射处或高温下)

维护说明

1. 半年检测喷枪一次，保证正常备用状态
2. 保险装置应没有损坏或遗失
3. 称重检查充装的灭火器。如半年泄漏量大于原重量的 5%，需查明原因并补充

图 12-16　二氧化碳灭火器

推车式二氧化碳灭火器一般由两人操作，使用时两人一起将灭火器推或拉到发生火灾处，在离燃烧物 10 m 左右停下，一人快速取下喇叭筒并展开喷射软管后，握住喇叭筒根部的手柄，另一人快速按逆时针方向旋动手轮，并开到最大位置。其灭火方法与手提式灭火器的灭火方法一样。

灭火器在运输和存放中，应避免倒放、雨淋、曝晒、强辐射和接触腐蚀性物质，以免影响灭火器正常使用。灭火器的存放环境温度应在 −10～45℃范围内。灭火器放置处应保持干燥通风，防止筒体受潮、腐蚀。不同种类的灭火器内装填的成分不一样，是专为不同的火灾起因而设的，使用时必须注意以免产生反效果而引起危险。

灭火器应按制造厂商规定的要求和检查周期进行定期检查。

任务实施

通过模拟操作软件完成不同类型火灾模拟灭火操作。

1. 目的要求

掌握不同类型火灾的灭火方法。

2. 工具、仪表及器材

灭火器模拟操作软件、灭火器、投影仪等。

3. 实践操作

1) 操作内容

(1) 准备工作：检查灭火器压力、铅封、出厂合格证、有效期、瓶体、喷管。

(2) 火情判断：根据火情，选择合适的灭火器迅速赶赴火场，并正确判断风向。

(3) 灭火操作：站在火源上风口；离火源 3～5 m 距离迅速拉下安全环；手握喷嘴对准着火点，压下手柄，侧身将灭火器对准火源根部由近及远扫射灭火；在灭火器即将喷完前(3 s)迅速撤离火场，若火未熄灭应更换灭火器继续操作。

(4) 检查确认：检查灭火效果；确认火源熄灭；将使用过的灭火器放到指定位置，并注明已使用；报告灭火情况。

(5) 清点、收拾工具，清理现场。

2) 注意事项

(1) 正确选择灭火器的类型。

(2) 对于旋转电机的火灾必须先关闭电源，再选择灭火器进行灭火。

4. 评分标准

评分标准如表 12-4 所示。

表 12-4 评 分 标 准

项目内容	配分	评 分 标 准		扣分
灭火器的检查	10	漏检或错检，每处扣 1 分		
灭火器的选择	20	灭火器选择不合理不得分		
灭火操作	40	正确使用灭火器，操作不正确扣 10 分，火未熄灭不得分		
场地整理	10	未整理，不得分		
团队协作	10	团队配合紧密，沟通顺畅，任务明确，存在一处不合理扣 2 分		
6S 标准	10	在工作中与工作结束严格按照 6S 标准操作，违反一处扣 2 分		
备注	除定额时间外，各项目最高扣分不应超过配分数		成绩	
开始时间			结束时间	

本章知识点考题汇总

一、判断题

1. ( ) 触电者神志不清，有心跳，但呼吸停止，应立即进行口对口人工呼吸。

2. ( ) 脱离电源后，触电者神志清醒，应让触电者来回走动，加强血液循环。

3. ( ) 当电气火灾发生时，如果无法切断电源，就只能带电灭火，并选择干粉或者二氧化碳灭火器，尽量少用水基式灭火器。

4. ( ) 当电气火灾发生时首先应迅速切断电源，在无法切断电源的情况下，应迅速选择干粉、二氧化碳等不导电的灭火器材进行灭火。

5. ( ) 二氧化碳灭火器带电灭火只适用于 600 V 以下的线路，如果是 10 kV 或者 35 kV 线路，若要带电灭火只能选择干粉灭火器。

6. ( ) 在带电灭火时，如果用喷雾水枪应将水枪喷嘴接地，并穿上绝缘靴和戴上绝缘手套才可进行灭火操作。

7. ( ) 当高压线路发生火灾时，应采用有相应绝缘等级的绝缘工具迅速拉开隔离开关切断电源，并选择二氧化碳或者干粉火火器进行灭火。

二、选择题

1. 脑细胞对缺氧最敏感，一般缺氧超过(　　)min 就会造成不可逆转的损害，导致脑死亡。

A. 8　　B. 5　　C. 12

2. 据一些资料表明，心跳和呼吸停止，在(　　)min 内进行抢救，约 80%可以救活。

A. 1　　B. 2　　C. 3

3. 如果触电者心跳停止，但有呼吸，应立即对触电者施行(　　)急救。

A. 仰卧压胸法　　B. 胸外心脏按压法　　C. 俯卧压背法

4. 当低压电气火灾发生时，首先应做的是(　　)。

A. 迅速离开现场去报告领导

B. 迅速设法切断电源

C. 迅速用干粉或者二氧化碳灭火器灭火

5. 当电气火灾发生时，应首先切断电源再灭火，但当电源无法切断时，只能带电灭火。500 V 低压配电柜灭火可选用的灭火器是(　　)。

A. 二氧化碳灭火器　　B. 泡沫灭火器　　C. 水基式灭火器

6. 电气火灾发生时，应先切断电源再扑救，但不知或不清楚开关在何处时，应剪断电线，剪切时要(　　)。

A. 几根线迅速同时剪断

B. 不同相线在不同位置剪断

C. 在同一位置一根一根剪断

附录　各章考题参考答案

第一章

一、判断题

1. √　2. ×　3. √　4. √　5. ×　6. ×　7. √　8. ×　9. ×　10. ×　11. √
12. √　13. √

二、选择题

1. B　2. B　3. C　4. C　5. B　6. C　7. B　8. A　9. B

第二章

一、判断题

1. ×　2. ×　3. ×　4. √　5. √　6. ×　7. √　8. √　9. ×　10. √　11. √
12. √　13. √　14. ×　15. ×　16. ×　17. √　18. ×　19. √　20. √　21. √　22. ×
23. ×　24. ×　25. ×　26. √　27. √　28. √　29. ×　30. ×　31. ×　32. ×　33. √
34. ×　35. ×　36. √　37. ×

二、选择题

1. A　2. C　3. C　4. B　5. C　6. A　7. C　8. B　9. A　10. B　11. C　12. C　13. B　14. B
15. C　16. A　17. A　18. C　19. B　20. B　21. A　22. C　23. C　24. B　25. B　26. C
27. B　28. A　29. C　30. A　31. B　32. A　33. B　34. A　35. B　36. C　37. B　38. A
39. A　40. C

第三章

一、判断题

1. ×　2. √　3. ×　4. √　5. ×　6. √　7. √　8. ×　9. √　10. √　11. √
12. √　13. √　14. √　15. ×　16. √　17. ×　18. ×　19. √　20. ×　21. ×　22. ×
23. ×　24. √　25. ×　26. ×　27. √　28. √　29. ×　30. ×　31. ×　32. ×　33. ×
34. ×　35. ×　36. ×　37. ×　38. ×　39. √　40. √　41. √　42. ×　43. √　44. √
45. √　46. √　47. √　48. √　49. √　50. √　51. ×　52. ×　53. √　54. √　55. ×
56. ×　57. √　58. ×　59. √　60. √　61. ×　62. ×

二、选择题

1. A　2. C　3. C　4. C　5. C　6. C　7. B　8. A　9. A　10. A　11. B　12. B　13. B　14. C
15. C　16. B　17. C　18. A　19. C　20. B　21. B　22. A　23. A　24. C　25. C　26. A
27. C　28. B　29. A　30. A　31. C　32. C　33. B　34. A　35. B　36. C　37. B　38. C
39. C　40. C　41. A　42. A　43. B　44. C　45. B

第四章

一、判断题

1. × 2. × 3. √ 4. × 5. × 6. × 7. √ 8. × 9. √ 10. √ 11. ×
12. √ 13. × 14. × 15. √ 16. √ 17. √ 18. × 19. × 20. √ 21. √ 22. ×
23. √ 24. × 25. × 26. √ 27. √

二、选择题

1. A 2. C 3. B 4. C 5. B 6. A 7. B 8. A 9. B 10. A 11. C 12. C 13. C 14. B
15. C 16. A 17. A 18. A 19. B 20. A 21. A 22. A 23. B 24. C 25. B 26. C

第五章

一、判断题

1. √ 2. √ 3. √ 4. × 5. √ 6. √ 7. √ 8. √ 9. √ 10. √ 11. √
12. × 13. √ 14. √ 15. × 16. × 17. × 18. √ 19. √ 20. √ 21. √

二、选择题

1. C 2. A 3. B 4. C 5. A 6. A 7. B 8. A 9. C 10. A 11. C 12. A

第六章

一、判断题

1. √ 2. √ 3. × 4. √ 5. × 6. √ 7. √ 8. × 9. √ 10. √ 11. √
12. √ 13. √ 14. ×

二、选择题

1. B 2. C 3. C 4. B 5. B 6. A 7. B 8. B 9. B 10. B 11. A 12. A 13. A 14. A
15. B 16. A 17. B

第七章

一、判断题

1. √ 2. √ 3. √ 4. √ 5. × 6. √ 7. √ 8. × 9. × 10. × 11. √
12. × 13. √ 14. × 15. × 16. √ 17. × 18. × 19. √ 20. √ 21. √ 22. ×
23. √ 24. ×

二、选择题

1. C 2. C 3. A 4. B 5. B 6. A 7. A 8. C 9. A 10. A 11. C 12. A 13. A
14. C 15. B 16. C 17. C 18. A

第八章

一、判断题

1. √ 2. √ 3. √ 4. × 5. √ 6. √ 7. × 8. × 9. × 10. √ 11. √

12. √ 13. × 14. × 15. √ 16. × 17. × 18. × 19. × 20. √ 21. × 22. √
23. × 24. √ 25. √ 26. × 27. × 28. √ 29. × 30. × 31. √ 32. √ 33. √

二、选择题

1. B 2. B 3. A 4. C 5. A 6. A 7. C 8. B 9. A 10. C 11. A 12. A 13. A
14. C 15. A 16. C 17. A 18. A 19. C 20. A 21. C 22. B 23. C 24. C 25. A
26. A 27. A

第九章

一、判断题

1. × 2. √ 3. × 4. √ 5. × 6. × 7. × 8. × 9. × 10. × 11. √
12. √ 13. √ 14. √ 15. √ 16. √ 17. √ 18. × 19. × 20. √ 21. × 22. √
23. √ 24. ×

二、选择题

1. B 2. C 3. C 4. A 5. B 6. C 7. A 8. A 9. C 10. A 11. C 12. B 13. B 14. B
15. A 16. B 17. C 18. C

第十章

一、判断题

1. √ 2. √ 3. √ 4. √ 5. √ 6. × 7. √ 8. √ 9. √ 10. × 11. √
12. × 13. ×

二、选择题

1. C 2. A 3. A 4. C 5. B 6. A

第十一章

一、判断题

1. √ 2. √ 3. × 4. × 5. √ 6. × 7. × 8. √ 9. √ 10. √

二、选择题

1. C 2. C 3. C 4. C 5. B 6. B 7. C 8. C 9. B 10. A

第十二章

一、判断题

1. √ 2. × 3. × 4. √ 5. √ 6. √ 7. ×

二、选择题

1. A 2. A 3. B 4. B 5. A 6. B

参考文献

[1] 国家安全生产监督管理总局培训工作指导委员会. 电工作业(初训)[M]. 北京：中国三峡出版社，2009.

[2] 闫和平. 常用低压电气[M]. 北京：化学工业出版社，2010.

[3] 杨根山，朱兆华. 电工作业安全技术[M]. 北京：化学工业出版社，2013.

[4] 中国华邦(北京)安全生产技术研究院. 低压电工作业操作资格培训考核教材. 北京；团结出版社，2016.

[5] 阮毅，杨影，陈伯时. 电力拖动自动控制系统：运动控制系统. 5版. 北京：机械工业出版社，2016.

[6] 上海市安全技术科学研究所. 低压电工作业人员安全技术与管理. 上海：上海科学技术出版社，2017.

[7] 申凤琴. 电工电子技术基础. 3版. 北京：机械工业出版社，2018.

[8] 吴云艳，徐杨. 低压电工作业：理实一体化教程. 北京：机械工业出版社，2018.

[9] 周云水. 低压电工作业[M]. 北京：中国电力出版社，2019.

[10] 沈辉. 低压电工作业安全试题汇编[M]. 哈尔滨：哈尔滨工程大学出版社，2019.